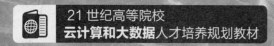

21世纪高等院校
云计算和大数据人才培养规划教材

INTRODUCTION TO CLOUD COMPUTING

U0101350

Concepts, Frameworks and
Applications

云计算导论

概念 架构与应用

—— 武志学 编著 ——

人民邮电出版社

北 京

图书在版编目（CIP）数据

云计算导论：概念 架构与应用 / 武志学编著. --
北京：人民邮电出版社，2016.9
21世纪高等院校云计算和大数据人才培养规划教材
ISBN 978-7-115-42405-1

Ⅰ. ①云… Ⅱ. ①武… Ⅲ. ①计算机网络－高等学校
－教材 Ⅳ. ①TP393

中国版本图书馆CIP数据核字(2016)第102663号

内 容 提 要

本书全面介绍云计算的概念、框架与应用。全书共 8 章，主要内容包括云计算的基本概念、云计算平台体验、IaaS 服务模式、PaaS 服务模式、SaaS 服务模式、桌面云、云存储、典型的云计算平台。本书内容实用，实验丰富，将实验内容融合在课程内容中，使理论紧密联系实际。

本书主要是面向大学本专科教学的云计算技术概论性入门教材，通过学习本书，可以了解今后需要学习哪些课程和技术来系统掌握云计算工作原理和开发基于云计算的应用。本书不仅适用于高校本专科教学使用，也可以作为培训教材用于相关技术培训。

◆ 编　　著　武志学
　责任编辑　马小霞
　责任印制　焦志炜

◆ 人民邮电出版社出版发行　　北京市丰台区成寿寺路 11 号
　邮编　100164　电子邮件　315@ptpress.com.cn
　网址　http://www.ptpress.com.cn
　固安县铭成印刷有限公司印刷

◆ 开本：787×1092　1/16
　印张：15　　　　　　　　2016 年 9 月第 1 版
　字数：385 千字　　　　　 2016 年 9 月河北第 1 次印刷

定价：39.80 元

读者服务热线：(010)81055256　印装质量热线：(010)81055316
反盗版热线：(010)81055315

前　言

在过去的半个多世纪中，信息技术的不断发展极大地改变了政府和企业的运行模式，也给人们的生活方式带来了巨大的变化。继个人计算机变革、互联网变革之后，云计算被看作第三次 IT 浪潮，是中国政府"互联网+"战略的重要组成部分。云计算已经给人们的生活、生产方式和商业模式带来了根本性改变，是近年来全社会关注的热点。

很少有一种技术能够像云计算这样使全球所有的 IT 巨头都同时关注和推动其发展。在 2005 年 Amazon 公司推出以 S3 和 EC2 为核心的 AWS 云服务之后，云计算服务受到整个 IT 产业的重视，人们认识到一种新的 IT 服务模式已经开始形成。Google、IBM、Microsoft 等互联网公司和 IT 行业巨头在发现云计算服务市场的巨大潜力之后，分别从不同的方面进入云计算市场，提供不同层面的云计算服务，促进云计算服务进入了快速发展的阶段。经过十多年的发展，云计算已经逐渐从快速发展阶段向成熟阶段迈进。云计算服务已经得到了政府、企业及个人的认可和使用。产业界对待云计算不再是抱着疑虑和试探的态度，而是越来越务实地接纳它、拥抱它，不断去挖掘云计算中蕴藏的巨大价值。

云计算和众多新行业一样，面临着一个重要问题，即人才问题。云计算行业的就业机会增长迅速，在 2015 年，全球最知名职业人士社交网站 LinkedIn 公布的最受雇主喜欢同时炙手可热的技能中，"云计算"排名第一，"数据分析"位列第二。对于云计算和大数据人才的稀缺也同样体现在国内。据 IDC 报告，中国和印度在 2015 年产生了 670 万个云计算就业机会。同时，在公有云和私有云 IT 服务领域将创造 1380 万个就业机会，并预测，超过一半的人才需求来自 500 人以下的中小企业。随着云计算进入成熟阶段，云计算服务的普及率会越来越高，对满足产业发展的人才需求将呈现空前增长态势，尤其是对优质产业人才的需求将不断扩大。

造成云计算产业人才需求数量迅猛增长的主要原因有几个：一是云计算产业市场规模快速增长，使得云计算产业人才的需求数量不断增加；二是相关云计算企业加大了对核心技术的投入，提高了对客户端的服务，因此无论是技术层面，还是运营商层面、集成与服务提供层面，都对高精尖人才有着巨大的需求；三是随着云计算新市场、新业务、新应用的不断出现，国内外各大知名软件企业加速占据国内云计算产业高地，在全国加速建立分公司和研发中心。

面对云计算人才紧缺的现状，编者基于自己在国际著名虚拟化和云计算公司思杰（Citrix）十几年的工作经验，与电子科技大学成都学院在 2012 年 5 月联合创办了云计算科学与技术系，重点培养具有完整知识体系的本科云计算人才。经过近四年的实践，已经为社会输出了近千名的云计算本科人才，形成了一套完整的云计算本科阶段的培养方案。

作为云计算技术的入门教材，本书将对云计算技术的起源、系统架构、核心技术、使用模式、部署模式、发展现状做深入浅出的全面介绍，使读者清晰了解云计算的整体概念和应用前景，以及在后续课程中所需要学习的技术。实践是掌握知识的最佳途径。本书不但把云计算知识的介绍与国际知名云计算平台的具体实践的描述相结合，并且为学生提供了实际使用各类云平台的实践环境，从而使学生可以通过实践加深对云计算知识的了解和认知。

本书共分为 8 章，下面对各章内容分别进行简单介绍。

第 1 章对云计算进行了概述。首先通过对云计算的思想起源和发展历程的介绍使读者了解云计算在 IT 革命中的历史地位；在给出云计算的定义之后，对云计算的三种服务类型、四类部署模式和五大核心特性进行了阐述，以加深对云计算概念的理解；随后讨论了云计算的使用场景和云计算给 IT 行业及社会带来的变革；最后描述了云计算的产业链结构以及各著名互联网和 IT 行业巨头在云计算产业链中的地位。

为了能更好地理解云计算的概念，第 2 章描述了如何实际使用三大类云计算服务，包括 OpenStack 基础设施即服务（Infrastructure as a Service，IaaS），Cloud Foundry 平台即服务（Platform as a Service，PaaS）和 Microsoft 的软件即服务（Software as a Service，SaaS）。通过实际使用这些云计算平台为深入学习各类云计算服务的原理和实现打下一个良好的基础。

第 3 章～第 7 章分别对三大类云计算核心服务和两类云计算衍生服务从实现功能、体系架构与核心技术方面进行了分析和介绍，并通过描述典型云计算平台对具体实现方法进行了讨论。

第 3 章对 IaaS 进行了介绍。本章描述了 IaaS 服务应提供的基本功能，包括用户管理、资源抽象、资源监控、资源调度、资源部署、数据管理、安全管理和任务管理；描述了 IaaS 平台的整体架构；深入介绍了实现 IaaS 平台的核心技术：服务器虚拟化；通过描述开源云计算平台 OpenStack 的功能和架构讨论了实现 IaaS 平台的方法。

第 4 章对 PaaS 进行了介绍。本章讨论了 PaaS 平台的两大主流类型（事务处理类和数据分析类）及其各自的驱动力；介绍了 PaaS 平台的三种功能角色，即共享的中间件平台、集成的软件和服务平台及虚拟的应用平台；介绍了 PaaS 平台核心系统的主要功能；分别以 Cloud Foundry 和 Hadoop 两个开源平台讨论了两大主流类型 PaaS 平台的功能、系统架构和实现技术。

第 5 章对 SaaS 进行了介绍。本章讨论了 SaaS 服务的发展历程和基本特征；介绍了 SaaS 平台的四种架构类型：定制开发、可配置架构、多租户架构和可伸缩性的多租户架构；描述了实现 SaaS 平台的关键技术和参考模型；介绍了对 SaaS 应用的分类以及典型的 SaaS 应用的实例。

第 6 章对桌面云（Desktop as a Service）进行了介绍。本章介绍了桌面云的业务价值和发展历史；描述了桌面云的整体架构；分别对桌面云的三大核心技术进行了深入介绍，包括虚拟桌面架构（VDI）技术、虚拟桌面交付协议和应用发布技术。本章特别对不同桌面云产品所提供的虚拟桌面交付协议进行了深入的分析和对比。

第 7 章对云存储进行了介绍。本章描述了云存储系统的结构模型和两大类云存储架构类型：紧耦合对称架构和松弛耦合非对称架构；详细讨论了云存储的三大类型及其适合的应用，包括块存储、文件存储和对象存储；对实现云存储的关键技术做了深入介绍，包括存储虚拟化技术、分布式存储技术、数据容错技术、数据备份技术和数据缩减技术；介绍了三个典型的云存储服务系统：EMC ATMOS、Amazon 云存储服务和 Google 的云存储服务。

第 8 章介绍了云计算的业界动态，对当前国际上典型的云计算平台做了详细介绍，主要涉及国际上领先的云计算厂商，包括 Amazon、Google、Salesforce 和 Microsoft 等，以及当前比较热门的开源云计算平台。本章比较详细地介绍了每个云计算厂商的云计算产品线，并分析其产品的功能和特点，使读者能够对著名云计算厂商及其产品有一个总体的认识。本章还在对开源云计算平台进行描述的基础上按类型进行了分析和比较，以使读者了解每个开源平台的服务对象和主要特点。

云计算引起的变化，不只局限于 IT 领域，它和人们的整个生活方式都有关系。不论是对 IT 企业（硬件商、软件商还是平台商），对企业（大型企业、中型企业还是小型企业），还是对个人和政府，云计算都带来了革命性的改变。本书不仅从 IT 角度解释了什么是云计算，还从非 IT 角度来描述云计算给社会带来的变化，以及如何使用云计算为人们的生活和工作服务。本书系统地说明云计算的概念和发展历程、现有云计算企业的战略、云计算的核心技术、云计算的未来发展以及如何利用云计算的优势来改变你的生活和企业发展。

本书的编者具有多年国内外高校教学经验，拥有深厚的虚拟化、云计算和大数据技术理论基础功底，曾担任国际著名云计算公司主任研究员。丰富的虚拟化云计算技术研发经历，使编者对虚拟化云计算技术的发展历程和体系架构有着深入和系统的理解。参与的多项新技术普遍应用于各行业。例如，广泛应用于欧洲各大学的 ANSA 系统、应用于欧洲各大银行的 CAGE 互联网安保系统、Xen 虚拟化技术、XenApp 应用虚拟化系统、XenDesktop 桌面云系统、XenServer 服务器虚拟化系统、IBM 抗灾云系统、目前国际上最热的开源云平台 OpenStack 和 PaaS 云平台 Cloud Foundry。作为世界云计算技术前瞻性研究和应用推广的参与者，开源云平台初期的开发者及核心代码贡献者，国内首个云计算专业系的创办者，编者基于多年的工作、研究及教学经验编写了本书，不仅仅是将相关技术内容简单地告诉读者，而且将复杂问题简单化，以深入浅出的方式描述了云计算的方方面面，目的是希望读者通过对本书的学习，了解什么是云计算，云计算的优势有哪些，云计算的服务类型有哪些，云计算能够为个人、企业、政府、社会带来什么变化，云计算的核心技术有哪些，云计算的将来发展方向是什么，从而使读者可以有意识地利用云计算为个人或企业服务。

在编写过程中，编者得到了电子科技大学成都学院领导和同事的不少帮助，获得了学院教材建设基金给予的经费资助，在此对学院的支持表示感谢。同时，感谢协助完成本书编写工作的电子科技大学成都学院的赵阳老师，感谢成都创智云公司宋怡、田盛、郭岩婷、杨莹、吕珊珊等同事在代码验证、体验案例测试、插图绘制、内容校订等方面给予的大力协助；感谢合作企业广州五舟公司的一贯支持和帮助。

编　者
2016 年 3 月于成都

目 录 CONTENTS

第 1 章　云计算的基本概念　1

1.1　云计算概述 1
  1.1.1　云计算的思想起源 1
  1.1.2　云计算的定义 2
  1.1.3　云计算的发展历程 4
1.2　云计算的服务类型 7
  1.2.1　IaaS：基础设施即服务 8
  1.2.2　PaaS：平台即服务 10
  1.2.3　SaaS：软件即服务 11
1.3　云计算部署模式 13
1.4　云计算的使用场景 16
1.5　云计算带来的变革 17
1.6　云计算产业链结构 18
习题 20

第 2 章　云计算平台体验　21

2.1　IaaS 体验 21
  2.1.1　体验对象 21
  2.1.2　安装部署 21
  2.1.3　添加镜像 22
  2.1.4　登录管理界面 23
  2.1.5　创建云主机 24
  2.1.6　操作云主机 25
  2.1.7　使用云主机 25
  2.1.8　挂载磁盘 26
2.2　PaaS 体验 27
  2.2.1　体验对象 27
  2.2.2　安装客户端 27
  2.2.3　部署应用 30
  2.2.4　使用应用 31
2.3　SaaS 体验 32
  2.3.1　注册账号 32
  2.3.2　登录 OFFICE ONLINE 34
  2.3.3　使用 OFFICE ONLINE 34
2.4　总结 36
习题 36

第 3 章　IaaS 服务模式　37

3.1　概述 37
3.2　基本功能 38
  3.2.1　用户管理 39
  3.2.2　资源抽象 39
  3.2.3　资源监控 39
  3.2.4　资源调度 39
  3.2.5　资源部署 40
  3.2.6　数据管理 40
  3.2.7　安全管理 41
  3.2.8　任务管理 41
3.3　整体架构 41
3.4　服务器虚拟化技术 43
  3.4.1　IaaS 的基本资源 43
  3.4.2　实现方式 44
  3.4.3　关键特性 44
  3.4.4　核心技术 45
  3.4.5　虚拟化与云计算 52
3.5　OpenStack 53
  3.5.1　简介 53
  3.5.2　OpenStack Compute：Nova 55
  3.5.3　OpenStack Block Storage：Cinder 60
  3.5.4　OpenStack Network：Neutron 61
  3.5.5　OpenStack Image Service：Glance 63
  3.5.6　OpenStack Object Storage：Swift 64
  3.5.7　小结 67
习题 67

第 4 章　PaaS 服务模式　68

4.1　概述　68
　　4.1.1　驱动力　68
　　4.1.2　主流类型　69
　　4.1.3　功能角色　71
4.2　核心系统　73
　　4.2.1　简化的应用开发和部署模型　73
　　4.2.2　自动资源获取和应用激活　74
　　4.2.3　自动的应用运行管理　75
　　4.2.4　平台级优化　76
4.3　Cloud Foundry　77
　　4.3.1　简介　77
　　4.3.2　特点　77
　　4.3.3　逻辑结构　78
　　4.3.4　整体架构　80
4.3.5　部署模式　81
4.4　Hadoop　84
　　4.4.1　概述　84
　　4.4.2　Hadoop 简史　84
　　4.4.3　Hadoop 组成部分　85
　　4.4.4　HDFS　85
　　4.4.5　MapReduce　87
　　4.4.6　MapReduce 计算举例　88
　　4.4.7　HDFS 与 MapReduce 组合　90
　　4.4.8　MapReduce 的优势与劣势　90
　　4.4.9　小结　91
4.5　总结　91
习题　91

第 5 章　SaaS 服务模式　92

5.1　概述　92
　　5.1.1　特征　92
　　5.1.2　发展历程　93
　　5.1.3　实现层次　94
5.2　支撑平台　95
　　5.2.1　支撑平台的类型　95
　　5.2.2　支撑平台的关键技术　96
5.2.3　支撑平台的参考实现　105
5.3　SaaS 应用　107
　　5.3.1　SaaS 应用的分类　107
　　5.3.2　云应用的典型示例　108
5.4　SaaS 发展趋势　111
5.5　总结　111
习题　112

第 6 章　桌面云　113

6.1　概述　113
6.2　业务价值和缺点　114
6.3　发展历史　116
6.4　桌面云架构　119
6.5　虚拟桌面架构（VDI）技术　123
6.6　虚拟桌面交付协议　124
　　6.6.1　概述　125
　　6.6.2　RDP 协议　125
　　6.6.3　ICA/HDX 协议　127
6.6.4　PCoIP 协议　132
6.6.5　SPICE 协议　133
6.6.6　对比分析　136
6.6.7　小结　137
6.7　应用发布　139
　　6.7.1　应用流　140
　　6.7.2　应用虚拟化　140
6.8　总结　141
习题　142

第 7 章　云存储　143

7.1	概述	143
7.2	结构模型	144
7.3	云存储架构	146
7.4	云存储类型及其适合的应用	146
	7.4.1　块存储	147
	7.4.2　文件存储	147
	7.4.3　对象存储	148
	7.4.4　小结	149
7.5	关键技术	150
	7.5.1　存储虚拟化	150

	7.5.2　分布式存储技术	151
	7.5.3　数据容错	153
	7.5.4　数据备份	154
	7.5.5　数据缩减技术	155
7.6	典型的云存储服务	159
	7.6.1　EMC ATMOS	159
	7.6.2　Amazon 云存储服务	160
	7.6.3　Google 的云存储服务	162
7.7	总结	163
	习题	163

第 8 章　典型的云计算平台　164

8.1	Amazon 云计算平台	164
	8.1.1　AWS 产品	164
	8.1.2　常用 AWS 之间的关系	171
	8.1.3　Amazon EC2	171
	8.1.4　Amazon EBS	173
	8.1.5　Amazon Simple Storage Service（S3）	175
	8.1.6　Amazon SimpleDB	176
8.2	Google 云计算平台	177
	8.2.1　GAE 平台简介	177
	8.2.2　分布式存储服务	178
	8.2.3　应用程序运行环境	179
	8.2.4　应用开发套件	180
	8.2.5　Google 应用	181
8.3	Salesforce 云计算平台	181
	8.3.1　Salesforce 的整体架构	182
	8.3.2　Force.com	182
	8.3.3　基础服务	183
	8.3.4　数据库服务	184
	8.3.5　应用开发服务	184

	8.3.6　应用打包服务	185
8.4	Microsoft Azure	186
	8.4.1　Microsoft Azure 简介	186
	8.4.2　Windows Azure	187
	8.4.3　SQL Azure	190
	8.4.4　Windows Azure AppFabric	191
	8.4.5　Windows Azure Marketplace	192
	8.4.6　Microsoft Azure 服务	192
8.5	开源 IaaS 平台	195
	8.5.1　OpenStack	195
	8.5.2　CloudStack	202
	8.5.3　Eucalyptus	208
	8.5.4　三大开源 IaaS 平台的比较	212
8.6	开源 PaaS 平台	217
	8.6.1　Cloud Foundry	217
	8.6.2　OpenShift 3	221
	8.6.3　OpenShift 与 Cloud Foudry	226
8.7	其他云计算公司	227
8.8	总结	227
	习题	228

结束语　229

3

PART 1

第 1 章
云计算的基本概念

云计算（Cloud Computing）是一个内涵丰富而定义模糊的名词。当前，云计算已经席卷了 IT 行业的各个领域，人们似乎很难清晰地把握住云计算的本质。本章通过讲解云计算的概念、起源及发展历程，使大家逐步认识云计算的特征、服务模式和类型，从而对云计算有一个初步的了解。

1.1　云计算概述

云计算的出现并非偶然，早在 20 世纪 60 年代，麦卡锡就提出了把计算能力作为像水和电一样的公用事业提供给用户的理念，这成为云计算思想的起源。在 20 世纪 80 年代网格计算、90 年代公用计算，21 世纪初虚拟化技术、面向服务的体系结构（Service-Oriented Architecture，SOA）、软件即服务（Software as a Service，SaaS）应用的支撑下，云计算作为一种新兴的资源使用和交付模式逐渐为学界和产业界所认知。继个人计算机变革、互联网变革之后，云计算被看作第三次 IT 浪潮。

云计算是指 IT 资源的交付和使用模式，通过网络以按需、易扩展的方式获得所需的资源（硬件、平台、软件）。典型的云计算提供商往往提供通用的网络业务应用，可以通过浏览器等软件或者其他 Web 服务来访问，而软件和数据都存储在远程数据中心的服务器上。用户通过计算机、手机等方式接入数据中心，按自己的需求进行运算。提供资源的网络被称为"云"。"云"中的资源在使用者看来是可以无限扩展的，并且可以随时获取、按需使用、随时扩展、按使用付费。

1.1.1　云计算的思想起源

在传统计算模式下，企业建立一套 IT 系统不仅仅需要购买硬件等基础设施，还需要购买软件的许可证，需要专门的人员维护。当企业的规模扩大时还要继续升级各种软硬件设施以满足需要。对于企业来说，计算机等硬件和软件本身并非他们真正需要的，它们仅仅是完成工作、提供效率的工具而已。对个人来说，如果想正常使用计算机就需要安装多种软件，而许多软件是收费的，对不经常使用该软件的用户来说购买是非常不划算的。可不可以有这样的服务，能够提供我们需要的所有软件供我们租用？这样我们只需要在使用时支付少量"租金"即可"租用"到这些软件服务，为我们节省许多购买软硬件的资金。

我们每天都要用电，但不是每家自备发电机，而是由电厂集中提供；我们每天都要用自来水，但不是每家都需要有水井，它由自来水厂集中提供。这种模式极大地节约了资源，方便了我们的生活。面对计算机给我们带来的困扰，我们可不可以像使用水和电一样使用计算机资源？这些想法最终导致了云计算的产生。

云计算的最终目标是将计算、服务和应用作为一种公共设施提供给公众，使人们能够像使用水、电、煤气和电话那样使用计算机资源。

云计算模式即为电厂集中供电模式。在云计算模式下，用户的计算机会变得十分简单，或许不大的内存、不需要硬盘和各种应用软件，就可以满足我们的需求，因为用户的计算机除了通过浏览器给"云"发送指令和接收数据外基本上什么都不用做，便可以使用云服务提供商的计算资源、存储空间和各种应用软件。这就像连接"显示器"和"主机"的电线无限长，从而可以把显示器放在使用者的面前，而主机放在远到甚至计算机使用者本人也不知道的地方。云计算把连接"显示器"和"主机"的电线变成了网络，把"主机"变成云服务提供商的服务器集群。

在云计算环境下，用户的使用观念也会发生彻底的变化，从"购买产品"到"购买服务"转变，因为他们直接面对的将不再是复杂的硬件和软件，而是最终的服务。用户不需要拥有看得见、摸得着的硬件设施，也不需要为机房支付设备供电、空调制冷、专人维护等费用，并且不需要等待漫长的供货周期、项目实施等冗长的时间，只需要向云计算服务提供商支付一定的费用，我就可以马上得到需要的服务。

1.1.2 云计算的定义

云计算的概念自提出之日起就一直处于不断的发展变化中，很多机构和学者对云计算进行了解读，但没有形成公认的定义。本节列出几个典型的定义，使读者从多个角度了解云计算的含义。

（1）维基百科给出的云计算的定义：云计算是一种基于互联网的计算方式，通过这种方式，共享的软硬件资源和信息可以按需求提供给计算机和其他设备。云计算描述了一种基于互联网的新的 IT 服务增加、使用和交付模式，通常涉及通过互联网来提供动态易扩展而且经常是虚拟化的资源。

（2）百度百科给出的云计算的定义：云计算是分布式计算技术的一种，其最基本的概念，是通过网络将庞大的计算处理程序自动拆分成无数个较小的子程序，再交由多部服务器所组成的庞大系统经搜寻、计算分析之后将处理结果回传给用户。通过这项技术，网络服务提供者可以在数秒之内，处理数以千万计甚至亿计的信息，达到和"超级计算机"同样强大效能的网络服务。

（3）IBM 认为云计算是一种革新的信息技术与商业服务的消费与交付模式。在这种模式中，用户可以采用按需的自助模式，通过访问无处不在的网络获得任何地方资源池中被快速分配的资源，并按实际使用情况进行付费。

（4）Salesforce.com 认为云计算就是一种更友好的业务运行模式。在这种模式中，用户的应用程序运行在共享的数据中心，用户只需要通过登录和个性化定制就可以使用这些数据中的应用程序。

（5）美国国家标准与技术研究院（National Institute of Standards and Technology，NIST）对云计算的定义：云计算是一种无处不在、便捷且按需对一个共享的可配置计算资源（包括网络、服务器、存储、应用和服务）进行网络访问的模式，它能够通过最少量的管理以及与服务提供商的互动实现计算资源的迅速供给和释放。该定义是目前较为公认的云计算的定义。

图 1.1 形象地描述了云计算的定义。云端的计算资源池包含了服务器、计算机桌面、软件

平台、软件应用和存储/数据等计算资源。用户可以使用台式计算机、笔记本电脑、智能手机、平板电脑等终端设备联网获取云端的计算资源。

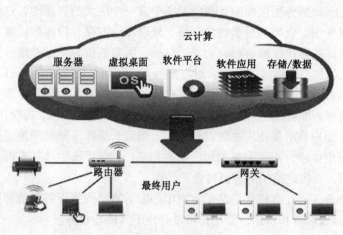

图 1.1 云计算的定义

按照 NIST 对云计算的定义，自助式服务、随时随地使用、可度量的服务、快速资源扩缩和资源池化是云计算的基本特征，如图 1.2 所示。

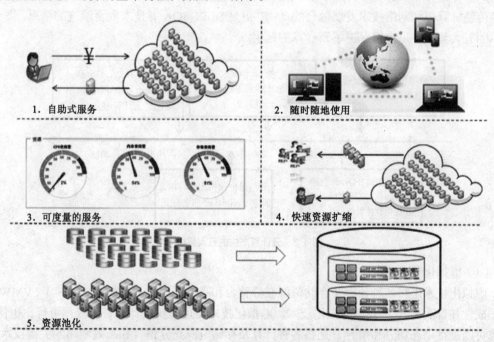

图 1.2 云计算的基本特征

（1）自助式服务：使用云计算的用户大多是通过自助方式获取资源的。例如，当使用 Amazon 的 EC2 云服务时，用户可以自助选择服务器的操作系统类型、服务器的配置（micro、small、large）以及磁盘大小，Amazon EC2 平台便会根据用户的设置分配一台云主机供用户使用。

（2）随时随地使用：可以通过各种移动设备或瘦客户端（如手机、平板电脑等）连接云端，使用云计算平台提供的服务，打破地理位置和硬件部署环境的限制。

（3）可度量的服务：云计算平台会对存储、CPU、带宽等资源保持实时跟踪，根据这些可量化指标对后台资源进行调整和优化。

（4）快速资源扩缩：用户可以根据自己的需求申请或释放虚拟资源，实现资源的快速扩缩。

（5）资源池化：云服务提供商的计算资源集中成一个巨大的资源池，这些资源以多租户的方式供用户共享使用。资源的种类包含存储、处理器、内存、带宽等。对云服务的提供者而言，各种底层资源的异构性被屏蔽，边界被打破，所有的资源可以被统一管理和调度，成为云计算资源池，为用户提供按需服务；对用户而言，资源池是透明的，可以按需使用付费。

从技术角度来看，云端软硬件维护、数据管理、安全防护均由云计算服务提供商负责，用户端仅需将设备接入即可使用云端的服务，降低了用户的技术门槛，提高了数据的安全性；使用云计算模式，用户将所要使用的数据和应用上传到云端即可随时随地通过任意终端设备进行数据访问和应用体验，实现了数据和应用的共享；云计算资源池具有很强的弹性，用户可以按需使用资源，并仅对使用的资源付费。

从商业角度来看，云计算模式提高了数据中心服务器、网络设备等资源的利用率，降低了用户的 IT 设备建设和维护费用，使用户可以专注于其核心业务。

1.1.3 云计算的发展历程

1．云计算产生的五大契机

云计算是分布式计算、并行计算、效用计算、虚拟化、网络存储、负载均衡、热备份冗余等传统计算机和网络技术发展融合的产物，更是 SaaS、SOA 等技术混合演进的结果，图 1.3 所示的五大契机更是直接促进了云计算的诞生。

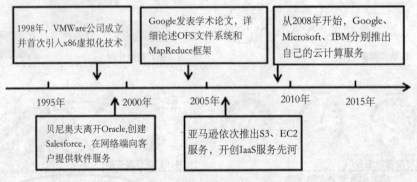

图 1.3　云计算产生的五大契机

（1）虚拟化技术的诞生

虚拟化技术是将各种计算及存储资源充分整合和高效利用的关键技术。1998 年，VMWare 公司成立并首次引入了 x86 虚拟化技术。虚拟化技术使远程获取计算资源变得可行，也使得资源可以进行动态切分和组合，是将各种计算及存储资源充分整合和高效利用的关键技术。

（2）SaaS 的诞生

1999 年贝尼奥夫离开 Oracle 公司与几个 Oracle 公司原高管一起创办了 Salesforce.com，主要向企业客户销售基于云的 SaaS，也就是从服务器端向客户传递服务，号称"软件"终结者。用户通过瘦客户端自主选择合适的功能模块，即可使用客户关系管理（Customer Relationship Management，CRM）系统。这种模式的优势显而易见：由于软件的维护、升级都在服务器端，客户不必购买昂贵的软硬件而且避免了 CRM 等应用软件的配置和版本更新，软件开发商也不必储备大量的运维服务人员，软件新功能升级可以在服务器端快速进行，自然而然地完成了从 License 到服务的商业模式转型。

Salesforce.com 对云计算的重要意义不仅在于它通过销售 SaaS 服务，成长为一家年销售额超过 20 亿美元的公司，更重要的是 Salesforce.com 第一次将 SaaS 服务大规模地销售给了企业用户，包括像通用电气、荷兰航空、NBC 和 Comcast 这样的国际知名企业。Salesforce.com 的成功第一次证明了基于云计算的服务不仅仅是大型业务系统的廉价替代品，它还可以是真正提高企业运营效率、促进业务发展的解决方案，同时可以在可靠性方面维持一个极高的标准。

（3）Google 发表三大论文

2003 年，Google 在 SOSP 大会上发表了有关分布式存储系统（Google File System，GFS）的论文，在 2004 年的 OSDI 大会上发表了有关 MapReduce 分布式处理技术的论文，在 2006 年的 OSDI 大会上发表了关于 BigTable 分布式数据库的论文。这三篇重量级论文的发表，不仅使大家了解了 Google 搜索引擎背后强大的技术支撑，而且克隆这三项技术的开源产品也大量涌现。比较著名的有克隆 MapReduce 的 Hadoop 系统，克隆 GFS 的 HDFS（Hadoop Distributed File System），以及克隆 BigTable 的 HBase、Hypertable 和 Cassandra 等。

这三篇论文和相关的开源技术极大地普及了云计算中非常核心的分布式技术。

（4）AWS 的推出

在线零售商 Amazon 的 B2C 业务类似于中国的淘宝和京东的业务，平时的流量就很大，特别是到每年特定的时刻（比如圣诞节），流量会急速攀升。为了应对这种情况，Amazon 需要购置远超过其平常使用量的硬件资源以应对这些增加的流量。显然这会造成很大的资源浪费，当发展到一定规模的时候，它发现自己的数据中心在大部分时间只有不到 10% 的利用率，剩下 90% 的资源都是闲置着，这些资源仅有的作用就是被用来缓冲圣诞节购物季这种高峰时段的流量。于是 Amazon 开始寻找一种更有效的方式来利用自己的数据中心，其目的就是将计算资源从单一的、特定的业务中解放出来，在空闲时提供给其他需要的用户。Amazon 首先在企业内部进行实施，得到了很好的回报。随后，Amazon 便将这个服务开放给外部的用户。通过租借硬件资源给公众，以减少浪费，这也就是 Amazon 推出 AWS（Amazon Web Services）的最主要的原因。

在 2006 年初，Amazon 推出了 AWS 的第一款产品 S3（Simple Storage Service，简单存储服务）云存储服务；2006 年 8 月推出了另一款产品 EC2（Elastic Compute Cloud，弹性计算）云基础设施服务。AWS 产品的出现使人们惊奇地发现计算资源原来可以像亚马逊的其他商品一样被销售。之所以说 Amazon 的 EC2 是云计算的一个里程碑，是因为它是业界第一个将基础架构大规模开放给公众用户的云计算服务 IaaS（Infrastructure as a Service，基础设施即服务）。

继 Amazon AWS 之后，各种类似的云计算产品开始大量涌现，关于云计算的报道和解读遍布市场。多个企业纷纷投入云计算市场。在基础设施方面，除 Amazon 之外，IBM、微软等颇具实力的 IT 企业也开始提供云计算服务。

（5）Google 对外提供 GAE 服务

2009 年，Google 开始对外提供 GAE（Google App Engine）服务，这是一个 PaaS（Platform as a Service，平台即服务）服务。Google 搭建了一个完整的 Web 应用开发环境，给用户提供了主机、数据库、互联网接入带宽等资源，用户不必自己购买设备，而是可以在浏览器里面开发和调试自己的代码，然后直接部署到 Google 的云平台上，并对外发布服务。这样的好处是用户不必再担心主机、托管商、互联网接入带宽等一系列运营问题。因此 GAE 可以看作是托管网络应用程序的平台。

从架构上看，GAE 提供了一套 API，帮助你获取网络数据、发送邮件、存储数据、操作图片、缓存数据，相信以后还会有更多的 API 推出。开发人员在 GAE 的框架内开发，不用再考虑 CPU、内存、分布等复杂和难以控制的问题，初级的程序员按照 GAE 的规范也可以写出高性能的应用。当然，实现高性能也是有代价的。比如不能使用 socket，文件操作、数据查询必须有索引，不同时支持两个不等式做条件的查询等。对于开发而言，多了些约束，少了些选择。可以让开发更加简单，更关注业务。

作为 PaaS 平台的旗帜，Google App Engine 补齐了云计算的产品版图，从此用户可以在基于云的环境中找到绝大部分计算资源。

2．云计算发展历程的点滴事件

云计算被视为科技界的一次革命，带来工作方式和商业模式的根本性改变，与并行计算、分布式计算和网格计算关系紧密，更是虚拟化、效用计算、SaaS、SOA 等技术混合演进的结果。这几十年来，云计算是怎样一步步演变的呢？让我们回顾一下云计算发展历程中的点滴事件，如表 1.1 所示。

表 1.1　云计算发展历程的点滴事件

时　间	事　件
1959 年	Christopher Strachey 发表虚拟化论文
1961 年	John McCarthy 提出计算力和通过公用事业销售计算机应用的思想
1962 年	J. C. R. Licklider 提出"星际计算机网络"设想
1965 年	美国电话公司 Western Union 一位高管提出建立信息公用事业的设想
1984 年	Sun 公司的联合创始人 John Gage 说出了"网络就是计算机"的名言
1996 年	网格计算 Globus 开源网格平台起步
1997 年	南加州大学教授 Ramnath K. Chellappa 提出云计算的第一个学术定义
1998 年	VMware 公司成立并首次引入 x86 的虚拟技术
1999 年	Marc Andreessen 创建 LoudCloud，第一个商业化的 IaaS 平台 Salesforce.com 公司成立，宣布"软件终结"革命开始
2004 年	Google 发布 MapReduce 论文 Hadoop 分布式文件系统（HDFS）和 Map-Reduce 被实现
2005 年	Amazon 推出 Amazon Web Services 云计算平台
2006 年	Amazon 推出在线存储服务 S3 和弹性计算云 EC2 等云服务 Sun 推出基于云计算理论的"BlackBox"计划
2007 年	IBM 首次发布云计算商业解决方案，推出"蓝云"计划
2008 年	Salesforce.com 推出 DevForce 平台，Force.com 成为世界上首个 PaaS 应用平台 Google App Engine 发布
2009 年	VMware 推出业界首款云操作系统 Vmware vSphere 4 Google 宣布将推出 Chrome OS 操作系统

时　间	事　件
2010 年	微软正式发布 Windows Azure 公共云计算平台
	开源 IaaS 云计算平台项目 OpenStack 发布
2011 年	Citrix 收购 CloudStack 的前身 Cloud.com 并将其开源
2012 年	VMware 推出业界第一个开源 PaaS 云平台 Cloud Foundry
	Eucalyptus 重新全面开源，并迁移到 Github
2013 年	第一个版本的 Docker 正式发布
	思科等公司发起成立了 Open Daylight，与 Linux 基金会合作，开发 SDN 控制器
2014 年	Spark 成为了 Apache 软件基金会的顶级项目，其开源生态系统得到了大幅增长
	OpenStack 开始支持 Doucker 容器
2015 年	基于 Docker 和 Kubernetes 容器技术的 OpenShit 3 发布
	Docker 宣布其正式在 Linux 基金会指导下建立产业联盟

1.2　云计算的服务类型

云计算是一种新的技术，也是一种新的服务模式。云计算服务提供方式包含基础设施即服务（Infrastructure as a Service，IaaS）、平台即服务（Platform as a Service，PaaS）和软件即服务（Software as a Service，SaaS）3 种类型。IaaS 提供的是用户直接使用计算资源、存储资源和网络资源的能力，PaaS 提供的是用户开发、测试和运行软件应用的能力，SaaS 是将软件以服务的形式通过网络提供给用户使用。

这三类云计算服务的层次关系如图 1.4 所示。IaaS 处于整个架构的底层；PaaS 处于中间层，可以利用 IaaS 层提供的各类计算资源、存储资源和网络资源来建立平台，为用户提供开发、测试和运行环境；SaaS 处于最上层，既可以利用 PaaS 层提供的平台进行开发，也可以直接利用 IaaS 层提供的各种资源进行开发。

图 1.4　云计算服务层次

云计算服务提供商可以专注于自己所在的层次，无需拥有三个层次的服务能力，上层服务提供商可以利用下层的云计算服务来实现自己计划提供的云计算服务。例如，提供 PaaS 服务的云计算提供商可以基于 Amazon EC2 的 IaaS 平台来建立自己的 PaaS 服务平台，向用户提供PaaS服务;提供SaaS服务的云计算提供商可以使用Google App Engine平台或者微软的Azure平台开发、测试和运行自己的软件,向用户提供SaaS服务。

1.2.1 IaaS: 基础设施即服务

IaaS 是把计算、存储、网络以及搭建应用环境所需的一些工具当成服务提供给用户, 使得用户能够按需获取 IT 基础设施。IaaS 主要由计算机硬件、网络、存储设备、平台虚拟化环境、效用计费方法、服务级别协议等组成。

通过使用 IaaS, 用户无需购买计算机和相关系统软件, 也不需要购买存储设备, 更省去了维护和升级计算机的烦恼。用户只需要购买 IaaS 的服务就可以获得计算和存储资源, 并在这些资源上构建自己的平台和应用。IaaS 服务模式如图 1.5 所示。

IaaS 具有以下特点:

- 把 IT 资源以服务的方式提交给用户;
- 基础设施可以动态扩展, 即可以根据应用的需求动态增加或者减少资源;
- 计费服务灵活多变, 按实际使用的资源进行计费;
- 多租户, 相同的基础设施资源可以同时提供给多个用户共享使用;
- 企业级的基础设施, 不仅仅可以为个人用户提供 IT 资源, 而且可以满足中小企业的 IT 资源需求, 使得它们可以从聚集的计算资源池中获利。

从业务上来看, IaaS 需要把计算、存储、网络等 IT 基础设施通过虚拟化整合和复用后, 通过互联网提交给用户。提供的 IT 基础设施要能够根据应用的运行情况进行动态扩展或收缩, 并按照实际的使用量进行计费。作为 IaaS 服务提供商, 需要重点解决资源提供和运营管理两个问题。

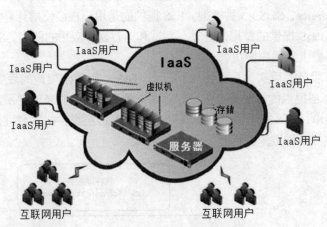

图 1.5 IaaS 服务模式图

Amazon EC2 是第一个商用的 IaaS 平台, 它的底层使用了 Citrix 的 Xen 虚拟化技术, 以 Xen 虚拟机的形式向用户动态提供计算资源。此外, Amazon 公司还提供了简单存储服务(Simple Storage Service, S3), 以及弹性块存储服务(Elastic Block Store, EBS)等多种 IT 基础设施服务。Amazon EC2 向虚拟机提供动态 IP 地址, 并且具有相应的安全机制来监控虚拟机节点间的网络, 限制不相干节点间的通信, 从而保证了用户通信的私密性和数据的安全性。从收费模式来看, Amazon EC2 按照用户使用资源的数量和时间进行计费, 从真正意义上实现了云计算的 "按使用付费" 的模式。

IaaS 的核心技术包括虚拟化技术、分布式存储技术、高速网络技术、超大规模资源管理技术和云服务计费技术。

（1）虚拟化技术

通过虚拟化技术，可以在一个物理服务器上同时运行多个虚拟机。这些虚拟机之间是完全隔离的，就好像多台物理服务器一样。这样可以大大提高服务器利用率，从而大大降低服务器的购置成本和运维成本。比较通用的 x86 虚拟化技术有 Citrix 的开源 Xen、XenServer，VMware 的 ESX 以及开源 KVM 等。

（2）分布式存储技术

对于高效存储海量的、多种结构的数据，同时还要保证这些数据的可管理性，传统的存储技术已经不能够胜任。必须提供一套新的分布式存储系统。新型的分布式存储系统有 OpenStack 开源平台的 Swift 以及 Ceph。

（3）高速网络技术

高速网络技术是支撑云计算的核心技术，没有高速的网络技术，用户就无法使用云计算服务商提供的各种资源。因此，网络技术对云计算是至关重要的，决定了云计算最终能够提供的资源共享等服务的能力。

（4）超大规模资源管理技术

云计算系统中的资源一般来讲都是海量的，需要管理成千上万的物理服务器，几十万甚至上千万的虚拟机。面对如此庞大规模的资源，管理的压力是巨大的。因此，海量资源管理是 IaaS 云计算的核心问题。在 IaaS 中，资源主要包括计算、存储、网络、服务器等硬件资源。资源管理系统需要将这些资源通过抽象形成逻辑资源，整合起来作为单个的集成资源池提供给用户。资源管理系统对用户提供标准的访问接口，向用户屏蔽了资源所在的物理位置和资源获取的复杂过程等，直接提供给用户所访问的资源。另外，资源管理系统需要根据用户的请求把特定的资源分配给资源请求者；合理地调度相应的资源，使请求资源的任务能够在没有后台管理员参与的情况下自动完成。

（5）云服务计费技术

云计算的资源都是以服务方式提供给用户的，就像电力公司给用户提供电一样，因此服务计费非常重要。云计算中的服务计费比传统的电力公司更为复杂。在 IaaS 中，既要考虑用户使用的 CPU、内存、磁盘、网络等的数量，还要考虑使用的时间，以及使用的状态等。云服务计费技术需要获取用户使用这些资源的详细数据。

与传统的企业数据中心相比，企业使用 IaaS 服务具有以下 5 个方面的优势。

（1）低成本

企业不需要购置硬件，省去了前期的资金投入；使用 IaaS 服务是按照实际使用量进行收费的，不会产生闲置浪费；IaaS 可以满足突发性需求，企业不需要提前购买服务。

（2）免维护

IT 资源运行在 IaaS 服务中心，企业不需要进行维护，维护工作由云计算服务商承担。

（3）伸缩性强

IaaS 只需几分钟就可以给用户提供一个新的计算资源，而传统的企业数据中心则需要数天甚至更长时间才能完成；IaaS 可以根据用户需求来调整资源的大小。

（4）支持应用广泛

IaaS 主要以虚拟机的形式为用户提供 IT 资源，可以支持各种类型的操作系统，因此 IaaS

可以支持的应用的范围非常广泛。

（5）灵活迁移

虽然很多 IaaS 服务平台都存在一些私有的功能，但是随着云计算技术标准的诞生，IaaS 的跨平台性能将得到提高。运行在 IaaS 上的应用将可以灵活地在 IaaS 服务平台间进行迁移，不会被固定在某个企业的数据中心。

1.2.2 PaaS：平台即服务

PaaS 是一种分布式平台服务，为用户提供一个包括应用设计、应用开发、应用测试及应用托管的完整的计算机平台。在该服务模式中，用户不需要购买硬件和软件设施，只需要支付一定的租赁费用，就可以拥有一个完整的应用开发平台。在 PaaS 平台上，用户可以创建、测试和部署应用及服务，并通过其服务器和互联网传递给其他用户使用。

PaaS 的主要用户是开发人员，与传统的基于企业数据中心平台的软件开发相比，用户可以大大减少开发成本。

PaaS 平台的种类目前较少，比较著名的有 Force.com、Google App Engine、Windows Azure 以及开源平台 Cloud Foundry。业界的第一个 PaaS 平台是 Salesforce 在 2007 年推出的 Force.com。通过这个平台，用户不但可以使用 Salesforce 提供的完善的开发工具和框架来轻松地开发应用，还可以把应用直接部署到 Salesforce 的基础设施上，利用其强大的多租户系统，使用户可以交付健壮、可靠、可伸缩的在线应用。

Google 在 2008 年 4 月推出了 Google App Engine（GAE）PaaS 平台，从而将 PaaS 的支持范围从在线商业应用扩展到普通的 Web 应用。GAE 的推出使得越来越多的开发者开始熟悉和使用功能强大的 PaaS 服务。

PaaS 层的实现路径有多种，其核心技术有以下 5 种。

（1）REST 技术

使用 REST（Representational State Transfer，表述性状态传递）技术，PaaS 平台能够非常方便地将中间层所支撑的部分服务提供给调用者。

（2）多租户技术

多租户技术使得一个单独的应用实例可以为多个组织服务，还能够保持良好的隔离性和安全性。多租户技术能够有效地降低应用的购置和维护成本。

（3）并行计算技术

为了进行海量数据处理，需要利用大型服务器集群进行并行计算。Google App Engine 和开源平台 Hadoop 的 MapReduce 就是这方面的代表。

（4）应用服务器

在原有应用服务器的基础上为云计算做了一定的优化，如用于 Google App Engine 的 Jetty 服务器。

（5）分布式缓存

分布式缓存技术不仅能有效地降低对后台服务器的压力，还能够加快对用户请求响应的反应速度。使用最广泛的分布式缓存技术是 Memcached。

PaaS 服务示意图如图 1.6 所示。对于 PaaS 平台来讲，应用服务器和分布式缓存是必备的。REST 技术主要用于对外的接口，多租户技术则主要用于 SaaS 应用的后台，而并行处理技术常被作为单独的服务推送给用户使用。

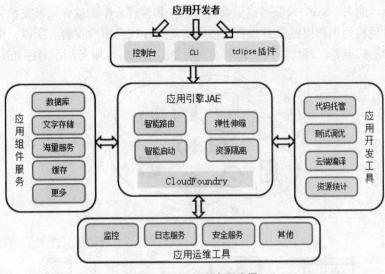

图 1.6　PaaS 服务示意图

和传统的基于本地的开发和部署环境相比，PaaS 平台主要有以下优势。

（1）友好的开发环境

通过提供 IDE（Integrated Development Environment，集成开发环境）和 SDK（Software Development Kit）等工具来让用户不仅能够在本地方便地进行应用的开发和测试，而且能够进行远程部署。

（2）丰富的服务

PaaS 平台会以 API 的形式将各种各样的服务提供给上层的应用。系统软件（比如数据库系统）、通用中间件（比如认证系统，高可靠消息队列系统）、行业中间件（比如 OA 流程，财务管理等）都可以作为服务提供给应用开发者使用。

（3）精细的管理和控制

PaaS 能够提供应用层的管理和监控，能够观察应用运行的情况和具体数值（如吞吐量和响应时间等）来更好地衡量应用的运行状态，还能够通过精确计量应用所消耗的资源进行计费。

（4）弹性强

PaaS 平台会自动调整资源来帮助运行于其上的应用更好地应对突发流量。当应用负载突然提升的时候，平台会在很短时间内（1 分钟左右）自动增加相应的资源来分担负载。当负载高峰期过去以后，平台会自动回收多余的资源，避免资源浪费。

（5）多租户机制

PaaS 平台具备多租户机制，可以更经济地支撑海量数据规模，还能够提供一定的可定制性以满足用户的特殊需求。

（6）整合率高

PaaS 平台的整合率非常高，如 Google App Engine 可以在一台服务器上承载成千上万个应用。

1.2.3　SaaS：软件即服务

SaaS 直接为用户提供软件服务，用户可以按照服务水平协议（Service Level Agreement，SLA）通过网络从云服务提供商处获取所需要的、有相应软件功能的服务，而不需要购买软件产品并安装在自己的计算机或者服务器上。SaaS 就是软件服务提供商为了满足用户的需求提供的软件的计算能力。SaaS 云服务提供商负责维护和管理云中的软件以及支撑软件运行的硬件设施，同时免费为用户提供服务或者以按需使用的方式向用户收费。所以，用户无需进行安装、升级和防病毒等，并且免去了初期的软硬件支出。SaaS 服务的示意图如图 1.7 所示。

图 1.7　SaaS 服务示意图

SaaS 是出现最早的云计算服务，其前身是 ASP（Application Service Provider）。最早的 ASP 厂商有 Citrix、Salesforce.com 和 Netsuite 等，主要都是专注于在线 CRM（客户关系管理）应用。由于当时 ASP 技术还不够成熟，不提供定制和集成等功能，网络环境还不够稳定和快速，所以 ASP 并没有发展起来。2003 年以后，在 Salesforce 的带领下，原来的 ASP 企业以 SaaS 作为新的旗帜重新进入市场，随着技术和商业两方面的不断成熟，Salesforce、WebEx 和 Zoho 等国外企业得到了成功。同样，在国内也有许多企业（如用友、金蝶、阿里巴巴和八百客等）也加入了 SaaS 的行列并取得了一定的成效。

与 IaaS 和 PaaS 相比，SaaS 开发成本低，技术难度低，起步也比较早，所以 SaaS 产品数量众多，其中最有名的包括 Google Apps、Salesforce CRM、Office Web Apps 和 Zoho。与传统桌面软件相比，现有的 SaaS 服务的功能和用户体验稍逊一筹。

SaaS 的优势主要体现在以下 4 个方面。

（1）使用简单

SaaS 应用可以通过浏览器访问，只要有网络，用户就可以随时随地通过多种设备使用 SaaS 服务，并且不需要安装、升级和维护。

（2）支持公开协议

现有的 SaaS 服务都是基于公开协议的，如 HTTM4 和 HTTM5 等。用户只需要使用常用的浏览器就可以使用 SaaS 服务。

（3）成本低

使用 SaaS 服务后，用户无需在使用前购买昂贵的许可证，省去了先期投入，只需要在使用过程中按照实际使用付费，成本远远低于桌面版。由于数据处理都在云端完成，用户在使用 SaaS 应用的时候也无需购买额外的硬件。SaaS 服务一般都有先免费试用的功能，用户可以先体验后付费。

（4）安全保障

SaaS 服务提供商都提供了比较高级的安全机制，不仅为存储在云端的数据提供加密措施，还通过 HTTPS 协议确保用户和云平台之间的通信安全。

虽然 PaaS 层在应用运行环境的层面向上提供了一系列的保障和支持，但是在应用本身的层面上，SaaS 开发者仍需要设计实现多个功能特性，以提供 SaaS 平台所必需的能力，包括多租户、应用整合、动态扩展、信息安全、计费和审计等。这些功能就是实现 SaaS 的关键技术。

（1）大规模多租户支持

大规模多租户支持是 SaaS 模式成为可能的核心技术。因为 SaaS 改变了传统软件由用户购买许可证在自己本地安装、自行运行和维护的使用模式，变为在线订阅、按需付费的租用模式。这就意味着运行在应用提供商 SaaS 上的应用能够同时为多个组织和用户使用，能够保证用户之间的相互隔离。没有多租户技术的支持，SaaS 就不可能实现。

（2）认证和安全

认证和安全是多租户的必要条件。当接收到用户发出的操作请求时，其发出请求的用户身份需要被认证，并且操作的安全性需要被监控。尽管用户之间的数据与环境隔离的功能是由多租户技术保证的，但是认证和安全处在应用的最前端，是 SaaS 安全的第一道防线。

（3）定价和计费

定价和计费是 SaaS 模式的客观要求。SaaS 直接为最终用户提供服务，其服务对象很分散，需求会有多种多样，为用户提供的选择也多，所以，提供合理、灵活、具体而便于用户选择的定价策略是 SaaS 成功的关键之一。如何将 SaaS 定价以一种清晰、直观、便于用户理解的方式进行呈现也非常重要。精确的计费是收费的依据，是保证整个 SaaS 能够良性运营和发展的最关键的经济环节。

（4）服务整合

服务整合是 SaaS 长期发展的动力。SaaS 应用提供商一般来讲不可能为用户，特别是企业用户，提供需要的完整产品线，因此需要通过与其他产品的整合来提供整套产品的解决方案。只有通过整合，才能为用户提供整体解决方案，也才可能使自己的 SaaS 为更广泛的用户所接受。

（5）开发和定制

开发和定制是服务整合的内在需要。一般来讲，每个 SaaS 应用都提供了完备的软件功能，但是为了能够与其他软件产品进行整合，SaaS 应用最好具有一定的二次开发功能，包括公开 API，提供沙盒以及脚本运行环境等。

1.3　云计算部署模式

根据云计算服务的用户对象，我们把云计算分为公有云、私有云、混合云和社区云四种部署模式，本节详细介绍这些云计算部署模式。

1. 公有云

公有云是一种对公众开放的云服务，由云服务提供商运营，为最终用户提供各种 IT 资源，可以支持大量用户的并发请求。云服务提供商负责应用程序、软件运行环境、物理基础设施等 IT 资源的安全、管理、部署和维护。用户使用 IT 资源的时候，感觉到资源是其独享的，并不知道还有哪些用户在共享该资源。云服务提供商负责所提供资源的安全性、可靠性和私密性。

公有云的结构如图 1.8 所示。

对于使用者而言，公有云的最大优点是其所应用的程序及相关数据都存放在公有云的平台上，自己无需前期的大量投资和漫长的建设过程。公有云具有规模的优势，其运营成本比较低；用户只需为其所使用的付费，可以节省使用成本。数据安全和隐私等问题是用户在使用公有云时较为担心的问题。

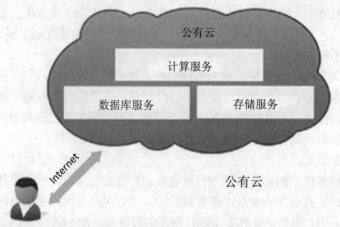

图 1.8 公有云的结构

现在国际上有名的 IT 公司都推出了自己的公有云服务，比如 Amazon AWS、Google App Engine 和 Google Apps、Microsoft Azure 等。一些传统的 IDC 厂商也开始提供云计算服务，比如 Rackspace 的 Rackspace Cloud 和国内世纪互联 CloudEx 等。

独自构建、联合构建、购买商业解决方案和使用开源软件是公有云的主要构建方式。采用独自构建方式，云服务提供商可以根据自己的需求进行最大限度的优化，但需要组建团队并投入大量资金，通过独自构建方式建立公有云的公司有 Google 和 Amazon 等；采用联合构建方式，云服务提供商可以部分自建、部分购买商业产品，在自己擅长的领域上大胆创新，避免涉足一些不熟悉的领域，缩短构建周期。例如，Microsoft 公司的 Azure 云计算平台的硬件设备是购买商业产品，对云计算平台的软件系统进行自主研发；采用购买商业解决方案可以在没有软件技术和经验积累的情况下快速进入云计算服务市场；使用开源软件可以提高云服务提供商的利润空间，例如，Rackspace 选用 OpenStack 作为其云平台软件。

2．私有云

私有云是指组织机构建设的专供自己使用的云平台。私有云比较适合于有众多分支机构的大型企业或政府部门。随着这些大型数据中心的集中化，私有云将会成为他们部署 IT 系统的主流模式。私有云的结构如图 1.9 所示。

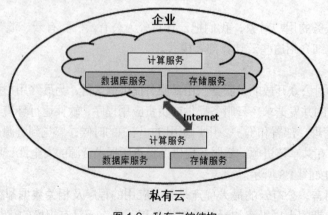

图 1.9 私有云的结构

与公有云不同，私有云部署在企业内部网络，因此它的优势是数据安全性、系统可用性等都可由自己控制，与传统的企业数据中心相比，私有云可以支持动态灵活的基础设施，降低 IT 架构的复杂度，降低企业 IT 运营成本；私有云的缺点是企业需要有大量的前期投资，需要采用传统的商业模型；私有云的规模相对于公有云来说一般要小得多，无法充分发挥规模效应。

创建私有云的方式主要有两种：一种是使用 OpenStack 等开源软件将现有的硬件整合成一个云，适合于预算较少或者希望提高现有硬件利用率的企业；另一种是购买 IBM 的 Blue Cloud 或者 Cisco 的 UCS 等商业解决方案，适合预算充裕的企业和机构。

3．混合云

混合云是由私有云及外部云提供商构建的混合云计算模式。使用混合云计算模式，机构可以在公有云上运行非核心应用程序，而在私有云上支持其核心程序以及内部敏感数据。相比较而言，混合云的部署方式对提供者的要求较高。比如一个组织使用了亚马逊的公有云弹性计算服务，但是它把一些核心的数据同时存储在基于自己数据中心的私有云平台上面。在使用混合云的情况下，用户需要解决不同云平台之间的集成问题。混合云的结构如图 1.10 所示。

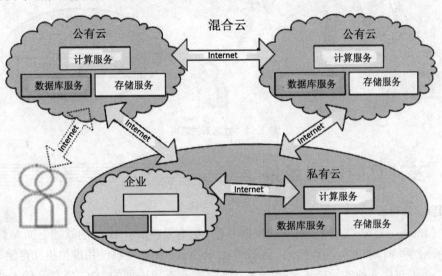

图 1.10　混合云的结构

在混合云部署模式下，公有云和私有云相互独立，但在云的内部又相互结合，可以发挥出所混合的多种云计算模型各自的优势。通过使用混合云，企业可以在私有云的私密性和公有云的低廉之间做一定的权衡。

混合云的构建方式有两种：一种是外包企业的数据中心，企业搭建一个数据中心，但具体维护和管理工作都外包给专业的云服务提供商，或者邀请专业的云服务提供商直接在企业内部搭建专供本企业使用的云计算中心，并在建成之后，负责以后的维护工作；另一种是购买私有云服务，通过购买 Amazon 等云供应商的私有云服务，将公有云纳入企业的防火墙内，并且在这些计算资源和其他公有云资源之间进行隔离。

4．社区云

社区云服务的用户是一个特定范围的群体，它既不是一个单位内部的，也不是一个完全公开的服务，而是介于两者之间。例如，针对某个机构中的所有单位，某个软件园区的所有企业，某个企业的相关合作伙伴等。所产生的成本由他们共同承担，因此，所能实现的成本节约效果也并不很大。

社区云的构建方式有两种：一种方式是独自构建，某个行业的领导企业自主创建一个社区云，并与其他同行业分享；另一种方式是联合构建，多个同类型的企业联合建设一个云计算中心，并邀请外部的云服务提供商参与建设。

社区云的结构如图 1.11 所示。

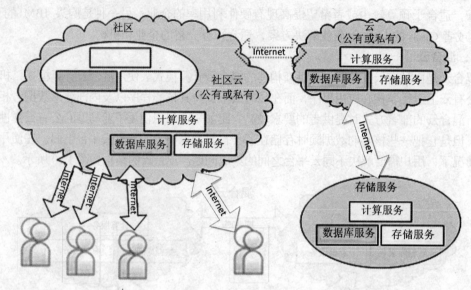

图 1.11　社区云的结构

1.4　云计算的使用场景

1．IDC 公有云

IDC（Internet Data Center，互联网数据中心）公有云在原有 IDC 的基础上加入了系统虚拟化、自动化管理和能源监控等技术，通过 IDC 公有云，用户能够使用虚拟机和存储等资源。原有 IDC 可通过引入新的云技术来提供 PaaS 服务，现在已成型的 IDC 公有云有 Amazon 的 AWS 和 Rackspace Cloud 等，公有云的服务类型包含 SaaS、ERP 和 CRM。

2．企业私有云

企业私有云帮助企业提升内部数据中心的运维水平，使 IT 服务更围绕业务展开。企业私有云的优势在于建设灵活性和数据安全性，但企业需要付出更高的维护成本、构建专业的技术队伍。RackSpace 的私有云产品、华为的 FusionSphere、和 IBM 的 SoftLayer 等是典型的企业私有云。

3．云存储系统

云存储系统通过整合网络中多种存储设备来对外提供云存储服务，并能管理数据的存储、备份、复制和存档。另外，良好的用户界面和强大的 API 支持也是不可或缺的。云存储系统非常适合那些需要管理和存储海量数据的企业，比如互联网企业、电信公司等，还有广大的网民。相关的产品有：中国电信的 E 云、Amazon 的 S3 云存储服务、Google 的 Picasa 相册和微软的 SkyDrive 网络硬盘等。

4．虚拟桌面云

虚拟桌面云使用了桌面虚拟化技术，是很好的解决方案。桌面虚拟化技术将用户的桌面环境与其使用的终端解耦，在服务器端以虚拟镜像的形式统一存放和运行每个用户的桌面环境，而用户则可通过小型的终端设备来访问其桌面环境。系统管理员可以统一管理用户在服务器端的桌面环境，比如安装、升级和配置相应软件等。这个解决方案适合那些需要使用大量桌面系统的企业使用，相关的产品有 Citrix 的 XenDesktop 和 VMware 的 VMwareView。

5．开发测试云

开发测试云通过友好的 Web 界面预约、部署、管理和回收整个开发测试环境，通过预先配置好（包括操作系统、中间件和开发测试软件）的虚拟镜像来快速构建一个个异构的开发测试环境，通过快速备份/恢复等虚拟化技术来重现问题，并利用云的强大的计算能力来对应用进行压力测试。开发测试云适合那些需要开发和测试多种应用的组织和企业使用，比如银行、电信和政府等。相关解决方案有 IBM Smart Business Developmentand Test Cloud。

6．协作云

电子邮件、IM（InstantMessaging，即时通信）、SNS（Social Networking Services，社交网络服务）和通信工具（比如 Skype 和 WenChat）是企业和个人必备的协作工具，这些应用的软硬件系统需要专业人员进行维护。协作云是云供应商在 IDC 云的基础上构建或者直接构建的专属云，在云中搭建整套协作软件，将这些软件共享给用户，适合那些需要一定的协作工具，但不希望维护软硬件和支付高昂的软件许可证费用的企业与个人。最具代表性的产品是 IBM 的 Lotus Live，其主要包括会议、办公协作和电子邮件这 3 大服务。Google Apps 也是主流的协作云产品，其中 Gmail 和 Gtalk 都是协作的利器。

7．HPC 云

计算资源是较为稀缺的资源，无法满足大众的需求，但已建成的高性能计算（High Performance Computing，HPC）中心由于设计与需求的脱节常处于闲置状态。新一代的高性能计算中心不仅需要提供传统的高性能计算服务，而且还需要增加资源管理、用户管理、虚拟化管理、动态的资源产生和回收等功能，这使基于云计算的 HPC 云应运而生。

HPC 云可为用户提供可以定制的高性能计算环境，用户可以根据自己的需求来设定计算环境的操作系统、软件版本和节点规模，避免与其他用户发生冲突。HPC 云可以成为网格计算的支撑平台，以提升计算的灵活性和便捷性。HPC 云特别适合需要使用高性能计算，但缺乏巨资投入的普通企业和学校。北京工业大学已经和 IBM 合作建设国内第一个 HPC 云计算中心。

8．电子政务云

电子政务云（E-Government Cloud）是使用云计算技术对政府管理和服务职能进行精简、优化、整合，通过信息化手段在政务上实现各种业务流程办理和职能服务，为政府各级部门提供可靠的基础 IT 服务平台。电子政务云是为政府部门搭建一个底层的基础架构平台，将传统的政务应用迁移到平台上，共享给各个政府部门，提高政府服务效率和服务的能力。电子政务云的统一标准不仅有利于各个政务云之间的互连互通，避免产生"信息孤岛"，也有利于避免重复建设。

1.5 云计算带来的变革

在云计算时代，计算机的处理能力被集中在数据中心，通过网络来进行使用，实现了"IT

的服务化";用户的 IT 开销由一次性购买软硬件转变为按需购买服务,企业的 IT 维护成本大幅降低,无需担心数据的丢失;用户的工作方式更加移动化、合作化,可以更迅速地启动新业务,小规模企业可以通过云计算模式向全球提供服务,实现全球化;云计算模式可以助力发展中国家发展,并产生大量的创业机会。

云计算给软硬件产业带来了巨大变革,如表 1.2 所示。

表 1.2 云计算给软硬件产业带来的变革

软件	开发模式	与单机时代软件开发受制于 PC 机的物理资源不同,云计算时代的软件开发可以调用后端的数据中心资源
	开发工具	单机时代使用 C/C++/Java 语言进行应用开发时,程序员需要关注 CPU、内存、硬盘等单机物理资源;在云计算时代,使用 Python、Ruby on Rails、Java Script、QT 等网络编程语言,程序员更关注分布式计算资源的组成,比如应用是在哪个集群中完成,应用之间内部通信的网络带宽、存储的分布式资源位置等
	架构	网络和存储的融合使得软件获取资源的方式趋向"云"化。软件架构由单机版、C/S(Client-Server)架构、B/S(Browser-Server)架构演变为 Location-Awareness(位置感知)和 User Application Context Awareness(用户应用感知)
	设计模型	由单机模式转变为并行计算模式,充分发挥多个计算节点的效率和性能
	盈利模式	由按 License 收费转变为按服务收费,软件的价值体现为服务的质量
硬件	扩充模式	由不断提高服务器性能的纵向扩充模式转变为不断增加集群规模的横向扩充模式
	设备总量	云计算通过虚拟化把众多服务器组成一个巨大的资源池,资源利用率由 35%增加到 80%以上。当越来越多的企业开始转向云计算时,越来越多的数据中心采用云计算技术,那么整个 IT 行业对计算机的硬件需求量会极大地减少。随着存储云的推广,用户会将数据统一保存到云服务提供商的数据中心,云服务商通过虚拟化等技术来提高硬件设备的使用率,从而降低对硬件设备的需求
	设备形态	PC 机的需求降低,瘦客户端和移动设备的需求增加
	采购模式	由于并行计算集群的稳定性由平台保证,不取决于单一节点的稳定性,因此硬件采购的关注点由硬件品牌转为扩充性和性价比。终端用户转向云端后,传统的硬件集成商的个人用户业务会大幅减少

1.6 云计算产业链结构

云计算作为一种新兴的 IT 应用模式,带动整个 IT 产业的调整和升级,催生了全新的产业链,既包含传统的硬件提供商、基础软件提供商和软件应用提供商,也包含新兴的云提供商和云服务提供商。云计算产业链构成如图 1.12 所示。

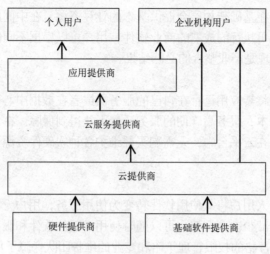

图 1.12　云计算产业链构成

1．硬件提供商

硬件设备供应商是云计算市场的基础设备提供商，主要包括服务器制造商、储存设备制造商、芯片制造商和嵌入式设备制造商。支持云计算技术需求，特别是提供硬件辅助虚拟化、图像卡虚拟化功能的硬件产品，未来会占据更大的市场份额。

2．基础软件提供商

基础软件提供商主要提供操作系统和数据库、Web 服务器、文件系统等中间件，处于云计算产业链的源头。在传统模式下，这些软件以授权的模式提供给应用开发商、企业和数据中心。在云计算模式下，操作系统必须支持虚拟化、容器等技术，产业链上游的云平台提供商可以使用这些基础软件开发云计算平台；中间件需要适应单个云服务提供商的运行环境，提供具有跨多个云服务提供商的互操作性，并具有可扩展性，可以随时随地为任何用户调整资源以满足业务上的需求。

3．云提供商

云提供商处于云计算产业的核心位置，它向下采购（或者通过咨询服务的方式建议云服务提供商和企业机构用户采购）硬件提供商及基础软件提供商的产品，向上为云服务提供商提供构建公有云的解决方案，为企业机构用户提供构建私有云的解决方案，在云计算产业中处于"制云者"的角色。云提供商具有以下特点。

（1）具有丰富的硬件系统集成经验。云提供商需要对现有数据中心进行技术升级和扩容，或者新建大型数据中心，提供从处理、存储到网络的集成解决方案，具有丰富的硬件系统集成经验。

（2）具有丰富的软件系统集成经验。从操作系统到中间件，从数据库、Web 服务到管理套件，软件的选择、配置与集成方案种类众多，千变万化，如何帮助用户做出最合适的选择，需要云提供商对软件集成具有深刻的理解。

（3）具有丰富的行业背景。由于企业私有云用户身处各行各业，其业务也不尽相同，为用户设计出最合适的私有云解决方案需要云提供商对该行业具有深刻的理解。

4．云服务提供商

云服务提供商是指通过云计算全新的商业模式为最终用户提供服务的企业，其可以是为本身企业提供服务的企业内部的云计算部门，也可以是为行业企业提供专业化服务的行业云计算厂商，这些服务商在基础架构层会提供基本的计算资源，在中间层提供相关的标准的平台层服务，在上层提供可执行的成熟的商业软件，用户可以根据不同的需求申请不同的云服务。云服务提供商的出现是产业整合的必然结果。

5．云应用提供商

传统的应用提供商将其应用运行在自己的服务器或者在数据中心租赁的服务器上，需承担较高的建设、维护成本，服务高峰期的服务质量无法得到保障。在云计算模式下，云应用提供商只需将应用部署在云平台中，无需购买并维护各种软硬件资源，避免了传统方式中资源空闲所造成的浪费。

6．个人用户

在云计算时代，个人用户将从使用软件转变为使用服务，用户无需购买、维护软硬件，有效降低用户的成本，减少安全漏洞，可以随时使用云端的软件和服务。个人用户无需自行维护数据的安全，云端严格的权限管理策略和专业的维护团队保障了用户的数据安全。

7．企业机构用户

对于云计算时代的企业用户而言，企业无需自建数据中心，大大降低了 IT 部门的各种成本，专业的维护团队保障了各种软件系的性能和可靠性；云中提供了大量的基础服务和丰富的上层应用，企业用户无需自行开发，并能基于已有的服务和应用在更短的时间内推出新业务。对安全性和可靠性要求高的企业和机构可以选择在云提供商的帮助下建立自己的私有云。

习　题

1. 描述你使用计算机时遇到的烦恼有哪些。云计算能不能解决你遇到的烦恼？
2. 描述你所理解的云计算是什么。
3. 云计算的定义是什么？
4. 你认为云计算发展历程中重要的里程碑有哪些？
5. 云计算的基本特性有哪些？
6. 云计算有哪些优势？
7. 描述云计算的三种服务模式以及它们之间的关系。
8. 描述云计算的四种部署模式以及各自的优缺点。
9. IaaS 服务的主要特点有哪些？
10. IaaS 的核心技术有哪些？
11. IaaS 的主要优势有哪些？
12. PaaS 平台使用的核心技术有哪些？
13. PaaS 平台的主要优势有哪些方面？
14. SaaS 的优势有哪些？
15. SaaS 的关键技术有哪些？
16. 简述云计算的典型使用场景。
17. 简述云计算对各行业带来的影响。
18. 用图描述云计算的产业链，并做简单说明。
19. 云计算产业链中的核心角色是谁？为什么？

第 2 章
云计算平台体验

通过第 1 章的学习,我们了解了云计算的基本概念和云计算的服务类型。云计算的服务类型包括基础设施即服务(IaaS)、平台即服务(PaaS)、软件即服务(SaaS)、云桌面服务和云存储服务几大类。为了让大家能更好地理解云计算的概念和云计算的几大服务类型,本章我们将通过实际的使用让大家真实地体验基础设施,即服务(IaaS)、平台即服务(PaaS)和软件即服务(SaaS)三大类云计算服务,从而加深大家对已学概念的理解,也为后面章节深入介绍各类云计算服务的原理和实现打下一个良好的基础。

2.1 IaaS 体验

IaaS 是云计算的一种重要的服务类型,大家现在已经熟悉了 IaaS 的功能和特点。在本节我们带领大家实际安装一个 IaaS 云平台,然后在该云平台上创建并使用虚拟机,以及加载卷给虚拟机。通过这些操作,可以使大家加深对 IaaS 平台的了解。

2.1.1 体验对象

我们将使用 OpenStack 作为 IaaS 的体验对象,OpenStack 是当前最流行的开源 IaaS 云平台管理项目。通过它可以实现基础设施即服务,OpenStack 结合虚拟化技术,比如 KVM、Xen 等,完成数据中心计算、存储、网络资源池的虚拟化和管理。OpenStack 并不是一个单独的软件,它是一个巨大的开源软件集合,它包含了许多组件,有些组件是 OpenStack 发行版本的核心服务,有些是为更好地支持 OpenStack 社区和项目开发管理的孵化项目。在这里我们只为初学者介绍以下 OpenStack 的核心服务。

- Nova(Compute)——计算服务。
- Network/Neutron(Network)——网络服务。
- Cinder(Block Storage as a Service)——块存储服务。
- Swift(Object Storage)——对象存储服务。
- Keystone(Identity)——认证服务。
- Glance(Image)——镜像服务。
- Horizon(Dashboard)——UI 服务。

为了使初学者轻松入门,在本章体验中,我们只对核心服务做体验操作。

2.1.2 安装部署

由于 OpenStack 安装过程复杂而且时间较长,为了避免初学者应付复杂的安装环境,我们将通过 DevStack 来完成 OpenStack 的搭建。DevStack 是一套用来快速部署 OpenStack 体验环境的脚本工具，安装简单，使用方便。无需每个组件单独安装，通过 DevStack 的脚本可以实现 OpenStack 的 All-in-One（单机）的安装。因安装过程中需要下载 OpenStack 最新版本的包文件，所以安装的快慢与网络环境有关系。

1．安装环境要求

（1）准备一台物理机或虚拟机，环境干净，无其他无关的应用。

（2）操作系统版本为 Ubuntu 14.04，最小化安装即可。

（3）内存：4GB 磁盘，30GB CPU，4 核。

（4）OpenStack 版本为 Kilo 版。

2．安装步骤

（1）使用 root 账号登录到系统，输入以下命令安装 git 工具。

```
#apt-get install git
```

（2）使用 cd 命令进入到/opt 目录，再使用 git 命令获取 devstack 脚本，并存放在/opt 目录下。

```
#cd /opt
# git clone https://github.com/openstack-dev/devstack.git
```

完成下载后，在/opt 下有一个 devstack 的目录。

（3）进入/opt/devstack/tools 目录。

```
#cd /opt/devstack/tools
```

（4）执行 create-stack-user.sh 在操作系统里创建一个名为 stack 的用户。

```
#./create-stack-user.sh
```

（5）使用 chown –R 命令为 stack 账号授权。

```
#chown –R stack:stack /opt/devstack
```

（6）设置用户 stack 登录密码。

```
#passwd stack
```

（7）将当前用户 root 切换为 stack。

```
#su stack
```

（8）使用 cd 命令进入到/opt/devstack 目录下并执行安装文件 stack.sh。

```
$cd /opt/devstack
$./stack.sh
```

在执行过程中需要输入一些应用的密码，为了方便记忆，可以将所有的密码设置为一样。接下来，脚本会自动完成整个过程的安装。安装速度和网络环境有关。

注意，在安装过程中如果出现异常，可以多执行几次./stack.sh，直到正常完成安装为止。

2.1.3 添加镜像

OpenStack 的用户操作方式有两种，一种是 Web 界面，另一种是 Shell 命令行。Horizon 负责实现 Web 展现，用户可以通过浏览器直接操作和管理各种云资源。但是有些操作在 Web 界面上并没有实现，需要通过 Shell 命令行与 CLI（Command Line Interface）来完成相应的操作。

要完成虚拟机的创建，首先云平台上需要有相应的系统镜像。为了方便体验，可以下载一个 cirros 操作系统镜像，通过 Shell 命令行添加到 OpenStack 系统里。

（1）下载镜像到目录，在 Ubuntu 系统任意目录执行以下语句。

```
# wget -P /tmp/image http://download.cirros-cloud.net/0.3.3/cirros-0.3.3-x86_64-disk.img
```

```
root@ubuntu:~# wget -P /tmp/image http://download.cirros-cloud.net/0.3.3/cirros-0.3.3-x86_64-disk.img
--2016-01-29 10:06:00--  http://download.cirros-cloud.net/0.3.3/cirros-0.3.3-x86_64-disk.img
Resolving download.cirros-cloud.net (download.cirros-cloud.net)... 69.163.241.114
Connecting to download.cirros-cloud.net (download.cirros-cloud.net)|69.163.241.114|:80... connected.
HTTP request sent, awaiting response... 200 OK
Length: 13200896 (13M) [text/plain]
Saving to: `/tmp/image/cirros-0.3.3-x86_64-disk.img'

100%[===================================>]

2016-01-29 10:06:37 (356 KB/s) · `/tmp/image/cirros-0.3.3-x86_64-disk.img' saved [13200896/13200896]
```

（2）上传镜像。

```
#glance image-create --name "cirros-0.3.4-x86_64" --disk-format=qcow2 \
--container-format=bare --is-public=true < /tmp/image/cirros-0.3.3-x86_64-disk.img
```

```
root@en-ctrl101:/home# glance image-create --name "cirros-0.3.4-x86_64" --disk-format=qcow2
> --container-format=bare --is-public=true < /tmp/image/cirros-0.3.3-x86_64-disk.img
+------------------+--------------------------------------+
| Property         | Value                                |
+------------------+--------------------------------------+
| checksum         | 50bdc35edb03a38d91b071afb20a3c       |
| container_format | bare                                 |
| created_at       | 2015-11-02T16:15:26                  |
| deleted          | False                                |
| deleted_at       | None                                 |
| disk_format      | qcow2                                |
| id               | 3505bc77-d2f6-4c08-9400-fd48a060450b |
| is_public        | True                                 |
| min_disk         | 0                                    |
| min_ram          | 0                                    |
| name             | cirros-0.3.4-x86_64                  |
| owner            | b30c61e3309d42fa9bfe488399cfaee9     |
| protected        | False                                |
| size             | 9761280                              |
| status           | active                               |
| updated_at       | 2015-11-02T16:15:26                  |
+------------------+--------------------------------------+
```

（3）查看镜像。

```
#glance image-list
```

```
root@en-ctrl101:/home# glance image-list
+--------------------------------------+---------------------+-------------+------------------+------------+--------+
| ID                                   | Name                | Disk Format | Container Format | Size       | Status |
+--------------------------------------+---------------------+-------------+------------------+------------+--------+
| 1197a049-39db-428d-a1fd-b224fb7f8955 | cirror              | qcow2       | bare             | 9761280    | active |
| 3505bc77-d2f6-4c08-9400-fd48a060450b | cirros-0.3.4-x86_64 | qcow2       | bare             | 9761280    | active |
| ef9b271b-ceca-41cd-8e52-d148093f08cb | ubuntu1204          | qcow2       | bare             | 1426325504 | active |
| f799cc64-129b-4dd8-a0bc-c92894f3b46c | energy_web          | qcow2       | bare             | 1931870208 | active |
+--------------------------------------+---------------------+-------------+------------------+------------+--------+
```

2.1.4　登录管理界面

打开 Google 浏览器，在地址栏输入访问地址 http://ip 地址/horizon，打开登录页，在用户名栏输入 admin，密码栏输入安装时设置的密码，如图 2.1 所示。

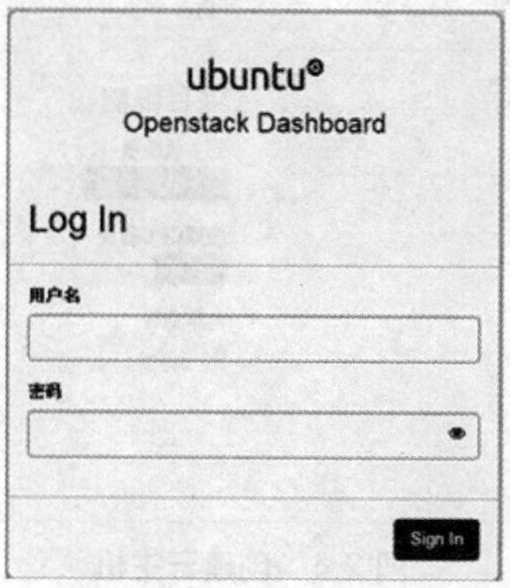

图 2.1　Web 登录界面

登录到首页后，默认打开管理员界面，管理员可以通过界面上的功能模块，查看、监控和管理各项云资源，如云主机、镜像、云主机类型和云服务等，如图 2.2 所示。

图 2.2　使用概况

2.1.5　创建云主机

在图 2.3 所示的镜像列表上选择镜像，点击列表上的"启动云主机"，输入虚拟机的相关信息，点击"运行"，系统自动完成云主机的创建，如图 2.4 所示。

图 2.3　镜像列表

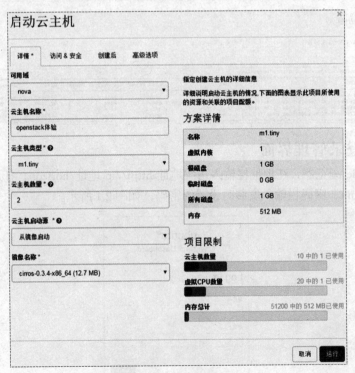

图 2.4　创建云主机

云主机列表如图 2.5 所示。

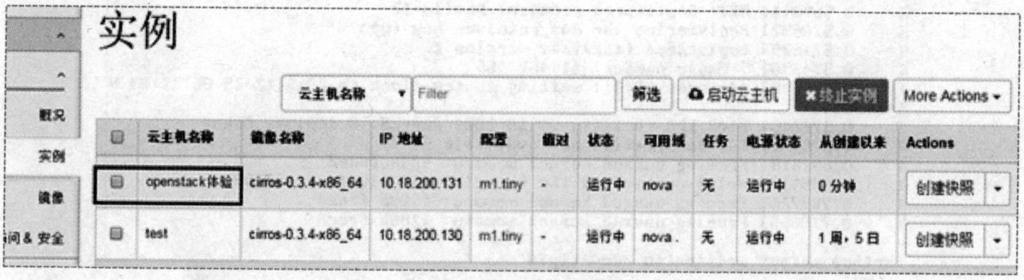

实例

	云主机名称	镜像名称	IP 地址	配置	值对	状态	可用域	任务	电源状态	从创建以来	Actions
☐	openstack体验	cirros-0.3.4-x86_64	10.18.200.131	m1.tiny	-	运行中	nova	无	运行中	0 分钟	创建快照 ▼
☐	test	cirros-0.3.4-x86_64	10.18.200.130	m1.tiny	-	运行中	nova.	无	运行中	1 周，5 日	创建快照 ▼

图 2.5　云主机列表

2.1.6　操作云主机

可对云主机进行批量的终止（删除）、启动、关闭和重启操作，如图 2.6 所示。

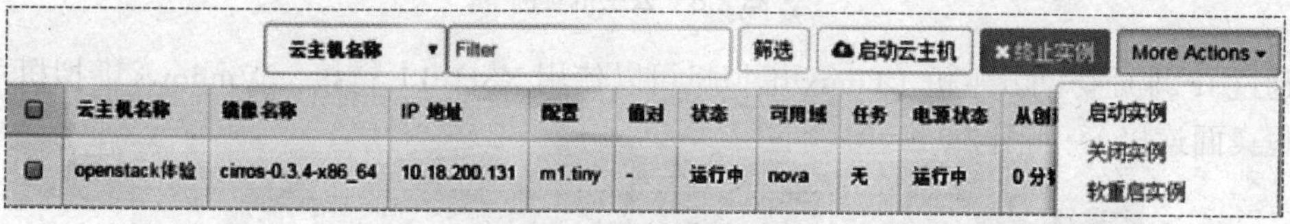

	云主机名称	镜像名称	IP 地址	配置	值对	状态	可用域	任务	电源状态	从创...	
☐	openstack体验	cirros-0.3.4-x86_64	10.18.200.131	m1.tiny	-	运行中	nova	无	运行中	0分...	启动实例 / 关闭实例 / 软重启实例

图 2.6　云主机批量操作

点击云主机列表上的 Actions 下拉菜单（见图 2.7），可以打开云主机的常规操作菜单。我们可以对云主机做快照、绑定浮动 IP、重启、关闭或终止（销毁）等操作。

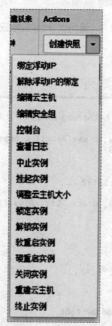

图 2.7　云主机常规操作

2.1.7　使用云主机

使用云主机的方式有两种，一种是在 OpenStack Web 界面上通过常规操作菜单中的"控制台"打开云主机的操作界面，另一种是通过绑定的浮动 IP 或者内网 IP 访问。图 2.8 所示为云主机实例。

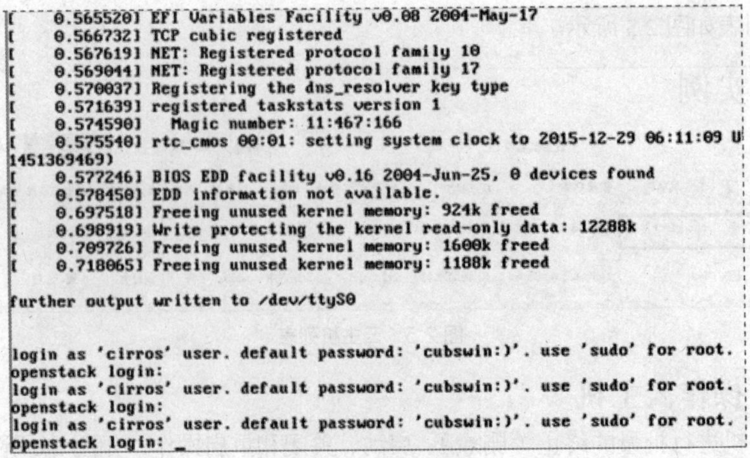

```
[    0.565520] EFI Variables Facility v0.08 2004-May-17
[    0.566732] TCP cubic registered
[    0.567619] NET: Registered protocol family 10
[    0.569044] NET: Registered protocol family 17
[    0.570037] Registering the dns_resolver key type
[    0.571639] registered taskstats version 1
[    0.574590]    Magic number: 11:467:166
[    0.575540] rtc_cmos 00:01: setting system clock to 2015-12-29 06:11:09 U
1451369469)
[    0.577246] BIOS EDD facility v0.16 2004-Jun-25, 0 devices found
[    0.578450] EDD information not available.
[    0.697518] Freeing unused kernel memory: 924k freed
[    0.698919] Write protecting the kernel read-only data: 12288k
[    0.709726] Freeing unused kernel memory: 1600k freed
[    0.718065] Freeing unused kernel memory: 1188k freed

further output written to /dev/ttyS0

login as 'cirros' user. default password: 'cubswin:)'. use 'sudo' for root.
openstack login:
login as 'cirros' user. default password: 'cubswin:)'. use 'sudo' for root.
openstack login:
login as 'cirros' user. default password: 'cubswin:)'. use 'sudo' for root.
openstack login: _
```

图 2.8　云主机实例

通过 IP 地址访问云主机（Linux 虚拟机可以使用 XSHELL 链接，Windows 虚拟机可以通过远程桌面连接），如图 2.9 所示。

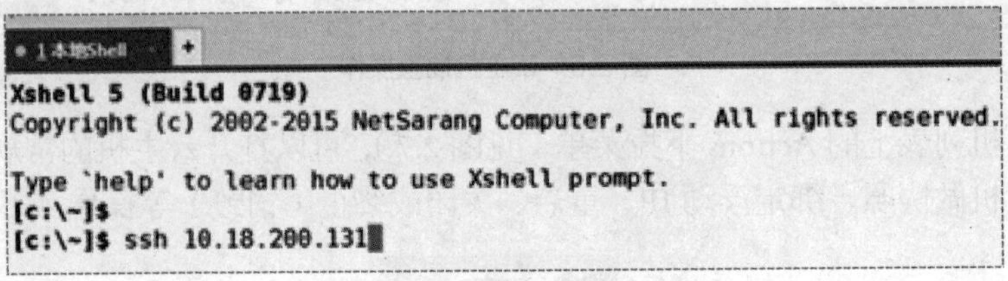

```
● 1 本地Shell    +

Xshell 5 (Build 0719)
Copyright (c) 2002-2015 NetSarang Computer, Inc. All rights reserved.

Type `help' to learn how to use Xshell prompt.
[c:\~]$
[c:\~]$ ssh 10.18.200.131
```

图 2.9　使用 Xshell 连接云主机

云主机界面如图 2.10 所示。

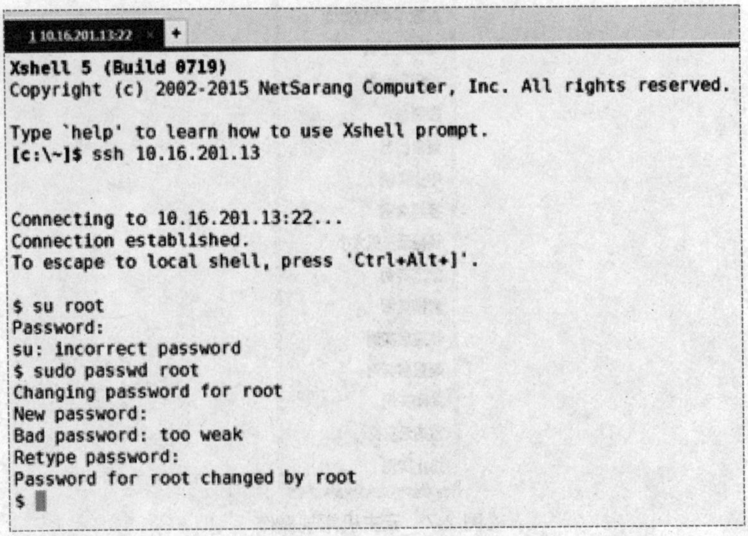

```
1 10.16.201.13:22  ×   +

Xshell 5 (Build 0719)
Copyright (c) 2002-2015 NetSarang Computer, Inc. All rights reserved.

Type `help' to learn how to use Xshell prompt.
[c:\~]$ ssh 10.16.201.13


Connecting to 10.16.201.13:22...
Connection established.
To escape to local shell, press 'Ctrl+Alt+]'.

$ su root
Password:
su: incorrect password
$ sudo passwd root
Changing password for root
New password:
Bad password: too weak
Retype password:
Password for root changed by root
$
```

图 2.10　云主机界面

2.1.8　挂载磁盘

OpenStack 通过虚拟化技术将存储资源虚拟为存储池，我们可以通过挂载 Volume（卷）的方式使用云存储资源。

可以通过图 2.11 所示列表上的操作菜单，完成磁盘的编辑、挂载、卸载和快照创建等操作。

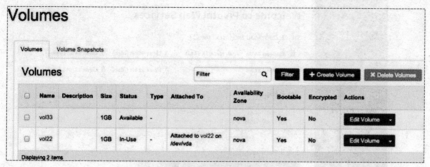

图 2.11　磁盘列表

除了 Web 界面操作外，OpenStack 还提供了丰富的命令行操作，我们可以使用以下命令获取到各种组件的操作命令行。

- nova --help
- keystone --help
- glance --help
- cinder --help

2.2　PaaS 体验

PaaS 平台为用户提供了一个开发、测试和部署应用的环境。在本节我们带领大家使用一个真正的 PaaS 平台开发并部署一个应用，从而使大家能够实际体验 PaaS 云平台的功能。

2.2.1　体验对象

本章我们使用 Cloud Foundry 作为 IaaS 的体验对象，Cloud Foundry 是 VMware 推出的业界第一个开源 PaaS 云平台，它支持多种框架、语言、运行环境、云平台及应用服务，使开发人员能够在几秒钟内进行应用程序的部署和扩展，无需担心任何基础架构的问题。Cloud Foundry 云平台支持各种开发框架，其中包括 Spring for Java、Ruby on Rails、Node.js、Grails、Scala on Lift、Django、PHP 等，同时 Cloud Foundry 还支持多种服务的选择，包括 MySQL、SQLServer、MongoDB、Redis 以及其他第三方和开源社区的应用服务。Cloud Foundry 还可以灵活地部署到各种云环境中，比如 OpenStack、Rackspace 和 vCloud 等。

在本体验中，我们将使用 Cloud Foundry 的 PaaS 平台搭建一个简单的 Blog 应用来体验 PaaS 平台的功能。

2.2.2　安装客户端

1. 注册账号 https://console.run.pivotal.io/register（见图 2.12）

2. 完成注册后，登录到主界面（见图 2.13）

图 2.12　注册

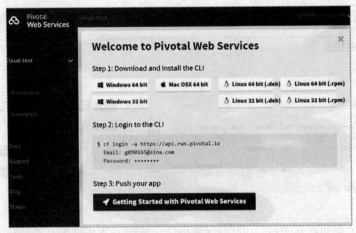

图 2.13　登录主界面

3. 下载、安装客户端（见图 2.14～图 2.16）

（1）下载与主机操作系统相对应的客户端软件，并安装。本体验使用的是 Windows 64bit 客户端。

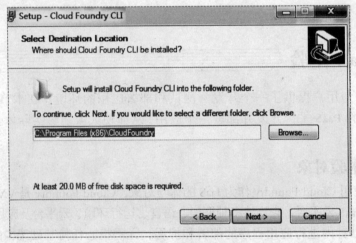

图 2.14　安装客户端

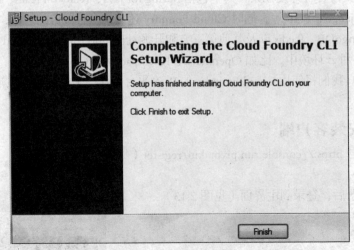

图 2.15　安装客户端

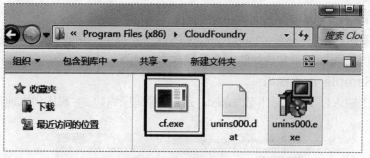

图 2.16　安装目录

（2）在"开始"菜单的搜索程序和文件输入框里输入 cmd，打开命令行窗口（见图 2.17），在命令行窗口输入以下命令、E-mail 和密码，完成客户端登录（见图 2.18）。

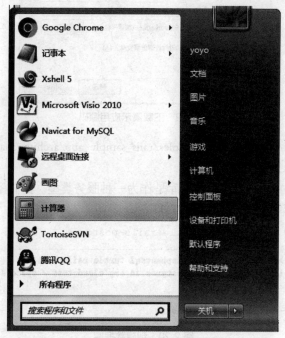

图 2.17　打开命令行

```
cf login -a https://api.run.pivotal.io
```

图 2.18　登录 Cloud Foundry 客户端

2.2.3 部署应用

为了能够简单、快速地体验 Cloud Foundry PaaS 平台提供的功能，可以使用 Cloud Foundry 官方网站上提供的 App 例子完成体验，具体操作方法如下。

1．下载 Sample_app 源码

在浏览器上输入以下地址，下载 Sample_app 的源码压缩包，并解压到本地目录，如图 2.19 所示。

图 2.19　下载演示应用源码

https://github.com/cloudfoundry-samples/rails_sample_app/archive/master.zip

2．创建数据库服务实例

在 Cloud Foundry Paas 平台中，数据库是作为一种服务类型。我们将使用 elephantsql 作为我们这个应用的数据库服务实例，如图 2.20 所示。

```
cf create-service elephantsql turtle rails-postgres
```

```
C:\Users\yoyo>cf create-service elephantsql turtle rails-postgres
Creating service instance rails-postgres in org cloud-test / space development a
s g090165@sina.com...
OK
Service rails-postgres already exists
```

图 2.20　创建数据库

完成数据库创建后，本例中使用 elephantsql 服务和 turtle 方案创建了名为 rails-postgres 的数据库实例。在本地项目 sample 下有一个名为 manifest.yml 的文件，该文件描述了该应用 App 的创建信息，通过命令行打开，如图 2.21 所示。

```
D:\>cd sample

D:\sample>more manifest.yml
---
applications:
- name: rails-sample
  memory: 256M
  instances: 1
  path: .
  command: bundle exec rake db:migrate && bundle exec rails s -p $PORT
  services:
    - rails-postgres
```

图 2.21　Manifest.yml 文件

3. 部署应用

使用命令行进入到项目目录下，输入以下命令，完成应该部署，如图 2.22 所示。

```
cf push pass_sample_app -random-route
```

```
D:\sample>cf push pass_sample_app -randon-route
Using manifest file D:\sample\manifest.yml

Updating app pass_sample_app in org cloud-test / space development as g090165@si
na.com...
OK

Uploading pass_sample_app...
Uploading app files from: D:\sample
Uploading 453.9K, 217 files
Done uploading
OK
Showing health and status for app pass_sample_app in org cloud-test / space deve
lopment as g090165@sina.com...
OK

requested state: started
instances: 1/1
usage: 256M x 1 instances
urls: pass-sample-app.cfapps.io
last uploaded: Tue Dec 29 09:21:23 UTC 2015
stack: cflinuxfs2
buildpack: ruby

     state     since                    cpu    memory          disk           de
tails
#0   running   2015-12-29 05:22:27 PM   8.9%   45.1M of 256M   119.9M of 1G
```

图 2.22　部署应用

2.2.4　使用应用

在上一节我们已经在 Cloud Foundry 平台上完成了应用的部署，现在我们就可以在浏览器上输入地址 http://pass-sample-app.cfapps.io/使用部署的应用，如图 2.23 ~ 图 2.25 所示。

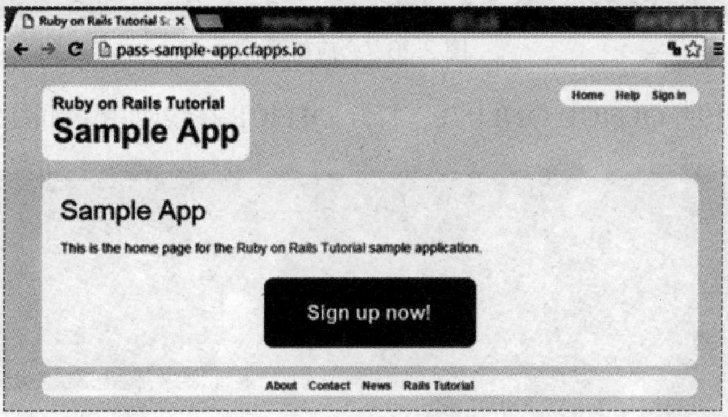

图 2.23　Sample App 应用

图 2.24　注册账号

图 2.25　使用应用

2.3 SaaS 体验

在第 1 章我们已经了解了 SaaS 的应用模式，用户无需购买所需的应用软件在本地安装使用，而是由应用厂商将各种应用软件统一部署在自己的服务器上。客户可以根据自己的实际需求，通过互联网向厂商订购所需的应用软件服务，按订购应用服务的多少和使用时间的长短来支付费用，并通过互联网来获得厂商提供的应用服务。在本节我们将使用 Microsoft 必应（Bing）的在线 Office 应用来完成 SaaS 的体验。

2.3.1 注册账号

必应的 OFFICE ONLINE 是一款 SaaS 云应用服务。我们无需在本地安装 Office 软件，就可以在线使用 Office 中的 Word、Excel、PowerPoint 等软件。使用 OFFICE ONLINE 需要首先注册账号。

（1）打开浏览器，在地址栏输入 http://cn.bing.com，打开必应首页，如图 2.26 所示。

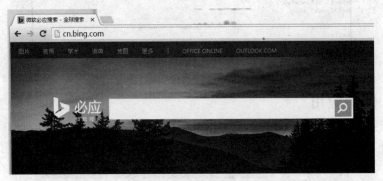

图 2.26 必应首页

（2）单击首页上的 OFFICE ONLINE，打开 OFFICE 在线应用，如图 2.27 所示。

图 2.27 选择在线 Office

（3）单击"立即使用在线应用"里的各个应用（见图 2.28）即可使用云端各种 Office 应用，无需在本地安装这些应用。

图 2.28 在线 Office 应用列表

（4）单击"Word"图标，系统提示登录或注册，因为首次使用，所以单击"注册新账户"，如图 2.29 所示。

（5）在账号栏输入手机号或邮箱号，密码栏输入密码，我们输入手机号和密码，如图 3.30 所示。

图 2.29 注册账号首页

图 2.30 注册账号

（6）单击"下一步"，设置安全信息，输入手机号，获取验证码，如图 2.31 所示。

（7）输入验证码，提交验证，如图 2.32 所示。

图 2.31 获取验证码

图 2.32 输入验证码

（8）自动发送验证邮件，如果没有收到可以单击"重新发送电子邮件"，如图 2.33 所示。

（9）登录到邮箱，打开 Microsoft 账户团队的邮件，单击"验证*******@qq.com"，即可完成邮箱验证，如图 2.34~图 2.35 所示。

图 2.33 发送验证

图 2.34 验证邮箱

准备就绪!

感谢你验证 ****** @qq.com。现在你可以返回到之前的操作了。

图 2.35 完成验证

2.3.2 登录 OFFICE ONLINE

使用注册的账号登录到必应的在线 Office 应用，如图 2.36 所示。

图 2.36 登录应用

2.3.3 使用 OFFICE ONLINE

（1）打开各个应用即可像使用本地 Office 一样，打开 Word 应用，选择模板新建文件，如图 2.37 所示。

图 2.37 使用应用

（2）在线编辑、保存文件，如图 2.38 所示。

图 2.38　编辑 Word 文件

（3）打开在线文件修改、保存，如图 2.39 所示。

图 2.39　保存 Word 文件

（4）只要有网络，有浏览器即可随时随地完成各类文档编辑工作，如图 2.40 所示。

图 2.40　在线应用列表

2.4　总结

本章我们介绍了使用云计算三大类服务 IaaS、PaaS 和 SaaS 的方法，相信通过实际使用这些云计算服务，加深了大家对云计算概念的理解，同时也可以体会三类不同云计算服务的差别。

IaaS 的主要任务是把部署在数据中心的基础设施硬件资源通过 Web 提供给用户使用，通常包括虚拟机、网络资源和存储资源。通过使用 IaaS 服务，用户不再需要购买服务器、存储设备等硬件，而可以租用云计算服务提供商提供的基础设施。在本章，针对 IaaS 服务，我们首先介绍了安装 OpenStack 和上传云主机镜像的方法，然后描述了如何通过 Web 使用云主机的步骤。在该过程中，我们讲解了定制云主机的资源配置和操作系统的方法，以及使用云主机和给云主机挂载磁盘的方法。

PaaS 的主要任务是把部署在数据中心的开发环境等平台作为一种服务提供给用户使用，通常包括操作系统、编程语言的运行环境、数据库、Web 服务器等。通过 PaaS 服务，软件开发人员可以在不购买服务器和平台软件的情况下开发和部署新的应用程序。在本章，我们通过使用 Cloud Foundry 使大家体验了 PaaS 平台，首先是下载和安装客户端，然后部署了一个简单应用，最后通过 Web 界面原创使用了该应用。

SaaS 主要是为用户提供被称为按需支付费用的应用软件。用户不必再去操心各种应用程序的安装、设置和运行维护，一切都由 SaaS 服务提供商来完成。用户只需要支付费用，通过一些可视化的客户端来使用它。Microsoft 的在线 Office 是一个典型的 SaaS 服务，其功能与线下 Office 几乎没有差别，但是不需要购买和安装，只需要注册一个账号，就可以立即使用。在本章，我们介绍了注册和使用 Microsoft 在线 Office 的步骤。

总之，IaaS、PaaS 和 SaaS 都是以服务的方式为用户提供计算资源。IaaS 是为用户提供计算所需的硬件资源，PaaS 为应用开发者提供开发应用所需的开发、测试和部署环境，而 SaaS 为最终用户提供各类应用软件。

习　题

1. 使用 IaaS 服务创建云主机的步骤有哪些？
2. 如何在 Cloud Foundry 平台上部署应用？
3. 使用在线 Office 与使用线下 Office 相比，有哪些优势和劣势？

PART 3

第 3 章
IaaS 服务模式

云计算服务模式有 IaaS、PaaS 和 SaaS 三种。本章主要研究 IaaS（Infrastructure as a Service，基础设施即服务）。IaaS 是云计算三种服务模式中发展较快的一种，当前应用比较广泛，技术也更加成熟。本章我们将首先描述 IaaS 的基本功能，然后以 OpenStack 产品为研究对象深入介绍 IaaS 服务模式的核心技术、平台架构和实现机制。

3.1　概述

IaaS 是指将 IT 基础设施能力通过互联网提供给用户使用，并根据用户对资源的实际使用量或占用量进行计费的一种服务。

IaaS 通过互联网提供了数据中心、基础架构硬件和软件资源。IaaS 可以提供服务器、操作系统、磁盘存储、数据库和信息资源。IaaS 通常会按照"弹性云"的模式引入其他的使用和计价模式，也就是在任何一个特定的时间，都只使用你需要的服务，并且只为之付费。

通过 IaaS 这种模式，用户可以从供应商那里获得他所需要的计算或者存储等资源来加载相关的应用，并只需为其所租用的那部分资源进行付费，而将管理基础设施的繁琐工作交给 IaaS 供应商来负责。

从商业模式方面来说，IaaS 是根据用户的实际使用量来收费，而不是传统的包月形式；从技术上来说，IaaS 可以向用户提供富有弹性的资源，用户需要则提供，不需要则立即自动收回。

IaaS 软件通常用于管理大规模的物理硬件，可以多达成千上万的物理服务器，并把客户所需的软硬件资源（CPU、内存、网络、存储等）以"主机"的形式提供。这里的主机可以是一台独立物理主机，但更多的情况是虚拟机（Virtual Machine，VM）。

IaaS 的根本目的在于对计算资源的池化，并提供统一的、智能化的管理和调度。计算资源的池化就是把大量的物理资源连接在一起形成一个巨大的资源库，并能够按照较小的单元进行统一分配和管理。例如把 100 个 1TB 的硬盘放在存储池中，这个池子便有了 100TB 的容量，分配存储的时候，不再是以 1TB 这样的独立硬盘单元进行分发，而是可以分发一个较小的容量，例如 10GB。具体的分配的单元可以由 IaaS 进行配置，然后按照用户的需求进行分配。

IaaS 所提供的虚拟机通常都会带有一个可以连上网络的操作系统（如 Windows、Linux）。用户通过网络可以登录并操作虚拟机并按照虚拟机的资源配置和使用时间来付费。用户在虚拟机上进行的操作就如同操作一台本地刚刚安装好操作系统的计算机一样，他可以在虚拟机上安装更多的软件（如 Apache、MySQL、SQLServer、Python、GCC 等）。他还可以加载自己的程序以完成更多的功能（如搭建一个网站，或者 VPN 服务器）。用户还可以灵活地按需申请存储空间。由于这些提供给用户的功能都是最基础的计算机功能，所以这种服务形式也就被形象地称为基础设施即服务 IaaS 服务的基本功能如图 3.1 所示。

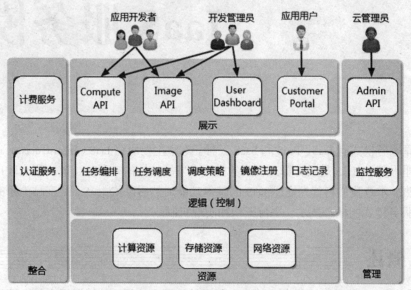

图 3.1　IaaS 服务的基本功能

IaaS 为用户提供了一种租用计算资源的服务方式。那么 IaaS 与传统的购买计算资源的方式相比，究竟有什么好处呢？我们通过一个例子来说明。在传统方式下，当企业为了开设一个社交网站而需要搭建一个小型服务器的时候，在搭建上层服务软件之前，需要首先购买硬件和安装操作系统，这往往都需要至少一天的时间。直接购买硬件会导致一次性产生大量的资本开销，而且用户还需要对软硬件提供日常的保养和维护。相反，使用 IaaS 服务，企业通常可以在几分钟内就能提供客户所需的全部资源，而且是按需（使用的时间和资源量）收费。这不仅节省了用户的时间，还节省了客户初期的投资，也降低了客户构建服务器的门槛。很多人往往需要花费大量的时间来调查购买什么样的服务器，安装什么样的操作系统。当使用了 IaaS 服务后，用户可以在业务开始之初只申请配置较小的虚拟机，当业务需求提高后，再升级到更高配置的虚拟机。此外，IaaS 服务还会提供全方位的安全保障，用户不必担心自己在云上的数据会因为普通的硬件故障而导致丢失。所以 IaaS 提供的按需服务，是一种先进的、快捷的、更经济的和更安全的软件服务形式。

3.2　基本功能

IaaS 层的主要功能是使经过虚拟化后的计算资源、存储资源和网络资源能够以基础设施即服务的方式通过网络被用户使用和管理。虽然不同云服务提供商的基础设施层在其提供的服务上有所差异，使用的技术也不尽相同，但是 IaaS 层一般都具有以下基本功能：用户管理、任务管理、资源管理和安全管理。

资源管理是 IaaS 管理的核心。资源管理是按照一定的调度策略采用合适的调度算法，使所有服务器工作在最佳状态，同时需要监控资源的运行状态，检测资源的软硬件故障，将故障信息写入日志或数据库，并在故障时自动采用应对措施进行故障修复。总的来讲，资源管理主要包括：资源抽象、资源监控、资源部署、资源分发、资源调度等。

3.2.1 用户管理

用户管理主要是管理用户账号、用户的环境配置、用户的使用计费等。用户账号管理包括对用户身份及其访问权限进行有效的管理，还包括对用户组的管理。配置管理主要是对用户相关的配置信息进行记录、管理和跟踪。配置信息包括虚拟机的部署、配置和应用的设置信息等。计算资源以服务的方式提供给用户，云服务提供商会按用户使用的资源种类、使用时间等收费。通过监控上层的使用情况，可以计算出在某个时间段内应用所消耗的存储、网络、内存等资源，并根据这些计算结果向用户收费。在用户管理中管理用户账号和用户使用计费最为重要。

3.2.2 资源抽象

当要搭建基础设施层的时候，首先面对的是大规模的硬件资源，比如通过网络相互连接的服务器和存储设备等。为了能够实现高层次的资源管理逻辑，必须对资源进行抽象，也就是对硬件资源进行虚拟化。

虚拟化的过程一方面需要屏蔽掉硬件产品上的差异，另一方面需要对每一种硬件资源提供统一的管理逻辑和接口。值得注意的是，根据基础设施层实现的逻辑不同，同一类型资源的不同虚拟化方法可能存在着较大的差异。

另外，根据业务逻辑和基础设施层服务接口的需要，基础设施层资源的抽象往往是具有多个层次的。例如，目前业界提出的资源模型中就出现了虚拟机（Virtual Machine）、集群（Cluster）、虚拟数据中心（Virtual Data Center）和云（Cloud）等若干层次分明的资源抽象。资源抽象为上层资源管理逻辑定义了操作的对象和粒度，是构建基础设施层的基础。如何对不同品牌和型号的物理资源进行抽象，以一个全局统一的资源池的方式进行管理并呈现给客户，是基础设施层必须解决的一个核心问题。

3.2.3 资源监控

通过对资源的监控，可以保证基础设施高效率的运行。资源监控是保证基础设施层高效率工作的一个关键任务。资源监控是负载管理的前提，如果不能有效地对资源进行监控，也就无法根据负载进行资源调度。基础设施层对不同类型资源的监控方法是不同的。对于 CPU，通常监控的是 CPU 的使用率。对于内存和存储，除了监控使用率，还会根据需要监控读写操作。对于网络，则需要对网络实时的输入、输出及路由状态进行监控。

全面监控云计算的运行主要涉及 3 个层面。其一是物理资源层面，主要监控物理资源的运行状况，比如 CPU 使用率、内存利用率和网络带宽利用率等。其二是虚拟资源层面，主要监控虚拟机的 CPU 使用率和内存利用率等。其三是应用层面，主要记录应用每次请求的响应时间（Response Time）和吞吐量（Throughput），以判断它们是否满足预先设定的 SLA（Service Level Agreement，服务级别协议）。

3.2.4 资源调度

根据负载实现资源动态调度，不仅能使部署在基础设施上的应用能更好地应对突发情况，而且还能更好地利用系统资源。

在基础设施层这样大规模的资源集群环境中，任何时刻所有节点的负载都很难是均匀的。如果节点的资源利用率合理，即使它们的负载在一定程度上存在不均匀的情况，也不会导致严重的问题。可是，当太多节点资源利用率过低或者节点之间负载差异过大时，就会造成一系列突出的问题。一方面，如果太多节点负载较低，会造成资源上的浪费，需要基础设施层提供自动化的负载平衡机制将负载进行合并，提高资源使用率并且关闭负载整合后闲置的资源。另一方面，如果资源利用率差异过大，则会造成有些节点的负载过高，上层服务的性能受到影响，而另外一些节点的负载太低，资源没能充分利用。这时就需要基础设施层的自动化负载平衡机制将负载进行转移，即从负载过高节点转移到负载过低节点，从而使得所有的资源在整体负载和整体利用率上面趋于平衡。

资源调度重要的是定时对资源分配进行优化和重新分配资源，使整个系统资源处于快速可获得状态。资源调度主要采用负载均衡策略使整个系统资源得到充分均衡的利用，整体上提高了资源利用率，解除单个服务器或网络等的瓶颈问题。

3.2.5 资源部署

资源部署指的是通过自动化部署流程将资源交付给上层应用的过程，即使基础设施服务变得可用的过程。在应用程序环境构建初期，当所有虚拟化的硬件资源环境都已经准备就绪时，就需要进行初始化过程的资源部署。另外，在应用运行过程中，往往会进行二次甚至多次资源部署，从而满足上层服务对于基础设施层中资源的需求，也就是运行过程中的动态部署。

动态部署有多种应用场景，一个典型的场景就是实现基础设施层的动态可伸缩性，也就是说云端运行的应用可以在极短的时间内根据具体用户需求和服务状况的变化而调整。当用户服务的工作负载过高时，用户可以非常容易地将自己的服务实例从数个扩展到数千个，并自动获得所需要的资源，通常这种伸缩操作不但要在极短的时间内完成，还要保证操作复杂度不会随着规模的增长而增大。另外一个典型场景是故障恢复和硬件维护。在云计算服务这种由成千上万服务器组成的大规模分布式系统中，硬件出现故障在所难免，在硬件维护时也需要将应用暂时移走，基础设施层需要能够复制该服务器的数据和运行环境并通过动态资源部署在另外一个节点上建立起相同的环境，从而保证服务从故障中快速恢复。

资源部署的方法也会随构建基础设施层所采用技术的不同而有着巨大的差异。使用服务器虚拟化技术构建的基础设施层和未使用这些技术的传统物理环境有很大的差别，前者的资源部署更多是虚拟机的部署和配置过程。而后者的资源部署则涉及了从操作系统到上层应用整个软件堆栈的自动化部署和配置。相比之下，采用虚拟化技术的基础设施层资源部署更容易实现。

3.2.6 数据管理

在云计算环境中，数据的完整性、可靠性和可管理性是对基础设施层数据管理的基本要求。现实中软件系统经常处理的数据分为很多不同的种类，如半结构化的 XML 数据、非结构化的二进制数据及关系型的数据库数据等。不同的基础设施层所提供的功能不同，会使得数据管理的实现有着非常大的差异。由于基础设施层由数据中心中大规模的服务器集群所组成，甚至由若干不同数据中心的服务器集群所组成，因此数据的完整性、可靠性和可管理性都是极富有挑战的。

完整性要求数据的状态在任何时间都是确定的，并且可以通过操作使得数据在正常和异常的情况下都能够恢复到一致的状态，因此完整性要求在任何时候数据都能够被正确地读取并且在写入操作上进行适当的同步。可靠性要求将数据的损坏和丢失的几率降到最低，这通常需要对数据进行冗余备份。可管理性要求数据能够被管理员及上层服务提供者以一种粗粒度和逻辑简单的方式管理，这通常要求基础设施层内部在数据管理上有充分、可靠的自动化管理流程。对于具体云计算的基础设施层，还有一些其他数据管理方面的要求，比如在数据读取性能上的要求或者数据处理规模上的要求，以及如何存储云计算环境中海量的数据等。

3.2.7　安全管理

安全管理是对资源、应用和账号等 IT 资源采取全面保护，使其免受犯罪分子和恶意程序的侵害，并保证云基础设施及其提供的资源能被合法地访问和使用。安全管理是云资源管理的重点，资源的安全性对于云计算开放的环境特别重要。安全管理主要通过对资源访问用户进行身份认证，访问授权保障资源只能被合法用户获取，利用数据加密保障数据的私密性，采用综合防护和安全审计等措施保障整个资源管理系统的安全性。

具体来讲安全管理主要包括下面这 7 种机制。

1．访问授权

为多个服务提供集中的访问控制，以确保应用和数据只能被有授权的用户访问。

2．安全策略

实现基于角色或者规则的一整套安全策略，而且还允许系统能模拟策略发生变更的情况以提升安全策略的健壮性。

3．安全审计

对安全相关的事件进行全面审计，以检测是否存在任何隐患。

4．物理安全

根据职责限定每个云管理人员拥有不同的权限，比如门禁等。

5．网络隔离

使用 VPN（Virtual Private Network，虚拟专用网络）、SSL（Secure Sockets Layer，安全套接层）和 VLAN（Virtual Local Area Network，虚拟局域网）等技术来确保网络的隔离和安全。

6．数据加密

这个机制能确保即使数据被窃取，也不会被非法分子利用。相关的机制有：对称加密和公钥加密等。

7．数据备份

由于数据完整性对云计算而言是基本要求，所以除了通过上面这些机制来确保数据不会被没有权限的人访问之外，还需要对数据进行备份，以避免由于磁盘损坏或者管理不当导致数据丢失的情况，所以需要完善的备份服务来满足每个用户不同的备份策略。

3.2.8　任务管理

任务管理主要管理用户请求资源的任务，包括任务的调度、任务的执行、任务的生命周期管理等。任务管理的目的是保证所有的任务都能快速高效地完成。

3.3　整体架构

前面我们介绍了基础设施层需要实现的基本功能，本节我们对基础设施层的整体架构进行介绍，从而了解实现基本功能的方法。

总的来讲，基础设施平台分为三层：基础设施资源池、资源管理平台和业务管理平台，如图 3.2 所示。

基础设施资源池作为实现融合基础设施结构的关键要素，是共享服务器、存储和网络的集合，能够根据应用程序的要求更快地进行重新配置，从而能够更容易、更快捷地支持业务需求的变化。

IaaS 管理平台由两部分组成：资源管理平台和业务服务管理平台。

资源管理平台负责对基础设施服务池的资源进行统一的管理和调度，实现 IaaS 服务的可管、可控，其核心是对每个基础资源单位的生命周期管理能力和对资源的管理调度能力。资源管理平台能够完成数据管理、资源监控、资源部署、资源调度、安全管理等功能。另外，它还要完成对虚拟机模板的管理，用来注册和检索虚拟机镜像。

业务服务管理平台负责将 IaaS 的各种资源封装成各种服务，然后以方便易用的方式提供给用户使用。业务管理平台是实现 IaaS 服务正常运营的保证，其主要功能包括业务服务管理、业务流程管理、计费管理和用户管理。

实现基础设施资源池的一种有效方法就是服务器虚拟化。服务器虚拟化是一种可以在一台物理服务器上运行多个逻辑服务器的技术，每个逻辑服务器被称为一个虚拟机。不同的虚拟机之间相互隔离，可以运行不同的操作系统，这使得硬件资源的复用成为可能。虚拟化技术是 IaaS 层的核心技术，主要实现了对底层物理资源的抽象，使其成为一个个可以被灵活生成、调度、管理的基础资源单位。

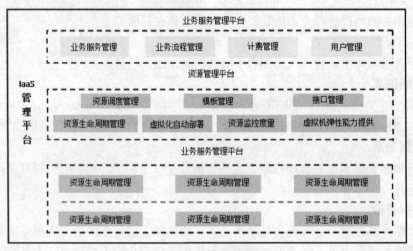

图 3.2　IaaS 平台架构

图 3.2 展示的 IaaS 平台是基于服务器虚拟化技术的。IaaS 层的基础资源是数据中心的物理服务器、存储设备、网络设备等硬件资源。然而在云计算环境下，资源不再是分散的硬件，而是将物理服务器经过整合之后，形成一个或多个逻辑上的虚拟资源池，共享计算、存储和网络资源，这就是 IaaS 平台的最下层，即是基础设施服务池。应用软件需要的资源都可以在资源池里抓取，这样既能够提高资源的利用率，还可以加快提供资源的反应速度。

而将这些虚拟资源进行有效的整合，从而生成一个可统一管理、灵活分配调度、动态迁移、计费度量的基础服务设施资源池，并向用户提供自动化的基础设施服务，就需要其上面的 IaaS 管理平台。

云计算资源的管理目标是智能化、资源虚拟化、资源优化、易操作管理。智能化是指 IaaS 资源管理系统在无需人工干预的情况下智能地处理用户请求、监控服务器软硬件状态以发现服务器故障并及时修复、将各项操作记录在日志或数据库中。

资源虚拟化是将物理资源通过虚拟化技术进行虚拟化。物理资源是异构的、分散的，只有通过虚拟化才能将物理资源整合起来，以服务的形式提供给用户。

资源优化是将中心资源在实现容灾备份的基础上，删除重复冗余数据，从整个系统来讲，减少资源浪费，提高资源利用率。资源优化重要的是定时对资源分配进行优化和分配资源，使整个系统资源处于快速可获得状态。资源优化主要采用负载均衡策略使整个系统资源得到充分均衡的利用，整体上提高资源利用率，解除单个服务器或网络等的瓶颈问题。

易操作管理主要是使管理员能够方便地管理资源，管理系统要具备良好的交互性、管理界面易操作等特点。

3.4 服务器虚拟化技术

服务器虚拟化是指能够在一台物理服务器上运行多台虚拟服务器的技术，并且上述虚拟服务器在用户、应用软件甚至操作系统看来，几乎与物理服务器没有区别，用户可以在虚拟服务器上灵活地安装任何软件。同时服务器虚拟化技术还应该确保上述多个虚拟服务器之间的数据是隔离的，虚拟服务器对资源的使用是可控的。

虚拟化技术的进步对云计算的发展起着重要的作用。本节我们对虚拟化技术进行基本的描述。

3.4.1 IaaS 的基本资源

IaaS 对众多的物理资源进行划分和重组，提供给用户。IaaS 具体管理的物理资源可以分为三大类：计算资源（CPU、内存）、存储资源和网络资源。从计算资源角度来讲，IaaS 软件管理的最小的物理单元为一个物理服务器。根据需求，可以在服务器上创建多个虚拟机，如图3.3 所示。若干配置相同的物理服务器会组成一个集群，要求配置相同的主要原因是因为需要支持虚拟机动态迁移。通常一些集群还会组成更大规模的区域（Zone）。某些 IaaS 软件还支持由若干 Zone 组成的地区（Region）。集群、区域的划分会体现在对网络和存储的不同配置上。例如一个集群可以共享相同的网络主存储，以支持虚拟机的动态迁移。一个区域可以共享相同的网络备份存储，可用来存放共享的虚拟机镜像文件。

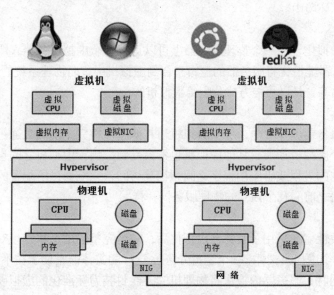

图 3.3 IaaS 的基本资源

3.4.2 实现方式

服务器虚拟化通过虚拟化软件向上提供对硬件设备的抽象和对虚拟服务器的管理。具体来讲，虚拟化软件需要实现对硬件设备的抽象，资源的分配调度和管理，虚拟机与宿主操作系统及多个虚拟机间的隔离等功能。这种软件提供的虚拟化层处于硬件平台之上、客户操作系统之下。根据虚拟化层实现方式的不同，服务器虚拟化主要有两种类型，寄宿虚拟化和原生虚拟化，如图 3.4 所示。

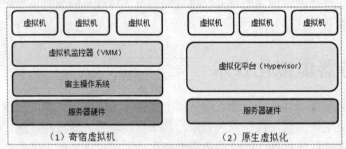

图 3.4　服务器虚拟化的实现方式

- 寄宿虚拟化。虚拟机监视器（Virtual Machine Monitor，VMM）是运行在宿主操作系统之上的应用程序，利用宿主操作系统的功能来实现硬件资源的抽象和虚拟机的管理。这种模式的虚拟化实现起来比较容易，但由于虚拟机对资源的管理需要通过宿主操作系统来完成，因此其性能通常比较低。
- 原生虚拟化。在原生虚拟化中，直接运行在硬件之上的不是宿主操作系统，而是虚拟化平台（Hypervisor）。虚拟机运行在虚拟化平台上，虚拟化平台提供指令集和设备接口，以提供对虚拟机的支持。这种实现通常具有较好的性能，但是实现起来更为复杂。

3.4.3 关键特性

无论采用以上何种虚拟化实现方式，服务器虚拟化都需要具有以下特性，来保证可以被有效地运用在实际环境中。

1．多实例

通过服务器虚拟化，在一个物理服务器上可以运行多个虚拟服务器，即可以支持多个客户操作系统。服务器虚拟化将服务器的逻辑整合到虚拟机中，而物理系统的资源，如处理器、内存、硬盘和网络等，是以可控方式分配给虚拟机的。

2．隔离性

在多实例的服务器虚拟化中，一个虚拟机与其他虚拟机完全隔离。通过隔离机制，即便其中的一个或几个虚拟机崩溃，其他虚拟机也不会受到影响，虚拟机之间也不会泄露数据。如果多个虚拟机内的进程或者应用程序之间想相互访问，只能通过所配置的网络进行通信，就如同采用虚拟化之前的几个独立的物理服务器一样。

3．封装性

亦即硬件无关性。在采用了服务器虚拟化后，一个完整的虚拟机环境对外表现为一个单一的实体（例如一个虚拟机文件、一个逻辑分区），这样的实体非常便于在不同的硬件间备份、移动和复制等。同时，服务器虚拟化将物理机的硬件封装为标准化的虚拟硬件设备，提供给虚拟机内的操作系统和应用程序，保证了虚拟机的兼容性。

4. 高性能

与直接在物理机上运行的系统相比，虚拟机与硬件之间多了一个虚拟化抽象层。虚拟化抽象层通过虚拟机监视器或者虚拟化平台来实现，并会产生一定的开销。这些开销即为服务器虚拟化的性能损耗。服务器虚拟化的高性能是指虚拟机监视器的开销要被控制在可承受的范围之内。

3.4.4 核心技术

服务器虚拟化必备的是对四种硬件资源的虚拟化：CPU、内存、设备与 I/O 和网络。此外，为了实现更好的动态资源整合，当前的服务器虚拟化大多支持虚拟机的实时迁移。本节将介绍 x86 体系结构上这些服务器虚拟化的核心技术，包括 CPU 虚拟化、内存虚拟化、设备与 I/O 虚拟化、网络虚拟化和虚拟机实时迁移。

1. CPU 虚拟化

CPU 虚拟化技术把物理 CPU 抽象成虚拟 CPU，任意时刻一个物理 CPU 只能运行一个虚拟 CPU 的指令。每个客户操作系统可以使用一个或多个虚拟 CPU。在这些客户操作系统之间，虚拟 CPU 的运行相互隔离，互不影响。

（1）直观描述（见图 3.5）

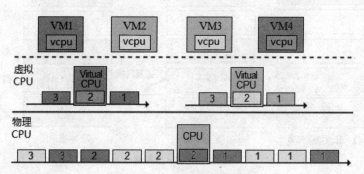

图 3.5 CPU 虚拟化直观描述

当代的 CPU 具有极高的计算调度能力，在一秒钟内可以运算上千万条指令。另外，由于客户的虚拟机往往运行的并不是计算密集型的应用程序（如浏览网页、访问数据库、存储文件等），换句话说它的程序功能可以在毫秒级别内计算完成，当计算完成或等待其他网络、硬盘等 I/O 操作时，如果没有其他计算任务，CPU 便会进入空闲状态。经过统计，通常情况我们的 CPU 繁忙的时间很短，例如 CPU 有 95% 的时间都处于空闲状态。如果我们让 CPU 在等待的时候，能给别的应用提供服务，便可以让资源利用率最大化，所以 CPU 的虚拟化技术的本质就是以分时复用的方式，让所有的虚拟机能够共享 CPU 的计算能力。

因为 CPU 运算的速度非常快，而且这种分时的单元非常小，以至于用户完全不会察觉到自己的虚拟机是在 CPU 上轮流运算的，所以在宏观的世界里，这些虚拟机看起来就是在同时工作的。当然虚拟化软件还需要通过一些手段保证每个虚拟机申请的 CPU 可以分到足够的时间片。

（2）实现原理

基于 x86 架构的操作系统被设计成直接运行在物理机器上，这些操作系统在设计之初都假设其完整地拥有底层物理机硬件，尤其是 CPU。在 x86 体系结构中，处理器有 4 个运行级别，分别为 Ring 0、Ring 1、Ring 2 和 Ring 3。其中，Ring 0 级别具有最高权限，可以执行任何指令而没有限制。运行级别从 Ring 0 到 Ring 3 依次递减。应用程序一般运行在 Ring 3 级别。操作系统内核态代码运行在 Ring 0 级别，因为它需要直接控制和修改 CPU 的状态，而类似这样的操作需要运行在 Ring0 级别的特权指令才能完成。

在 x86 体系结构中实现虚拟化，需要在客户操作系统层以下加入虚拟化层，来实现物理资源的共享。可见，这个虚拟化层运行在 Ring 0 级别，而客户操作系统只能运行在 Ring 0 以上的级别。

但是，客户操作系统中的特权指令，如中断处理和内存管理指令，如果不运行在 Ring 0 级别将会具有不同的语义，产生不同的效果，或者根本不产生作用。由于这些指令的存在，使虚拟化 x86 体系结构并不那么轻而易举。问题的关键在于这些在虚拟机里执行的敏感指令不能直接作用于真实硬件之上，而需要被虚拟机监视器接管和模拟。

为了解决 x86 体系结构下的 CPU 虚拟化问题，业界提出了全虚拟化（Full- Virtualization）和半虚拟化（Para-Virtualization）两种不同的软件方案，如图 3.6 所示。除了通过软件的方式实现 CPU 虚拟化外，业界还提出了在硬件层添加支持功能的硬件辅助虚拟化（Hardware Assisted Virtualization）方案来处理这些敏感的高级别指令。

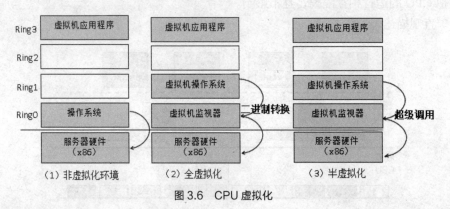

图 3.6　CPU 虚拟化

全虚拟化采用二进制代码动态翻译技术（Dynamic Binary Translation）来解决客户操作系统的特权指令问题，如图 3.6（2）所示。所谓二进制代码动态翻译，是指在虚拟机运行时，在敏感指令前插入陷入指令，将执行陷入到虚拟机监视器中。虚拟机监视器会将这些指令动态转换成可完成相同功能的指令序列后再执行。通过这种方式，全虚拟化将在客户操作系统内核态执行的敏感指令转换成可以通过虚拟机监视器执行的具有相同效果的指令序列，而对于非敏感指令则可以直接在物理处理器上运行。形象地说，在全虚拟化中，虚拟机监视器在关键的时候"欺骗"虚拟机，使得客户操作系统还以为自己在真实的物理环境下运行。全虚拟化的优点在于代码的转换工作是动态完成的，无需修改客户操作系统，因而可以支持多种操作系统。然而，全虚拟化中的动态转换需要一定的性能开销。Microsoft Virtual PC、Microsoft Virtual Server、VMware WorkStation 和 VMware ESXServer 的早期版本都采用全虚拟化技术。

与全虚拟化不同，半虚拟化通过修改客户操作系统来解决虚拟机执行特权指令的问题。在半虚拟化中，被虚拟化平台托管的客户操作系统需要修改其操作系统，将所有敏感指令替换为对底层虚拟化平台的超级调用（Hypercall），如图 3.6（3）所示。虚拟化平台也为这些敏感的特权指令提供了调用接口。形象地说，半虚拟化中的客户操作系统被修改后，知道自己处在虚拟化环境中，从而主动配合虚拟机监视器，在需要的时候对虚拟化平台进行调用来完成敏感指令的执行。在半虚拟化中，客户操作系统和虚拟化平台必须兼容，否则虚拟机无法有效地操作宿主物理机,所以半虚拟化对不同版本操作系统的支持有所限制。Citrix 的 Xen/XenServer、VMware 的 ESX Server 和 Microsoft 的 Hyper-V 最新版本都采用了半虚拟化技术。

无论是全虚拟化还是半虚拟化,都是纯软件的 CPU 虚拟化,不要求对 x86 架构下的处理器本身进行任何改变。但是,纯软件的虚拟化解决方案存在很多限制。无论是全虚拟化的二进制翻译技术,还是半虚拟化的超级调用技术,这些中间环节必然会增加系统的复杂性和性能开销。此外,在半虚拟化中,对客户操作系统的支持受到虚拟化平台的能力限制。

由此,硬件辅助虚拟化应运而生。这项技术是一种硬件方案,支持虚拟化技术的 CPU 加入了新的指令集和处理器运行模式来完成与 CPU 虚拟化相关的功能。目前,Intel 公司和 AMD 公司分别推出了硬件辅助虚拟化技术 Intel VT 和 AMD-V,并逐步集成到最新推出的微处理器产品中。以 Intel VT 技术为例,支持硬件辅助虚拟化的处理器增加了一套名为虚拟机扩展(Virtual Machine Extensions,VMX)的指令集,该指令集包括十条左右的新增指令来支持与虚拟化相关的操作。此外,Intel VT 为处理器定义了两种运行模式,根模式(root)和非根模式(non-root)。虚拟化平台运行在根模式,客户操作系统运行在非根模式。由于硬件辅助虚拟化支持客户操作系统直接在其上运行,无需进行二进制翻译或超级调用,因此减少了相关的性能开销,简化了虚拟化平台的设计。目前,主流的虚拟化软件厂商也在通过和 CPU 厂商的合作来提高他们虚拟化产品的性能和兼容性。

2. 内存虚拟化

内存虚拟化技术把物理机的真实物理内存统一管理,包装成多个虚拟的物理内存分别供若干个虚拟机使用,使得每个虚拟机拥有各自独立的内存空间。在服务器虚拟化技术中,因为内存是虚拟机最频繁访问的设备,因此内存虚拟化与 CPU 虚拟化具有同等重要的地位。

(1)直观描述

如果我们说 CPU 虚拟化是一个时间之旅,那么内存虚拟化就是一个空间之旅。内存是用来存放 CPU 要运行和计算的数据和代码。我们知道,物理内存在计算机上通常是一段以零地址开始以全部内存空间为截止地址的空间。例如 4 个 8GB 内存条组成的 32GB 内存,它在物理服务器上看起来就是 0~32GB 的空间。内存地址就好比门牌号码,CPU 在访问内存的时候,只要提供对应的内存地址,就可以拜访对应地址内的数据。

对于每个虚拟机来说,不论它分配了 512MB 的内存,还是分配了 4GB 的内存,它通常都是认为自己的内存是从零地址开始的一段空间。但是实际上,它们都会被映射到物理机上不同的空间段,有的可能是从 1G 开头的,有的可能是从 10G 开头的。不仅内存的起始地址在物理机上不同,通常连虚拟机的内存在物理机内存上的分布也不是连续的。它们可能会被映射到不同的内存区间,如图 3.7 所示。

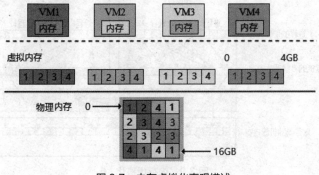

图 3.7 内存虚拟化直观描述

虚拟机管理程序（Hypervisor）负责维护虚拟机内存在物理内存上的映射。当虚拟机访问一段自己的内存空间（例如 1073741824，也就是 1G）的时候，会被映射到真实的物理地址（例如 6442450944）。这种映射对虚拟机的操作系统来说可以是完全透明而高效的。因为一台物理机上运行了多个虚拟机，所以虚拟机管理程序需要保证，不论在任何时候，来自虚拟机 A 的访问请求不能到达虚拟机 B 的内存空间。这也就是资源的隔离。现有的虚拟机管理程序甚至支持分配的虚拟机内存空间的总和大于物理内存，这种技术叫作超分（Overcommit）。KVM 里面使用 KSM（Kernel Same Page Merging）就可以让在不同虚拟机里使用相同数据的页共享一份内存来保存。这就是内存虚拟化带来的好处。

（2）实现原理

在内存虚拟化中，虚拟机监视器要能够管理物理机上的内存，并按每个虚拟机对内存的需求划分机器内存，同时保持各个虚拟机对内存访问的相互隔离。从本质上讲，物理机的内存是一段连续的地址空间，上层应用对于内存的访问多是随机的，因此虚拟机监视器需要维护物理机里内存地址块和虚拟机内部看到的连续内存块的映射关系，保证虚拟机的内存访问是连续的、一致的。现代操作系统中对于内存管理采用了段式、页式、段页式、多级页表、缓存、虚拟内存等多种复杂的技术，虚拟机监视器必须能够支持这些技术，使它们在虚拟机环境下仍然有效，并保证较高的性能。

首先，我们先回顾一下经典的内存管理技术。内存作为一种存储设备是程序运行所必不可少的，因为所有的程序都要通过内存将代码和数据提交到 CPU 进行处理和执行。如果计算机中运行的应用程序过多，就会耗尽系统中的内存，成为提高计算机性能的瓶颈。之前，人们通常利用扩展内存和优化程序来解决该问题，但是该方法成本很高。因此，虚拟内存技术诞生了。为了虚拟内存，现在所有基于 x86 架构的 CPU 都配置了内存管理单元（Memory Management Unit，MMU）和页表转换缓冲（Translation Lookaside Buffer，TLB），通过它们来优化虚拟内存的性能。总之，经典的内存管理维护了应用程序所看到的虚拟内存和物理内存的映射关系。

为了能够在物理服务器上运行多个虚拟机，虚拟机监视器必须具备管理虚拟机内存的机制，也就是具有虚拟机内存管理单元。由于新增了一个内存管理层，所以虚拟机内存管理与经典的内存管理有所区别。虚拟机中操作系统看到的"物理"内存不再是真正的物理内存，而是被虚拟机监视器管理的"伪"物理内存。与这个"物理"内存相对应的是新引入的概念——机器内存。机器内存是指物理服务器硬件上真正的内存。在内存虚拟化中存在着逻辑内存、"物理"内存和机器内存三种内存类型，如图 3.8 所示。而这三种内存的地址空间被称为逻辑地址、"物理"地址和机器地址。

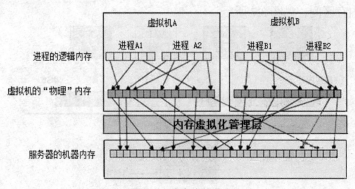

图 3.8　内存虚拟化

在内存虚拟化中，逻辑内存与机器内存之间的映射关系是由内存虚拟化管理单元来负责的。内存虚拟化管理单元的实现主要有两种方法，影子页表法和页表写入法。

第一种是影子页表法，如图 3.9（1）所示。客户操作系统维护着自己的页表，该页表中的内存地址是客户操作系统看到的"物理"地址。同时，虚拟机监视器也为每台虚拟机维护着一个对应的页表，只不过这个页表中记录的是真实的机器内存地址。虚拟机监视器中的页表是以客户操作系统维护的页表为蓝本建立起来的，并且会随着客户操作系统页表的更新而更新，就像它的影子一样，所以被称为"影子页表"。VMware ESX Server、VMware Workstation 和 KVM 都采用了影子页表技术。

第二种是页表写入法，如图 3.9（2）所示。当客户操作系统创建一个新页表时，需要向虚拟机监视器注册该页表。此时，虚拟机监视器将剥夺客户操作系统对页表的写入权限，并向该页表写入由虚拟机监视器维护的机器内存地址。当客户操作系统访问内存时，它可以在自己的页表中获得真实的机器内存地址。客户操作系统对页表的每次修改都会陷入虚拟机监视器，由虚拟机监视器来更新页表，保证其页表项记录的始终是真实的机器地址。页表写入法需要修改客户操作系统，Citrix 的 Xen/XenServer 是采用该方法的典型代表。

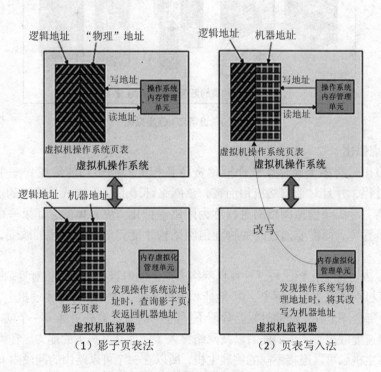

图 3.9　内存虚拟化的两种方法

3．设备与 I/O 虚拟化

除了处理器与内存外，服务器中其他需要虚拟化的关键部件还包括设备与 I/O。设备与 I/O 虚拟化技术对物理机的真实设备进行统一管理，包装成多个虚拟设备给若干个虚拟机使用，响应每个虚拟机的设备访问请求和 I/O 请求。目前，主流的设备与 I/O 虚拟化都是通过软件的方式实现的。虚拟化平台作为在共享硬件与虚拟机之间的平台，为设备与 I/O 的管理提供了便利，也为虚拟机提供了丰富的虚拟设备功能。

以 VMware 的虚拟化平台为例，虚拟化平台将物理机的设备虚拟化，把这些设备标准化为一系列虚拟设备，为虚拟机提供一个可以使用的虚拟设备集合，如图 3.10 所示。值得注意的是，经过虚拟化的设备并不一定与物理设备的型号、配置、参数等完全相符，然而这些虚拟设备能够有效地模拟物理设备的动作，将虚拟机的设备操作转译给物理设备，并将物理设备的运行结果返回给虚拟机。这种将虚拟设备统一并标准化的方式带来的另一个好处就是虚拟机并不依赖于底层物理设备的实现。因为对于虚拟机来说，它看到的始终是由虚拟化平台提供的这些标准设备。这样，只要虚拟化平台始终保持一致，虚拟机就可以在不同的物理平台上进行迁移。

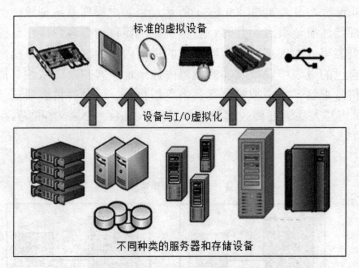

图 3.10　设备与 I/O 虚拟化

4. 网络虚拟化

网络虚拟化是将多个硬件或软件网络资源及相关的网络功能集成到一个可用软件中统一管控的过程，并且对于网络应用而言，该网络环境的实现方式是透明的。该网络环境称为虚拟网络，形成该虚拟网络的过程称为网络虚拟化。更具体的，如果一个网络不能通过软件被统一管理，而需要通过改变物理组网结构才能完成网络环境的改变，则不能被称作虚拟网络。

与 CPU、内存虚拟化相比较，计算机网络虚拟化的内容和实现要相对复杂一些。用户通常熟悉的计算机网络概念包含网卡、IP 地址和主机名等。例如在一台物理机上，可能有一个或几个网卡，每个网卡在工作的时候会分配不同的 IP 地址，对外可能有一个或多个网络主机名。网络连接速度取决于网卡的能力以及网络接入（例如交换机）的能力。在网络上通过 IP 地址或者网络主机名可以连接不同的物理主机，所以在一个可以路由的网段内 IP 地址和主机名必须是唯一的。在每个网卡上，还有一个 MAC 地址，用来标识在相同网段上的不同网卡。用户通常不会注意 MAC 地址，因为它并不需要用户手动配置。

那么什么是网络虚拟化呢？假如原本的物理机只有一个网卡，那么它有一个 MAC 地址，并且可以分配一个 IP 地址，其他机器就可以通过 IP 地址访问这个物理主机。当创建多个虚拟机以后，每个虚拟机都需要有独立的网络配置，以便它们可以像物理机一样处理各种网络连接。但是这个时候物理机上依然只有一个网卡，多个虚拟机通过这一个物理网卡都能进行顺畅的网络连接的过程即为网络虚拟化，如图 3.11 所示。

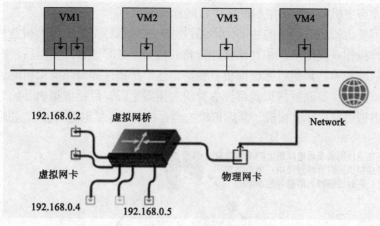

图3.11　网络虚拟化

虚拟机上的网络概念和物理机一样。在一个物理机上创建多个虚拟机，就是要创建多份虚拟机的虚拟网卡，并且保证它们能够正确的连通到网络上。这是如何做到的呢？这主要是通过虚拟机管理程序在虚拟层面创建了一个虚拟网桥（Bridge）。这个网桥就和我们看到的交换机一样，上面有很多"接口"可以连接不同的虚拟网卡，当然物理机的真实网卡也需要连在这个网桥上。通过设置一种特殊的混杂模式，允许无论该物理网卡是否为网络包的目的地址都能通过该网卡接收或者发送。

在同一个网桥上的不同虚拟机之间进行的网络通信，只会在本网桥内发生。只有当虚拟机的网络通信的对象不在本机（比如网上的其他主机）上的时候，它们才会通过物理机的网卡向外进行传输。由于物理机的网卡带宽能力是固定的，所以在一个网桥上的虚拟网卡也是分时共享相同的网络带宽。如果网络包的交换只发生在本网桥内，速度不会受到物理网卡的影响。虽然它们在自己传输的时间段内是独占全部带宽（例如1Gbit/s），但是同时会导致其他虚拟网卡暂时无法传输数据，以至于在宏观范围（秒）来看，虚拟机是没有办法在共享网络的时候占用全部带宽的。如果假设有 4 个虚拟机都在进行大规模的网络操作（例如大文件的下载和上传），那么理论上它们的实际连接速度最多就只能达到 250Mbit/s。由于网络速度对云计算服务中虚拟机的能力非常重要，芯片公司也在不断推出各种针对网络连接的硬件虚拟化解决方案（例如 SR-IOV、VMDq 等）。

如果物理机上只有一个物理网卡，那么不同的虚拟机的网络都是通过同一个网卡连接出去，这是会导致网络安全问题的。例如一个虚拟机可以监听整个网络上的所有数据包，并分析截获感兴趣的别的虚拟机的网络数据。为了解决这个问题，计算机网络提供了一种叫作VLAN 的技术。通过对网络编辑指定的 VLAN 编号，一个物理网卡可以拓展多达 4095 个独立连接能力。例如，如果原本的物理网卡为 eth0，VLAN1 的网卡设备在操作系统就变成 eth0.1，VLAN1000 的网卡设备就是 eth0.1000，eth0.1 和 eth0.1000 之间都无法看到对方的网络包。有了 VLAN 的支持，在相同物理机上的虚拟机就可以分配不同的 VLAN 编号的网络设备，从而进行了网络隔离。

5．实时迁移技术

实时迁移（Live Migration）技术是在虚拟机运行过程中，将整个虚拟机的运行状态完整、快速地从原来所在的宿主机硬件平台迁移到新的宿主机硬件平台上，并且整个迁移过程是平滑的，用户几乎不会察觉到任何差异，如图 3.12 所示。由于虚拟化抽象了真实的物理资源，因此可以支持原宿主机和目标宿主机硬件平台的异构性。

实时迁移需要虚拟机监视器的协助，即通过源主机和目标主机上虚拟机监视器的相互配合，来完成客户操作系统的内存和其他状态信息的拷贝。实时迁移开始以后，内存页面被不断地从源虚拟机监视器拷贝到目标虚拟机监视器。这个拷贝过程对源虚拟机的运行不会产生影响。最后一部分内存页面被拷贝到目标虚拟机监视器之后，目标虚拟机开始运行，虚拟机监视器切换源虚拟机与目标虚拟机，源虚拟机的运行被终止，实时迁移过程完成。

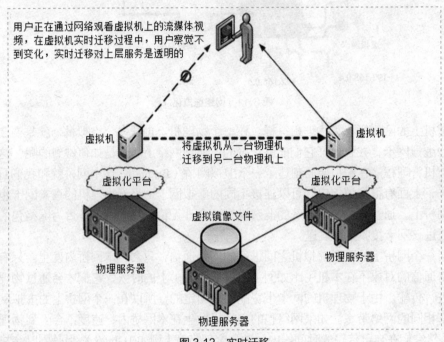

图 3.12　实时迁移

实时迁移技术最初只应用在系统硬件维护方面。众所周知，数据中心的硬件需要定期地进行维护和更新，而虚拟机上的服务需要 7×24 小时不间断地运行。如果使用实时迁移技术，便可以在不宕机的情况下，将虚拟机迁移到另外一台物理机上，然后对原来虚拟机所在的物理机进行硬件维护。维护完成以后，虚拟机迁回到原来的物理机上，整个过程对用户是透明的。目前，实时迁移技术更多地被用于资源整合，通过优化的虚拟机动态调度方法，数据中心的资源利用率可以得到进一步提升。

3.4.5　虚拟化与云计算

有了计算资源、存储资源和网络资源的虚拟化，IaaS 管理平台就可以管理整套虚拟化的资源，并且在客户需要的时候，把一部分资源划分给用户使用。例如用户可以申请 2 个 CPU、2GB 的内存、100GB 的硬盘和 2 个网卡，或者可以申请 4 个 CPU、16GB 的内存、2T 的硬盘和 1 个具有公网 IP 地址的网卡等不同的资源。由于虚拟机共享着物理机的资源，所以虚拟化软件必须要做好资源的隔离以保证数据的安全。

在云计算技术中，数据、应用和服务都存储在云中，云就是用户的超级计算机。因此，云计算要求所有的资源能够被这个超级计算机统一地管理。但是，各种硬件设备间的差异使它们之间的兼容性很差，这为统一的资源管理提出了挑战。

虚拟化技术可以对物理资源等底层架构进行抽象，使得设备的差异和兼容性对上层应用透明，从而允许云对底层千差万别的资源进行统一管理。此外，虚拟化简化了应用编写的工作，使得开发人员可以仅关注于业务逻辑，而不需要考虑底层资源的供给与调度。在虚拟化技术中，这些应用和服务驻留在各自的虚拟机上，有效地形成了隔离，一个应用的崩溃不至于影响到其他应用和服务的正常运行。不仅如此，运用虚拟化技术还可以随时方便地进行资源调度，实现资源的按需分配，应用和服务既不会因为缺乏资源而性能下降，也不会由于长期处于空闲状态而造成资源的浪费。最后，虚拟机的易创建性使应用和服务可以拥有更多的虚拟机来进行容错和灾难恢复，从而提高了自身的可靠性和可用性。

可见，正是由于虚拟化技术的成熟和广泛运用，云计算技术中的计算、存储、应用和服务都变成了资源，这些资源可以被动态扩展和配置，云计算最终在逻辑上以单一整体形式呈现的特性才能实现。虚拟化技术是云计算中最关键、最核心的技术源动力。

需要指出的是，IaaS 软件管理和分配的过程是完全自动化的。它的输入是用户的需求，它的输出是一个具有网络连接能力的虚拟机。IaaS 管理平台需要实现管理和分配这些资源，并用自动化的方法把它们串联起来。为了更好地分配这些资源，IaaS 管理平台通常会构建很多内部的逻辑概念。例如对于存储资源，IaaS 管理平台会分成主存储和备份存储。由于存储类型的不同，IaaS 软件需要支持不同的存储方式，例如 NFS、iSCSI 或者对象存储。由于虚拟化管理程序可能是异构的（例如 KVM、Xen、VSphere)，IaaS 管理平台往往还需要支持几种不同的虚拟化解决方案。每一种虚拟化管理程序的应用程序接口是不同的，IaaS 管理平台需要能够分辨并且暴露给用户统一的接口。此外由于管理着成百上千的物理服务器，服务器难免会出现各种问题，比如掉电、断网、电子元件损坏等，IaaS 管理平台都需要针对不同的错误进行自我隔离、容错和修复。所以，在虚拟化的基础上 IaaS 还需要完成对虚拟资源的自动化的分配、调度和容错。

3.5 OpenStack

在了解了 IaaS 平台的核心功能和基本架构以后，本节我们以 OpenStack 产品为研究对象，分析其核心技术和实现机制，来进一步理解 IaaS 平台的实现。

3.5.1 简介

OpenStack 是一个由 NASA（National Aeronautics and Space Administration，美国国家航空航天局）和 Rackspace 合作研发并发起的，以 Apache 许可证授权的自由软件和开放源代码项目。

OpenStack 是一个开源的云计算管理平台项目，由几个主要的组件组合起来完成具体工作。OpenStack 支持几乎所有类型的云环境，项目目标是提供实施简单、可大规模扩展、丰富、标准统一的云计算管理平台。OpenStack 通过各种互补的服务提供了基础设施即服务（IaaS）的解决方案，每个服务提供 API 以进行集成。

OpenStack 除了有 Rackspace 和 NASA 的大力支持外，还有包括 Dell、Citrix、Cisco、Canonical 等重量级公司的贡献和支持，发展速度非常快，有取代另一个业界领先开源云平台 Eucalyptus 的态势。OpenStack 是一个旨在为公共及私有云的建设与管理提供软件的开源项目。它的社区拥有超过 130 家企业及 1350 位开发者，这些机构与个人都将 OpenStack 作为 IaaS 资源的通用前端。OpenStack 项目的首要任务是简化云的部署过程并为其带来良好的可扩展性。

OpenStack 覆盖了网络、虚拟化、操作系统、服务器等各个方面。它是一个正在开发中的云计算平台项目，根据成熟及重要程度的不同，被分解成核心项目、孵化项目，以及支持项目和相关项目。每个项目都有自己的委员会和项目技术主管，而且每个项目都不是一成不变的，孵化项目可以根据发展的成熟度和重要性，转变为核心项目。截止到 Liberty 版本，共包含 6 个核心项目。

（1）OpenStack Compute（计算）：Nova

一套控制器，用于为单个用户或使用群组管理虚拟机实例的整个生命周期，根据用户需求来提供虚拟服务。负责虚拟机创建、开机、关机、挂起、暂停、调整、迁移、重启、销毁等操作，配置 CPU、内存等信息规格。

（2）OpenStack Block Storage（块存储）：Cinder

为运行实例提供稳定的数据块存储服务，它的插件驱动架构有利于块设备的创建和管理，如创建卷、删除卷，在实例上挂载和卸载卷。

Cinder 用于管理基于 LVM 的实例卷，卷管理器执行卷的相关操作，如建立、删除、挂载卷到实例、从实例卸载卷。卷提供了一个通过实例使用永久存储的方式，作为主磁盘，非永久性地连接到一个实例，那么当卸载卷或者实例中断时它所做的任何更改都将丢失。当从实例卸载卷或者当一个挂载卷的实例结束后，它保存了之前挂载的实例存储在其上的数据。通过再次挂载到一样的或者其他不一样的实例可以访问到这些数据。实例的生命周期积累的所有有价值的数据都要写入卷，这通常适用于数据库服务器等的存储需求。图 3.13 所示为 OpenStack 核心项目。

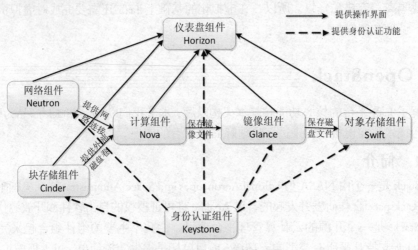

图 3.13　OpenStack 核心项目

（3）OpenStack Newtron（网络）：Neutron

提供云计算服务的网络虚拟化技术，为 OpenStack 其他服务提供网络连接服务。为用户提供接口，可以定义 Network、Subnet、Router，配置 DHCP、DNS、负载均衡、L3 服务，网络支持 GRE、VLAN。插件架构支持许多主流的网络厂家和技术，如 OpenvSwitch。

（4）OpenStack Image Service（镜像服务）：Glance

一套虚拟机镜像存储、查找及检索系统，支持多种虚拟机镜像格式（AKI、AMI、ARI、ISO、QCOW2、Raw、VDI、VHD、VMDK），有创建镜像、上传镜像、删除镜像、编辑镜像基本信息的功能。

（5）OpenStack Object Storage（对象存储）：Swift

一套用于在大规模可扩展系统中通过内置冗余及高容错机制实现对象存储的系统，允许进行存储或者检索文件。可为 Glance 提供镜像存储，为 Cinder 提供卷备份服务。

（6）OpenStack Identity Service（身份服务）：Keystone

为 OpenStack 其他服务提供身份验证、服务规则和服务令牌的功能，管理 Domains、Projects、Users、Groups、Roles。

（7）OpenStack Dashboard（UI 界面）：Horizon

OpenStack 中各种服务的 Web 管理门户，用于简化用户对服务的操作，例如：启动实例、分配 IP 地址、配置访问控制等。

注意，Horizon 并不是 OpenStack 的核心项目，但是它却是一个非常有用的项目，可以帮助管理员管理或用户使用 OpenStack 平台。之所以没有把 Horizon 归入 OpenStack 核心项目，是因为它并不是 OpenStack 必须要提供的功能，而只是使用 OpenStack API 开发的一个 UI 应用，任何企业都可以开发一个更好的 UI 管理应用来取代它。

3.5.2　OpenStack Compute：Nova

Nova 提供一个组织云的工具，主要功能包括运行虚拟机实例，管理网络以及通过用户和项目来控制对云端的访问。Nova 提供的软件可以控制 IaaS 云计算平台，类似于 Amazon EC2。

1. 逻辑架构

Nova 的主要功能是围绕几个关键的概念模型进行管理的，如图 3.14 所示。

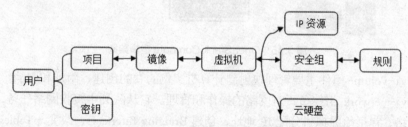

图 3.14　Nova 主要功能管理模型

用户通过项目来管理其拥有的资源和虚拟机。项目用来进行业务的分类管理，例如，把开发和测试环境分别以不同的项目进行管理。镜像是用来创建虚拟机的模板，为每个虚拟机分配所需的 IP 资源（也就是 IP 地址）以及云硬盘。另外，还必须为每个虚拟机设置一个安全组，也就是网络访问规则的组合。通过安全组可以控制虚拟机的网络安全访问。

Nova 建立在无共享、基于消息的架构上，将所有的云平台的系统状态保持在分布式的数据存储中。对系统状态的更新会写入到这个存储中，必要时用原子操作保证数据的一致性。对系统状态的请求会从数据库中读取。在少数情况下，控制器也会短时间缓存读取结果。Nova 的逻辑架构如图 3.15 所示。

从架构中可以看出 Nova 是由 API 服务器（nova-api）、调度器（nova-scheduler）、计算控制器（nova-compute）、网络控制器（nova-network）、卷控制器（nova-volume）、消息队列（queue）、仪表盘（dashboard）等几个重要组件组成的。

Nova 逻辑架构中各个组件的功能如下。

（1）nova-api 组件是 Nova 的核心，它为所有的外部调用提供服务。用户不但可以使用

OpenStack API，而且可以使用 EC2 API 使用和管理云计算资源，包括查询资源状态，初始化绝大多数部署活动（比如运行实例），以及实施一些策略（绝大多数的配额检查）。

（2）nova-compute 组件负责虚拟机实例的管理，包括虚拟机的创建、终止、迁移、调整等操作。其实现过程相当复杂，但是基本工作原理很简单：从队列中接收请求，并使用一系列的系统命令执行这些请求，然后根据执行结果更新数据库的状态。在一个典型的产品环境部署中，云平台会有许多计算节点，基于使用调度算法，一个实例可以选择最合适的计算节点进行部署。

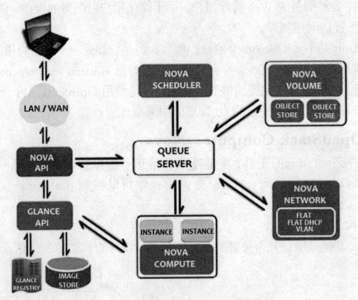

图 3.15　OpenStack Compute 逻辑架构

（3）nova-volume 组件主要管理映射到计算机实例的卷的创建、附加和取消。

（4）nova-network 组件负责对网络的操作和管理。它从队列中接收网络任务，然后控制虚拟机的网络，包括给虚拟机分配 IP 地址，创建 Bridging Interfaces、改变 ipTables 规则、为对象配置 VLANs、实现安全组和计算节点的网络等。

（5）Queue 为各个组件的守护进程传递消息。当前使用 RabbitMQ 实现。OpenStack 云控制器和其他 Nova 组件通信，比如调度器和网络控制器，通过 Queue 进行。Nova 使用异步调用请求响应，一旦收到响应即获得回拨触发。使用了异步通信，没有用户的操作会长期处于等待状态。这是特别有用的，因为对 API 的许多动作调用会比较耗时，如启动一个实例或上传镜像。

（6）SQL Database 存储平台的所有运行状态。包括可用的实例类型、在用的实例、可用的网络和项目等。当前的实现使用数据库 MySQL。

（7）nova-scheduler 负责虚拟机的调度，也就是决定在哪台资源可用的物理服务器上创建新的虚拟机实例。调度器是以插件的方式设计的。目前支持的既有简单的调度算法，比如，Chance（随机主机分配）、Simple（最少负载）和 Zone（在一个可用区域里的随机结点），也有复杂的调度算法，比如，分布式的调度器和理解异构主机的调度器。

2．运行架构

逻辑架构说明了各个组件之间的职责分工，本节重点描述不同组件之间的协作机制以及调用流程。

nova-api（API Server）是 Nova 对外的标准化接口。Nova 的各子模块，如计算资源、存储资源和网络资源子模块通过各自的 API 接口提供服务。各子模块的 API 接口可以相互调用。总体来说，计算资源服务（compute-api）调用网络资源服务（network-api）和存储资源服务（volume-api）提供服务，如图 3.16 所示。

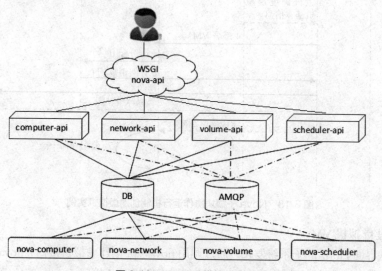

图 3.16　Nova 子模块协作关系

API 接口操作 DB 实现资源数据模型的维护，通过消息中间件 AMQP，告知相应守护程序如 nova-compute、nova-network、nova-volume 等实现服务接口。API 与守护程序共享 DB 数据库，但守护程序侧重维护状态信息，比如虚拟机状态、网络资源状态等。守护进程之间不能相互调用，需要通过 API 调用。如 nova-compute 为虚拟机分配网络，需要调用 network-api，而不是直接调用 nove-network，这样有易于解耦。

下面以创建虚拟机（VM）为例，分析 Nova 的不同关键子模块之间的调用关系，如图 3.17 所示。

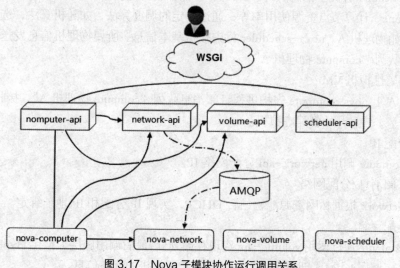

图 3.17　Nova 子模块协作运行调用关系

创建虚拟机需要涉及 Nova 各个子模块，如图 3.18 所示。

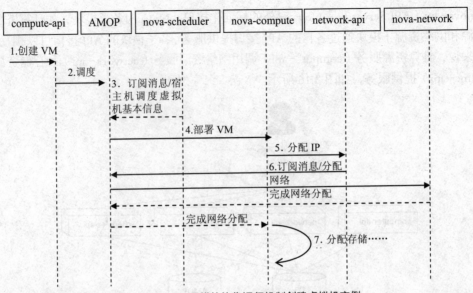

图 3.18　Nova 子模块协作运行机制创建虚拟机实例

（1）创建虚拟机 VM

如果是从界面 Horizon 子系统发起，通过调用 nova-api 创建虚拟机接口，nova-api 对参数进行解析以及初步合法性校验，调用 compute-api 创建虚拟机 VM 接口。compute-api 根据虚拟机参数（CPU、内存、磁盘、网络、安全组等）信息，访问数据库创建数据模型虚拟机实例记录。

（2）调度

接下来需要调用具体的物理机实现虚拟机部署，在这里就会涉及调度模块 nova-scheduler，compute-api 通过 RPC 的方式将创建虚拟机的基础信息封装成消息发送至消息中间件指定消息队列"scheduler"。

（3）订阅消息/宿主机调度

nova-scheduler 订阅了消息队列"scheduler"的内容，接收到创建虚拟机的消息后，根据当前集群 Zone、计算节点资源使用率等，通过一定的调度算法，如随机算法，选择一台物理主机部署，如物理机 A。nova-scheduler 将虚拟机基本信息、所属物理机信息发送至消息中间件指定消息队列"compute.物理机 A"。

（4）部署虚拟机 VM

物理机 A 上 nova-compute 守护进程订阅消息队列"compute.物理机 A"，接收到消息后，根据虚拟机基本信息开始创建虚拟机。

（5）分配 IP

nova-compute 调用 network-api 分配网络 IP。

（6）订阅消息/分配网络

nova-network 根据私网资源池，结合 DHCP，实现 IP 分配和 IP 地址绑定。

（7）分配存储

nova-compute 通过调用 volume-api 实现存储划分，最后调用底层虚拟化 Hypervisor 技术，如通过 Libvirt 调用 KVM、部署虚拟机。同时维护虚拟机的状态信息。

3．物理架构

Nova 在设计之初就采用分布式部署，符合大规模云计算平台建设的要求。因为采用无共享、基于消息的架构，所以 Nova 的安装非常灵活，可以安装每个 nova-service 在单独的服务器上，这意味着可以有多种安装的方法。多结点部署唯一的相互依赖性就是 Dashboard 必须与 nova-api 安装在同一个服务器上。几种部署架构如下。

（1）单结点

一台服务器运行所有的 nova-services，同时也驱动虚拟实例。这种配置只为尝试 OpenStack Compute，或者是为了开发目的。

（2）双结点

一个 Cloud Controller 结点运行除 nova-compute 外的所有 nova-services，Compute 结点运行 nova-compute。一台客户计算机很可能需要打包镜像，以及和服务器进行交互，但是并不是必要的。这种配置主要用于概念和开发环境的证明。

（3）多结点

通过简单部署 nova-compute 在一台额外的服务器以及拷贝 nova.conf 文件到这个新增的结点，就能在两结点的基础上，添加更多的 Compute 结点，形成多结点部署。在较为复杂的多结点部署中，还能增加一个 Volume Controller 和一个 Network Controller 作为额外的结点。对于运行多个需要大量处理能力的虚拟机实例，至少是 4 个结点是最好的。

一个可能的 Nova 多服务器部署如图 3.19 所示，划分为管理、数据、存储、公网等部分。

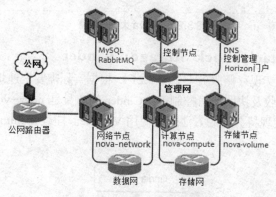

图 3.19　Nova 多节点部署

管理网内控制节点安装相关 API 服务、调度 Scheduler、存储 Volume、镜像 Glance；数据库和消息中间件安装至独立服务器中；监控和界面部署至另外的服务器，以实现负载平衡。根据组件不同，服务器节点可以划分为表 3.1 所示的几种。

表 3.1　服务器节点划分

名　　称	用　　途
计算节点 Computer Node	提供 CPU、内存的物理服务器，指安装了 nova-computer 服务的物理机
存储节点 Storage Node	提供存储能力的服务，指安装了 nova-volume 或者是 cinder-volume 的服务器
网络节点 Network Node	提供网络服务，指安装了 nova-network/quantum server 的服务器
控制节点 Controller Node	一般将安装了 nova-api、调度等模块的服务器统称为控制节点

更大规模的部署如图 3.20 所示，基本上是标准多节点部署的扩大版。

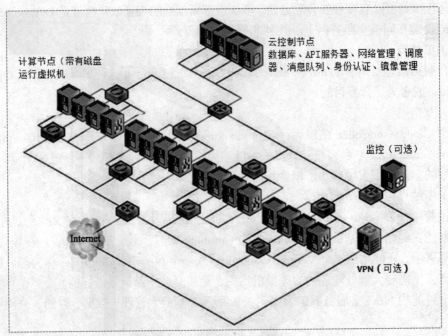

图 3.20　Nova 大规模部署

3.5.3　OpenStack Block Storage：Cinder

Cinder 的功能就是实现存储服务（见图 3.21），根据实际需要快速地为虚拟机提供块存储设备的创建、挂载、回收及快照备份控制等。Cinder 的前身是 nova-volume，Openstack 中的实例是不能持久化的，实现持久化的方法就是使用 Volume。挂载 Volume 之后在 Volume 中实现持久化。

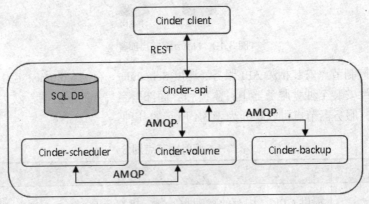

图 3.21　Cinder 功能

Cinder 的服务主要包括 API、cinder-volume、cinder-backup 和 cinder-scheduler。cinder-volume 就是实现实际的块存储管理功能，可以部署至多个节点上。调度器 cinder-scheduler 实现调度功能，根据服务寻找合适的存储服务器 cider-volume，发送消息至 cinder-volume 节点，由 cinder-volume 提供存储服务。cinder-backup 提供 cinder 中的 volume 的备份管理功能，现在的实现方法是用 Swift 作为存储后台。

Cinder 对块数据实现了多种的存储管理方式。LVM、NFS 和 iSCSI 这些存储方式都在 cinder/volume/drivers 下，要实现特定的存储方法只需要继承 VolumeDriver 基类或者类似 iSCSIDriver 子类。

Cinder 存储分为本地块存储、分布式块存储和 SAN 存储等多种后端存储类型。

（1）本地存储：默认通过 LVM 支持 Linux。

（2）SAN 存储：通过 NFS 协议支持 NAS 存储，比如 Netapp。

（3）分布式存储：支持 Sheepdog、Ceph 和 IBM 的 GPFS 等。

3.5.4 OpenStack Network：Neutron

Neutron 目的是为 OpenStack 提供更灵活的划分网络的能力，能够在多租户的环境下提供给每个租户独立的网络环境。Neutron 混合实施了第二层的 VLAN 和第三层的路由服务，它可为支持的网络提供防火墙、负载均衡以及 IPsec VPN 等扩展功能。

1．OpenStack 的三种网络

在一个典型的 OpenStack 部署环境下，有如下三种网络：公共网络、数据网络和管理网络，如图 3.22 所示。

（1）外网（External Network/API Network）

这个网络是连接外网的，无论是用户调用 OpenStack 的 API，还是创建出来的虚拟机要访问外网，或者外网要 SSH 到虚拟机，都需要通过这个网络。

（2）数据网络（Data Network）

虚拟机之间的数据传输通过这个网络来进行，比如一个虚拟机要连接到另一个虚拟机、虚拟机要连接虚拟路由都是通过这个网络来进行。

（3）管理网络（Management Network）

OpenStack 各个模块之间的交互、连接数据库、连接 Message Queue 都是通过这个网络来进行。

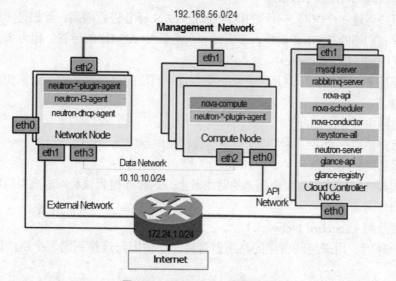

图 3.22　OpenStack 的三种网络

将这三个网络隔离，一方面是为了安全，在虚拟机里面，无论采用什么手段，都只能干扰数据网络，不可能访问到平台的数据库；另一方面是流量分离，管理网络的流量一般都不是很大，而且一般都会得到比较有效的使用，而数据网络和外网就需要有流量控制策略。

2．Neutron 简介

Neutron 是用来创建虚拟网络的，所谓虚拟网络，就是虚拟机启动的时候会有一个虚拟网卡，虚拟网卡会连接到虚拟 Switch 上，虚拟交换机连接到虚拟 Router 上，虚拟路由器最终和物理网卡联通，从而使虚拟网络和物理网络联通起来。

Neutron 分成多个模块分布在三个节点上。

（1）Controller 节点

neutron-server，用于接受 API 请求创建网络、子网、路由器等，然而创建的结果仅仅是在数据库里面存储描述这些虚拟网络器件的数据结构。

（2）Network 节点

neutron-l3-agent，用于创建和管理虚拟路由器，当 neutron-server 将路由器的数据结构创建好后，neutron-l3-agent 完成真正的调用命令行将虚拟路由器、路由表、namespace、iptables 规则全部创建好。

neutron-dhcp-agent，用于创建和管理虚拟 DHCP Server，每个虚拟网络都会有一个 DHCP Server，这个 DHCP Server 为这个虚拟网络里面的虚拟机提供 IP。

neutron-openvswitch-plugin-agent，用于创建 L2 的 Switch，在 Network 节点上，Router 和 DHCP Server 都会连接到二层的 Switch 上。

（3）Compute 节点

neutron-openstackvswitch-plugin-agent，用于创建 L2 层的 Switch，在 Compute 节点上，虚拟机的网卡也是连接到二层的 Switch 上。

3．租户网络创建过程

使用 Neutron，OpenStack 可以为每一个租户创建一个网络。如图 3.24 所示，给一个租户创建网络的流程如下。

（1）创建内网（Private Network）

为这个租户创建一个内网，不同的内网通过 VLAN 标签进行隔离，互相之间广播不会到达对方。这里我们用的是 GRE 模式，也需要一个类似 VLAN ID 的标签，称为 Segment ID。

（2）创建内网子网（Subnet）

为内网创建一个子网，子网是用来真正配置 IP 网段的。对于私网，经常使用的网段是 192.168.0.0/24。

（3）创建路由器（Router）

为这个租户创建一个路由器，虚拟机只有通过路由器才能够访问外网。

（4）连接私网到路由器

将前面创建的私网连接到刚刚创建的路由器上，这样连接到该私网的虚拟机就可以通过该路由器访问外网。

（5）创建外网（External Network）

创建一个外网，用来与刚创建的路由器连接，以便能与连接到同一个路由器的内网相连接。

（6）创建外网子网

创建一个外网的子网，这个外网逻辑上代表了数据中心的物理网络，通过这个物理网络可以访问外网。因而 PUBLIC_GATEWAY 应该设为数据中心里面的网关，PUBLCI_RANGE 也应该和数据中心的物理网络的 CIDR 一致，否则连不通。之所以设置 PUBLIC_START 和

PUBLIC_END，是因为在数据中心中，不可能把所有的 IP 地址都给 OpenStack 使用。

（7）连接外网到路由器

将路由器连接到刚建立的外网。

经过这个流程，从虚拟网络到物理网络在逻辑上就连通了。虚拟机就可以通过路由器连接到外网，通过数据中心的网关访问互联网上的资源。

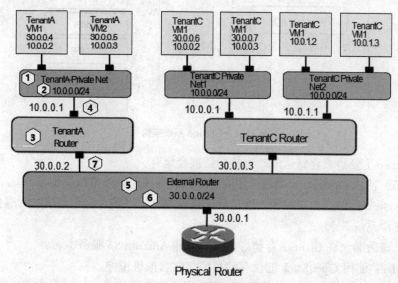

图 3.23　租户网络创建过程

3.5.5　OpenStack Image Service：Glance

Glance 是一套虚拟机镜像查找及检索系统，支持多种虚拟机镜像格式（AKI、AMI、ARI、ISO、QCOW2、Raw、VDI、VHD、VMDK），有创建镜像、上传镜像、删除镜像、编辑镜像基本信息的功能。

OpenStack 的终极目的是为用户创建一定配置需求的虚拟机，OpenStack 用镜像创建以及重构虚拟机。所以，为了使用方便，OpenStack 允许用户上传一定数量的镜像供创建虚拟机使用，至于镜像的数量，则由用户相关租户的限额来限定。用户还可以设定该镜像是否可以公开为其他租户的用户使用。

Glance 包括两个主要的部分，分别是 API Server 和 Registry Server。前者提供对 Glance 服务相关的 API，后者负责镜像注册等。另外，Glance 的设计尽可能适合各种后端仓储和注册数据库方案。Glance 的整体架构如图 3.24 所示。

Glance API 主要负责接收响应镜像管理命令的请求，并分析消息请求信息，然后分发其所带的命令（如新增、删除、更新等）。各种各样的客户程序、镜像元数据的注册、实际包含虚拟机镜像数据的存储系统，都是通过它来进行通信的。API Server 转发客户端的请求到镜像元数据注册处和它的后端仓储。Glance 通过这些机制来实际保存上传的虚拟机镜像。

Glance Registry 主要负责接收响应镜像元数据命令的请求，分析消息请求信息并分发其所带的命令（如获取元数据、更新元数据等）。Glance DB 主要负责与数据库 Mysql 的交互。

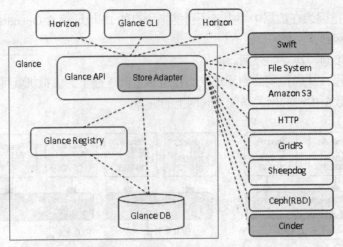

图 3.24　Glance 系统架构

Glance Store 主要负责存储适配，支持的后端仓储有。

（1）Swift：使用 OpenStack 中高可用的对象存储系统存储虚拟机镜像。

（2）FileSyste：存储虚拟机镜像的默认后端是后端文件系统。这个简单的后端会把镜像文件写到本地文件系统。

（3）S3：该后端允许 Glancce 存储虚拟机镜像在 Amazon S3 服务中。

（4）Cinder：使用 OpenStack 的块存储系统存储虚拟机镜像。

（5）HTTP：通过 HTTP 在互联网上读取可用的虚拟机镜像。这种存储方式是只读的。

另外，Glance 还可以使用多种分布式文件系统作为后端仓储，比如 Ceph、GridFS、Sheepdog 等。

3.5.6　OpenStack Object Storage：Swift

Swift 提供弹性可伸缩、高可用的分布式对象存储服务，适合存储大规模非结构化数据。Swift 使用普通的服务器来构建冗余的、可扩展的分布式对象存储集群，存储容量可达 PB 级，用于永久类型的静态数据的长期存储，这些数据可以检索、调整，必要时进行更新。

1．基本概念

Swift 的逻辑结构采用层次数据模型，共设三层逻辑结构：Account/Container/Object（即账户/容器/对象），每层节点数均没有限制，可以任意扩展。这里的账户和个人账户不是一个概念，可理解为租户，用来做顶层的隔离机制，可以被多个个人账户所共同使用；容器代表封装一组对象，类似文件夹或目录；终端节点代表对象，由元数据和内容两部分组成，如图 3.25 所示。

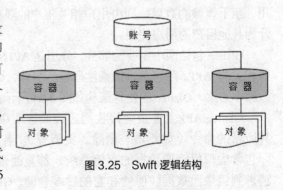

图 3.25　Swift 逻辑结构

用户创建和存储数据到各个容器里。容器用来把一个账号所属的对象进行分组。容器类似于文件系统中的目录，对象类似于文件系统中的文件。但是，在 Swift 存储系统中，容器只有一级，不能嵌套。

Swift 存储系统的每一个账号都有一个数据库用来记录该账号所包含的所有容器的信息。同样的，每一个容器都有一个数据库用来记录该容器所包含的所有对象的信息。需要指出的是账号数据库内只记录有关容器的信息，比如，容器的名称、容器的创建日期等元数据，而不包含容器的数据。与此相同，容器数据库内只记录有关对象的元数据，而不包含对象的数据。

账号数据库可以用来列出该账号包含哪些容器，而容器数据库可以用来列出该容器包含哪些对象。但是当用户访问容器或对象的时候，并不需要使用这些数据库，而是直接对容器或对象进行访问。

对象就是存储在 Swift 系统中的真正的数据。数据可以是照片、录像、文档、日志、数据库备份、文件系统的快照或者其他非结构化数据。另外，对象还可以存储用户定义的元数据，比如照片的拍摄地点、场景等。

2. 整体架构

Swift 采用完全对称、面向资源的分布式系统架构设计，所有组件都可扩展，避免因单点失效而扩散并影响整个系统运转；通信方式采用非阻塞式 I/O 模式，提高了系统吞吐和响应能力。整体架构由 Proxy Server（代理节点）、认证节点（Auth Server）以及多个存储节点（Storage）组成，如图 3.26 所示。

代理服务（Proxy Server）对外提供对象服务 API，根据请求路径使用环机制（Ring）计算出用户请求应该转发给哪个存储节点相应的账户、容器或者对象服务进行处理；由于采用无状态的 REST 请求协议，可以进行横向扩展来均衡负载。

认证服务完成对用户的身份认证并为用户生成一个访问令牌（Token），该令牌在一定的时间内会一直有效。用户使用 Swift 服务的时候，认证服务会对每个请求的 Token 及 Token 的权限进行验证，来确保只有授权的用户才能进行相应的操作。Swift 的认证服务是作为一个中间件被 proxy-server 使用，可以使用 OpenStack Keystone 来完成。

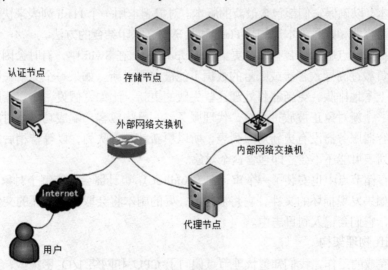

图 3.26 Swift 整体架构

存储节点（Storage）包含三个独立的组件服务:Account Server、Container Server 和 Object Server，分别负责完成对账号、容器和对象的操作。

账户服务（Account Server）提供账户元数据和统计信息，维护所含容器列表，并负责处理对账号的 GET、HEAD、PUT、DELETE、UPDATE 请求。每个账户的信息被存储在一个 SQLite 数据库中。

容器服务（Container Server）提供容器元数据和统计信息，维护所含对象列表，并负责处理对容器的 GET、HEAD、PUT、DELETE、UPDATE 请求。容器服务并不知道对象在哪里，只是知道哪些对象在一个特定的容器中。每个容器的信息也存储在一个 SQLite 数据库中，类似对象的方式在集群中复制，同时也进行跟踪统计，包括对象的总数，以及容器中使用的总存储量。

对象服务（Object Server）提供对象元数据和内容服务，是非常简单的 blob 存储服务器，能存储、检索和删除本地磁盘上的对象，它以二进制文件形式存放在文件系统中，元数据以文件的扩展属性存放。对象服务负责处理对对象的 GET、HEAD、PUT、POST、DELETE、UPDATE 请求，直接对对象进行操作。

3. 工作原理

Swift 存储系统工作原理的核心是虚节点（Partition）、环（Ring）和复制。虚节点把整个集群的存储空间划分成几百万个存储点，而环把虚节点映射到磁盘上的物理存储点。复制则保证数据会合理地复制到每个虚节点。

Swift 为账户、容器和对象分别定义了的 Ring，其查找过程是相同的。在涉及查询 Account、Container、Object 信息时就需要通过相应的环来进行。

为了提供数据的可靠性，Swift 的每个分区都会在集群中默认有三个副本。分区的位置存储在环维护的映射中。环也负责确定失败场景中接替的设备。Swift 使用 Zone 来保证数据的物理隔离。每个分区的副本都确保放在了不同的 Zone 中。Zone 只是个抽象概念，它可以是一个磁盘、一个服务器、一个机架、一个交换机、甚至是一个数据中心，以提供最高级别的冗余性，一般情况下建议至少部署 5 个 Zone。

在每个存储节点中安装有一个副本进程（Replicator）。设计副本的目的是，在面临网络中断或驱动失败等临时错误条件时，保持系统在一致的状态。副本进程会比较本地的数据和每个远处的副本，以确保它们都包含最新的版本。对象副本用一个 Hash 列表来快速比较每个分区的片段，而容器和账号副本用的是 Hash 和共享的高水印结合的方法。

在每个存储节点中还安装有一个更新器（Updater）。在 Swift 中，有时会因为存储节点出现宕机或者负载过高导致容器或账号的数据不能被立即更新。如果一个更新失败，该更新会在文件系统上本地排队，更新器将处理这些失败的更新。比如，假设一个容器服务器正处于载入之中，一个新对象正被放进系统，代理服务器一旦响应客户端成功，该对象就立即可读了。然而，容器服务器没有更新对象列表，所以更新就进入队列，以等待稍后的更新。而这时候，容器列表可能还不会立即包含这个对象。

在每个存储节点中也安装了一个审计器（Auditor）。审计器会检查每个对象、容器及账号的完整性。如果发现损坏的文件，它将被隔离，好的副本将会取代这个坏的文件。如果发现其他的错误，它们会记入到日志中。

4. Swift 物理架构

根据所完成的工作，我们知道代理节点偏向于 CPU 和网络 I/O 密集型，而对象服务、容器服务和账号服务偏向于磁盘和网络 I/O 密集型。在安装的时候，一般将代理节点放在单独的服务器上，而所有存储服务则放在同一服务器上。这允许我们发送 10G 的网络给代理节点，1G 给存储服务器，从而保持对代理服务器的负载平衡更好管理。

图 3.27 是一个典型的多存储节点部署架构，其中，包含一个代理节点，运行代理服务；一个认证节点，运行身份认证服务；五个存储节点，用来存储数据，并且每个节点上都会运行 Account、Container 和 Object 服务。

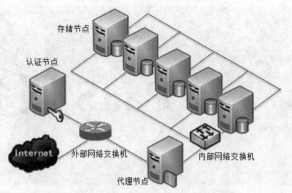

图 3.27 多存储节点的 Swift 物理架构

我们可以通过增加更多代理来扩展整个 API 吞吐量。如果需要获得账号、容器服务更大的吞吐量，它们也可以部署到单独的服务器上。

在部署 Swift 时，可以单节点安装，但是只适用于开发和测试目的。也可以多服务器的安装，它能获得分布式对象存储系统需要的高可用性和冗余。

3.5.7 小结

OpenStack 实际上就是一个资源的控制、监测和协调的平台，并提供了一系列完整的 API 供用户对资源进行使用和管理。互联网厂商和云计算提供商是 OpenStack 的潜在用户，这也同样为准备部署云计算基础架构的企业提供了一种选择。

在本章我们对 OpenStack 的 5 个核心项目进行了初步的介绍，其中 Nova 与 Cinder、Nutron 及 Glance 可以一起为用户提供虚拟机资源服务，而 Swift 可以为用户提供存储资源服务。

习 题

1. 请简单阐述一下 IaaS 的基本功能。
2. IaaS 平台整体架构分为哪几层？每层的主要功能是什么？
3. 什么是寄宿虚拟化？什么是原生虚拟化？
4. 服务器虚拟化的关键特性有哪些？
5. 请简述 CPU 虚拟化的实现原理。
6. 什么是内存的逻辑地址、"物理"地址和机器地址？
7. 什么是影子页表法？什么是页表写入法？
8. 什么是网络虚拟化？
9. 什么是实时迁移？实时迁移的应用场景有哪些？
10. 请简述虚拟化技术与云计算的关系。
11. OpenStack 有哪些核心项目？
12. 请描述 Nova 的逻辑架构。
13. 在 OpenStack 中，计算节点、网络节点、存储节点和控制节点的功能是什么？
14. 在 OpenStack 环境下，有哪三种网络？
15. 请简述 Swift 的整体架构。

第 4 章
PaaS 服务模式

云计算系统架构的平台层是为应用服务提供开发、运行和管控环境，即中间件功能的层次。基础设施层所要解决的是 IT 资源的虚拟化和自动化管理问题，而平台层需要解决的问题是为某一类应用提供一致、易用而且自动的运行管理平台及相关的通用服务。在云计算系统构架中平台层位于基础设施层与应用层之间，为应用提供共享的、按需使用的服务和能力。

平台层的功能以服务的形式提供给用户，可以作为应用开发测试和运行管理的环境，亦平台即服务（Platform as a Service，PaaS）。平台即服务是云计算平台层的外在表现形式，是云计算平台提供的一类重要的功能集合。本章将首先阐述平台即服务设计必须满足的基本需求和所支持的基本应用类型，从而对 PaaS 的功能特征有清晰了解；然后介绍实现 PaaS 系统的重要技术，它们是针对 PaaS 的功能和使用方式而专门设计的。当前被广泛认可的云平台服务主要针对两类应用形式，一类是 Web 服务，通过快速的请求/响应方式进行交互（称为事务处理类）；另一类是数据分析服务，通常处理大量的数据，需要较长的处理时间和巨大的数据空间（称为数据分析类）。最后，本章将通过实例来剖析面向这两类应用的 PaaS 实现要点。

4.1 概述

在云计算的多层架构中，需要一个层次来屏蔽下层物理设备的多样性，又要支持上层应用的多样性。PaaS 层即通过一系列的面向应用需求的基本服务和功能来提供应用运行管理的基础，而它本身也屏蔽了基础设施层的多样性，可运行在多样的基础设施层之上。对于大规模不断演化的系统而言，这样的架构选择具有普遍性，它既提供了一定的稳定性从而成为支持演化的内核，又通过模块和层次化为各个子模块的独立演化提供了支持。

4.1.1 驱动力

平台即服务作为云计算中的一类重要服务类型，它的出现有其深刻的商业和技术背景。从商业的角度讲，随着各类网络应用和服务的发展，其规模和复杂度都有了质的变化。这使得应用的快速开发、部署及管理的简化和自动化成为一件必要的事情。从技术的角度讲，计算基础设施的发展、面向服务架构（SOA）和虚拟化技术的广泛应用使得集中式的、统一的应用运行和管理平台成为可能。

进入 21 世纪以后，基于 Web 应用的电商平台成为软件开发的主流，运行在企业内部和互联网上的应用，无论是复杂度、类型还是规模都呈现出显著的增长，企业越来越需要依赖高效的 IT 系统和各类应用来支撑其业务。因此企业必须寻求新的 IT 系统及应用运作方式，以降低在软硬件的采购和维护、管理方面的大量成本投入。另外，随着企业业务的发展和创新，快速开发和上线新业务和应用成为了保证企业竞争力的重要手段。企业应用的多样性和灵活性，以及对于应用的高可用性和可靠性的要求，促使企业寻求新的应用开发和运行方式。平台即服务给企业在这方面的需求带来了高效的解决方案。

在云计算的架构中，基础设施层通过基于共享和虚拟化的服务来提供计算能力、存储能力和网络能力。共享和服务的概念也可以适用到应用上，也就是为应用的开发、运行和管理提供统一的环境和平台，这类似于将中间件的概念推广到了云计算的架构中。

回顾分布式计算的发展历程，我们看到中间件技术的出现，主要是为了将分布式应用所共同面对的诸如事务管理、资源管理、多线程及进程间通信等通用性的问题及其具体实现抽象为简单应用编程接口或系统服务，以简化应用的开发和管理。

同样，在云计算的大框架下，平台即服务提供了进一步的抽象。我们通过对云应用进行分类，总结相关实践中的共性问题，抽象出特定的模式和解决方案。这些共性的部分，包括负载均衡、缓存、半结构化的数据存取、大规模的消息通信等。将这些共性的部分剥离出来，由专业的人士进行开发，通过服务的方式提供给应用使用且由专业人士维护，这样使得它们的功能、性能和成本都比由企业自己独立完成更好、更节省。因此，在中间件的基础上进一步简化应用的开发和管理而提供一组服务，即平台即服务，可以提高应用的灵活性，降低运行管理的开销。

PaaS 包括一系列的平台软件和基本服务。PaaS 的提供商在平台软件和基础服务的实现上具有多样性，各自针对用户对平台的一类或几类特定需求和使用方式。根据所针对的应用类型，PaaS 在理念、客户定位和实现方式上也会存在差异。比如，GAE（Google App Engine）就预先定义了所支持应用的基本模型，以应用编程接口（API）的方式与应用进行交互，应用通过调用相应的编程接口来调用平台层的功能，从而实现应用的功能和运行管理。

通常的企业客户维护着大量现存的应用。企业可以考虑把这些应用迁移到云计算平台层上，或者保持维护现有应用，而把新的应用运行在云计算的平台层上。对于前一种选择，企业需要考虑向云计算平台进行迁移转型的成本；而对于后一种选择，企业需要考虑做到两类系统的有效集成。云计算平台的提供商需要考虑如何有效地平衡用户的这两个方面的需求。这两类需求将影响到平台层的功能、实现方式和推广模式。PaaS 技术的发展将会更加贴近客户的多样化需求。

4.1.2 主流类型

当我们开发各种各样基于网络的应用时，通常会把这些应用中共有的部分或者需要使用到的功能抽离出来作为基础服务，以供编写和运行从而降低应用创建和运维的复杂性。这一系列应用所要用到的基本功能即为平台层所提供的服务。

当前，PaaS 上运行的应用主要分为两类：一类是 Web 服务类 PaaS 平台架构如图 4.1 所示；另一类是数据分析服务，其 PaaS 平台架构如图 4.2 所示。前一类应用主要是通过浏览器访问、采用请求／响应模式进行交互的应用，称为事务处理类应用。事务处理类应用的要求主要包括快速响应、高可用性、大并发量等。后一类应用主要是对大量的数据进行分析处理，称为数据分析类应用。数据分析类应用的主要要求包括强大的计算能力和存储能力，对于实时性的要求不高，数据处理完毕后任务就结束运行了。针对这两类应用，PaaS 系统根据应用特点而有专门的设计，这将在后面做详细的介绍。

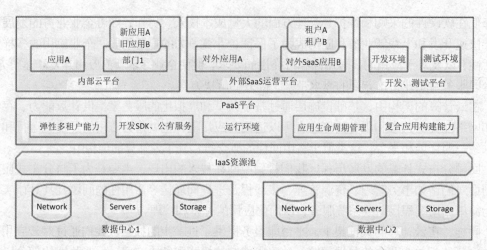

图4.1 Web 服务类 PaaS 平台架构

根据所针对的应用类型，PaaS 通过编程模型和接口与应用进行交互。对于所支持的编程模型，PaaS 可以基于标准编程模型，也可以基于自定义编程标准。基于标准编程模型可以降低用户的使用门槛，并且使得已有的应用系统更容易迁移到云平台上，比如在 Google App Engine 中，可以直接使用 J2EE 模型进行 Web 编程。某些 PaaS 为了更好地解决云计算中的某类特殊问题而采用了自定义的编程模型，比如 Force.com 为了更好地支持多租户技术而自己定义了 Apex 编程模型。对于数据分析类应用，PaaS 支持通用的 MapReduce 模型。

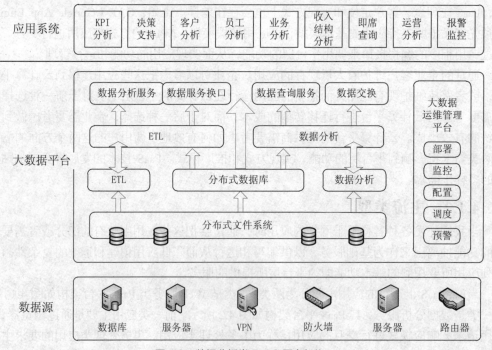

图4.2 数据分析类 PaaS 平台架构

作为支持某种类型应用的通用基础功能的集合，平台即服务的类型及其功能也会随着应用的发展而变化。例如，支持大规模网络游戏的基础平台、支持社交网络的平台，或者面向大规模数据存取操作的半结构化数据存储和非关系型数据查询平台，都可能或者正在发展形成新型的 PaaS 类型。可以预见，随着市场规模的扩大和市场细分的深化，PaaS 的种类及提供 PaaS 的厂商将会不断增加。这些都会进一步丰富云应用的类型和开发实现方式。

4.1.3 功能角色

1．共享的中间件平台

从架构层次上来看，平台层是为了有效支撑大量应用实例的运行管理，它是一类应用运行所需要的资源和服务集中起来并进行共享的中间件平台。在传统的中间件环境中，考虑应用的性能和可靠性，通常用户需要为每个应用维护一套单独的环境，除了硬件平台之外，还需要有单独的运营团队来进行中间件的选型、部署和配置等。另外，为了保证应用的可靠性及突发的负载，往往需要准备额外的软硬件资源。

PaaS 将这种传统的静态、独享的中间件平台转变为一种动态、共享的中间件平台。每个应用将在云平台上统一进行管理和运行。平台层既提高了资源的利用率，又通过对应用和平台进行概念和功能的分离进一步简化了应用和平台的运营和管理，如图 4.3 所示。

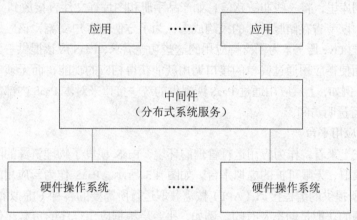

图 4.3　PaaS 作为扩展的中间件

PaaS 将"共享"扩展到更大的范围。与基础设施层所共享的对象不同，PaaS 所共享的对象是应用运行所需的资源和基础功能。PaaS 通过动态资源调度实现了计算资源在不同应用之间的共享和按需供给；通过基础服务如流量平衡器、专门的消息服务机制实现了不同应用之间的基础功能；通过统一的管理平台实现应用运维管理的功能和方法的共享。

2．集成的软件和服务平台

从功能特征的角度来看，平台层整合各种不同的软硬件资源向应用提供一致而统一的资源和功能。通过整合，应用运行所需的各种资源和基础功能以统一的编程模型和调用接口暴露给应用使用，应用无须关注下层的细节。同时，PaaS 平台根据所支持的应用类型，可以精心选择和优化所提供给应用的资源和服务，使得应用的开发和运行变得更为简单高效。

如图 4.4 所示，平台即服务可能建立在多个基础设施服务之上，需要对应用提供一个一致的、单一的基础设施视图。PaaS 还需要面向云环境中的应用提供应用在开发、测试和运行过程中所需的基础服务。平台层除了提供 Web 服务器、应用服务器、消息服务器等传统的中间件以外，还需要提供其他相关的管理支撑服务，如应用部署、应用性能管理、使用计量和计费等。另外，云应用本身可能会集成来自不同云服务提供商所提供的功能或服务，这些也需要平台层提供相应的跨平台使用服务的支持。

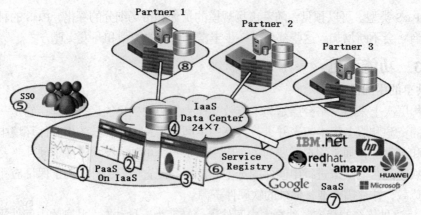

图 4.4　PaaS 作为集成的软件和服务平台

比如，一个企业可能将自己的应用运行在企业内部所建设的 PaaS 上，将客户信息保存在企业内部的数据库里，将一些非敏感信息如产品手册和图片等文件直接放到 Amazon S3（简单存储服务）中以节省存储服务器的采购成本；为了方便与客户交流，该应用甚至可能直接集成 Microsoft 的 Live 服务。为了支持应用的这些功能需求，PaaS 应该提供一致的访问接口和编程模型，从而使得应用通过简单的接口调用就能获得相应的功能，而无须单独与各自的服务分别打交道。例如，上层应用通过 PaaS 所提供的统一接口来对本 PaaS 内部的数据和存储在 S3 中的数据进行透明访问。

3．虚拟的应用平台

从使用模式上来看，作为应用运行管理的环境，PaaS 模糊了物理资源的限制，在应用看来是一个按需索取、无限可扩的虚拟平台，如图 4.5 所示。PaaS 作为云应用的运行环境，云应用通过 PaaS 所提供的编程接口（API）按需获取运行所需要的各种（虚拟的）资源和能力。一般来讲，资源的获取是动态及时的。例如，平台层根据应用程序的负载起伏，动态估计所需的计算和存储资源，按照服务质量的约定（SLA）按需提供所需资源。从自动化的角度来看，PaaS 的基本目标是使应用更加专注在用户的功能性需求上，而平台则自动为应用满足诸如负载均衡、自动规模调整等非功能性的需求及管理的需要。

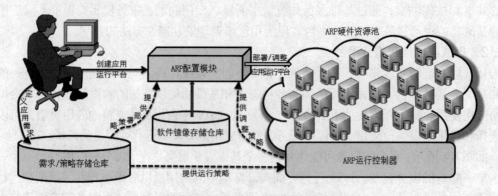

图 4.5　PaaS 作为虚拟的应用平台

在传统的应用开发中，用户需要花费大量时间和工作来进行中间件的选型、定制和部署。在 PaaS 上，这部分工作将由 PaaS 根据应用的需求和特点自动完成。我们可以看到，在 Google App Engine 和 Force.com 这样的 PaaS 上，用户不再需要手动地选择自己所需的 Web 容器和数据库产品及选择和扩展所需的管理功能。用户更多地是针对应用的特点，对诸如运行时服务质量（QoS）需求、伸缩策略或者部署方式等应用的参数进行指定和配置，平台层可以根据应用的相关配置自动提供支撑应用的软硬件资源，以及在运行时进行自动的负载平衡、伸缩控制和 SLA 优化等。

总之，PaaS 针对的是有效并自动管理大量应用的需求。PaaS 的功能和结构设计要满足这样的需求。下面我们将从功能和技术的角度来看平台层如何满足这样的需求。

4.2　核心系统

一个平台一般来讲只能对某类应用进行高效、方便的支持。在当前的 IT 实践中，存在大量不同类型的应用，因此，从用户的观点来看，PaaS 与 PaaS 之间也存在着巨大的不同。然而，在实现 PaaS 的过程中，我们也会发现，PaaS 作为一个系统，其中的功能和模块大致分为两类，首先是 PaaS 的核心系统，包含了 PaaS 的一系列本质特征，即使是在不同的 PaaS 中，也会有这些特征的实现；其次是 PaaS 的扩展系统，主要包含了针对其支持的应用类型的支持，比如 GAE 作为支持事务型 Web 应用的 PaaS，就包含了数据访问和缓存的相应模块。本节讨论通用的核心系统。

4.2.1　简化的应用开发和部署模型

对于一个 IT 应用的要求，一般分为两个方面：一方面是与业务相关的功能性需求；另一方面就是诸如安全性、可靠性及服务质量等非功能性的需求。应用的开发阶段主要考虑功能性要求，而运行阶段主要关注非功能要求。不同的应用在非功能性要求方面具有一定的相似性，为了支持这些非功能性要求，人们通常总结出一定的功能模块和模式。比如，在不同 Web 2.0 应用的高性能方案中，我们一般都能发现诸如负载均衡、反向代理及数据缓存等相似模块。这些模块和模式是 PaaS 层支持应用运行的基本方式。PaaS 层的一个重要目标就是把业界在过去多年来在分布式应用中获得的经验总结起来作为服务提供给用户，使用户能够将更多的精力放到与业务相关的功能性需求上去。

前面提到，PaaS 层的基本目的是为了进一步简化大量应用的开发、部署和运行管理。在 PaaS 层，为了实现简化应用开发和部署的目的，应用一般被定义为功能性模块和一系列策略的组合。在进行应用开发的时候，开发人员只需考虑业务功能的实现；而非功能性要求通过选择所提供的策略配置来表达。PaaS 层在应用具体部署时根据这些策略选择自动提供相应的资源、服务功能及其配置。

我们可以通过一个关于数据高可用性的例子来看平台层给用户所带来的便利，如图 4.6 所示。假设用户 A 和用户 B 都需要 CRM 的应用，用户 A 需要很高的数据可用性，而用户 B 则不太关心这个问题。开发人员只需要进行一次开发就能满足这两个企业的功能性需求，而应用管理人员则只需要在部署的时候根据业务的需求选择配置策略，云平台会自动为它们产生不同的部署和配置。比如，在本例中，用户 A 的高可用性需求通过主从方式的商业数据库来满足，而用户 B 的数据可用性配置为开源数据库的定期备份。

一般来说，传统的中间件已经有功能性和非功能性要求满足的分离。在 PaaS 层，这种分离变得更为彻底，还有就是更为智能化。应用管理无须考虑应用的资源容量需求而仅需配置所需的服务性能策略；应用所需要的资源是由 PaaS 层自动按需供给的，而无须预先准备好。

这实际上是 PaaS 层充分利用 IaaS 层提供的无限虚拟资源和动态资源调度特性而带来的优势。进一步来讲，应用所需资源策略的实现还可以随着时间推移而不断改进，这些改进可以提高应用的性能和资源利用率，但是应用无须感知策略实现的内部变化，不需要做任何改变。总之，PaaS 层在传统的功能性和非功能性分离的基础上，把非功能性的需求实现以服务的方式提交给应用开发者使用，并且通过利用 IaaS 层的功能可以实现应用资源自动按需供给。所以，PaaS 层使得应用的开发更加简单，应用的运行更为自动化。

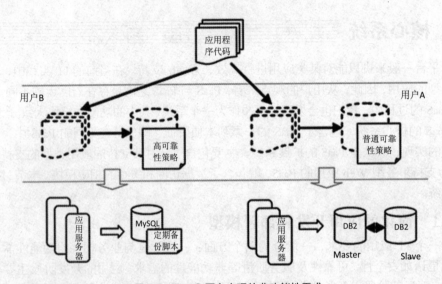

图 4.6 PaaS 平台实现的非功能性需求

4.2.2 自动资源获取和应用激活

为支持应用的运行，平台层需要为应用分配相应的资源，包括计算资源、网络资源和存储资源。PaaS 层可以建立在 IaaS 层之上，通过调用 IaaS 层的功能和接口获得相应的资源并分配给相应的应用，也可以直接实现基础设施管理的功能，而无须抽象出单独的 IaaS 层。

PaaS 层对应用所需资源的管理分为两个方面：在应用部署上线的时候所需初始资源的分配，以及应用运行过程中根据性能要求进行动态的资源调整。前一个方面是根据应用的初始配置元数据而决定资源的种类和数量；后一个方面则是根据应用的运行负载变动和性能目标采用动态的模型计算所需的资源种类和数量。

前面提到，提交给 PaaS 层的应用分为功能性模块和非功能性策略。PaaS 层首先根据应用的这两方面的需求计算出支持该应用所需要的资源类型、配置模式和相应的数量，比如：虚拟机数量及其 CPU、内存配置，以及所需要的各类中间件、功能软件、网络连接和存储空间等。具体来讲就是为应用创建虚拟服务器，包括服务器上的软件栈和相应的配置。

当为应用配置好运行所需要的各类资源之后，PaaS 层需要激活应用，让应用确实运行起来并为其提供正常运行应有的功能。应用的激活包括所分配 IaaS 层的资源的配置和激活、PaaS 层的功能和服务的配置与激活，以及应用层的功能和配置的启动。

为了激活应用，PaaS 层首先需要完成的是资源之间的依赖关系的解析和支持。在定义应用的时候，不会也不需要考虑支持应用的下层资源和基础服务的关系和结构，以及提供这些资源和服务实例的具体配置。应用所涉及的各功能模块之间一般通过一系列的逻辑关系来进行连接。PaaS 层在激活应用的时候需要将应用的各功能模块之间的这种逻辑连接与具体的实现实例的细节和配置相关联。比如，PaaS 层上的应用在定义的时候指定功能模块 A 与功能模块 B 分别访问不同的数据库，以逻辑名数据源 A 和数据源 B 来进行标示。在资源分配过程中，PaaS 层将数据源 A 和数据源 B 分别实例化为不同的虚拟机和数据库。在应用激活的过程中，PaaS 层针对功能模块 A 和 B 分别进行配置，应用服务器与数据库服务器之间将使用不同的数据连接实例，使用不同的数据源 IP 和名字等。

在应用的部署过程中，可能涉及应用模型没有指定但实例化的时候必须存在的功能模块，如一个应用服务器从单个变为多个时，需要在前端添加负载均衡器，或者数据高可用性配置时，需要多个数据库实例并配置为主从关系。这些根据应用部署情景而即时添加的模块是应用激活所需关注的。

除了解析并实现资源之间的依赖关系外，在应用能够正式运行之前，还需要对资源进行一系列的配置和初始化工作。一般来讲，在资源分配阶段所建立的软件栈中，各软件资源都只包含默认的配置。而不同的应用则需要对这些软件进行配置的更改，比如针对应用的不同性能需求配置不同大小的连接池，或者指定不同的缓存失效时间等。另外，平台层还需要对某些软件资源进行一系列的初始化工作，比如，在数据库服务器实例上为应用创建相应的数据库和表格，或者从其他用户指定的数据源导入数据等。

PaaS 层的一个基本特点是资源分配和应用激活的自动化操作。应用管理员在提交对应的应用并指明所需的配置策略后，PaaS 层能够自动解析应用的配置，转化为对应的资源分配和配置选项，并且通过调用 IaaS 层的接口实现资源分配，通过其自身或者应用所提供的配置工具实现应用从（虚拟）服务器到中间件直到应用自身的配置和启动。

4.2.3　自动的应用运行管理

在传统的中间件环境中，需要专门的应用运营管理团队针对应用进行部署、配置和运维管理。具体的实施则是一个比较长的过程，需要选择数据中心，规划网络连接，购买服务器，安装操作系统和中间件，根据应用的需求进行配置等。如果应用的需求发生了变化，无论是应用升级还是根据性能要求等非功能性需求更改应用的部署和配置，都需要有一个复杂的计划和实施过程。由于这个过程涉及软硬件多个层次的内容，因此需要具有软硬件环境的大量专业技能和知识。应用的运维管理是企业 IT 支出中非常重要的一部分，许多企业需要设置专门的团队来负责这项任务。因此，简化应用的运维管理是从应用在线运行角度对 PaaS 提出的基本要求。

实际上，从应用的角度来讲，企业关注的是应用的功能及应用是否正常运行。为了保障应用的正常运行，企业需要负责管理好应用运行的整个软硬件环境。而 PaaS 则提供了应用运行环境和应用自身的分离；应用运行所需的资源、基础服务和管理操作都可以交由 PaaS 平台来负责，甚至通过一系列技术实现自动化操作。在 PaaS 平台上，企业仅需关心应用的功能，监控应用的运行是否达到要求，而无须关心如何准备好各种资源和条件来使其正常运行，后者由 PaaS 平台来负责。

为了实现以应用为中心的管理模式，PaaS 展现给用户的是以应用为中心的逻辑视图，即展示应用逻辑层次上的功能模块，以及通过属性和策略所表达的非功能性约束。用户在应用的逻辑视图上进行应用的管理，比如监视应用的性能、更改应用的属性和策略等。PaaS 平台则动态地调整应用所需的资源和管理策略，以保证达到应用管理人员设定的对应用的性能及其他方面的要求。以应用为中心的管理方式是 PaaS 简化应用管理的基本思路。我们在上一节就已经看到，用户的非功能性需求通过逻辑性的策略表达，消除了用户对特定中间件的技能需求，也进一步简化了应用的部署和管理工作，降低了成本。

可以通过对应用运行时的可靠性和伸缩性进行比较来体现 PaaS 相较于传统的中间件环境中管理方式的优势。在传统的中间件环境中，为了保证可靠性和伸缩性，除了需要在部署阶段进行支持（比如，数据库的主从配置），也需要在运行时付出大量人力。一般来讲，在传统的中间件环境中，应用的运行状态，比如中间件实例的数量，每个实例的具体配置，对于管理员来说都是可见的。管理员需要随时监视应用（及中间件）的运行状态，人工判断是否存在节点失效或者负载过高等情况，一旦异常发生，管理员根据事先制定好的工作流程来启动备用的服务器，运行相应的管理脚本来对新的服务器进行配置和初始化等。在这个过程当中，一般都会对应用产生或多或少的影响，比如系统的扩容一般会停机维护。

在 PaaS 平台中，这一系列工作则由 PaaS 自动完成，用户在部署应用的时候只需要指定相应的可靠性和自动伸缩策略，PaaS 平台会自动跟踪和管理应用的运行状态，并调整资源供给来满足策略要求。比如，当 Web 服务器负载过高时，PaaS 平台会从 IaaS 层申请新的虚拟机运行 Web 服务器形成新的实例，根据应用的属性进行相应的配置等。这些动态的变化在应用的逻辑视图上对管理员来说可以是完全透明的。

除了向应用管理人员提供应用的逻辑视图，PaaS 还通过在逻辑视图上加载适当的管理操作接口从而形成一致的集成管理视图。集成的管理视图既展示了应用的运行信息，又展示了管理人员可以使用的管理操作，使得以应用为中心的管理更为直观而简化。一方面，管理人员可以在同一个管理控制台中获取来自不同层面的管理信息；另一方面，这些应用运行信息通过以应用为中心的方式展现出来，比如，整个应用的并发请求数量或者平均响应时间等，而不是某个具体的中间件实例的负载状况。在传统的中间件环境中，管理员直接使用不同的中间件和系统管理工具，对每个中间件实例及对应的运行环境进行直接的管理，往往是一个手动使用分散的管理工具及人力介入进行决策的过程。在 PaaS 平台中，管理人员可以将精力集中在与应用相关的监控和管理上。

实际运行中，PaaS 会搜集基础设施层和平台层上原始的各类运行状态信息，比如每个虚拟机的 CPU 和内存使用状况，或者每个中间件实例的运行状态，每一个应用的访问量和消息服务响应时间等。PaaS 对这些原始信息进行一系列的处理，以便实现以应用为中心进行数据的展示，同时根据这些数据和应用的配置策略进行相应的资源调整操作。当 PaaS 平台运行在不同的 IaaS 层上时，这些 IaaS 层的差异也会被 PaaS 屏蔽，以便展示给应用管理人员一致的应用运行管理视图。

在传统的中间件环境中，策略的实施往往是针对某类资源单独进行，比如网络的配置，或者某类中间件的设置等。PaaS 平台将提供更加灵活的策略组合和集成的策略实施。根据应用的运行动态，PaaS 可以实时调整提供给应用的各类资源。比如，在高负载的情况下，为保证应用响应时间，一般需要在应用服务器和数据之间配置缓存查询数据，而这类缓存往往会提高应用运行的成本。因此，管理人员可以配置 PaaS 按照应用性能和当前访问量自动启动或者停止类似的数据缓存服务，以降低应用运行的成本。

4.2.4　平台级优化

在 PaaS 层，优化在两个层次上进行：在应用层次，针对应用的性能和配置策略，PaaS 动态调整应用所使用的资源，在保证达到应用要求的前提下尽量提高资源的使用率，降低应用的运行费用；在 PaaS 平台层次上，在保证各个应用的运行要求下，PaaS 通过资源的共享和复用从而降低平台的运行开销，提高运行效率。可以看出，这两个层次的优化在目标、范围、手段和实施者等方面是各不相同的。

将应用运行在 PaaS 平台上，应用的所有者不再拥有单独的软硬件平台，针对软硬件平台的优化工作也需要由 PaaS 来进行。在传统的环境中，往往需要有经验的管理员通过大量的分析和观测工作才能形成合理的优化方案，实施优化也需要大量的工作量和时间。在 PaaS 平台上，这一系列工作被简化了，PaaS 可以自动发现优化的模式，可以通过虚拟化的能力自动、快速实施，而不影响到应用的运行。

同时，PaaS 平台执行优化工作时，也需要调用所依赖的层次，如 IaaS 层的功能和服务来完成。PaaS 平台可以根据应用的策略及运行情况来自动进行跨层次（PaaS 层与 IaaS 层）的优化和调整。例如，PaaS 可以根据应用的不同组件之间的消息传递情况，将通信量高的组件通过迁移技术逐渐调整到物理上靠近的位置，甚至同一台物理服务器上，以提高 I/O 效率。PaaS 可以根据基础设施层所提供的资源性能和价格差异，将应用部署或调整到相应的资源上，以便优化应用的运行性能和成本。

PaaS 平台上运行着大量的应用，由于规模和自动化的要求，其上的优化也将面临着巨大的挑战。这是未来大规模分布式系统研究和实践的重要方面。

4.3 Cloud Foundry

Cloud Foundry 是一个开源的平台即服务产品，它使开发者可以自由地去选择 IaaS 云平台、开发框架和应用服务。Cloud Foundry 最初由 VMware 发起，得到了业界的广泛支持，它使得开发者能够更快更容易地开发、测试、部署和扩展应用。用户可以使用多种私有云发行版，也可以使用公共云服务，包括 http://www.CloudFoundry.com。

4.3.1 简介

Cloud Foundry 是 VMware 推出的业界第一个开源 PaaS 云平台，它支持多种框架、语言、运行时环境、云平台及应用服务，使开发人员能够在几秒钟内进行应用程序的部署和扩展，无需担心任何基础架构的问题。同时，它本身是一个基于 Ruby on Rails 的由多个相对独立的子系统通过消息机制组成的分布式系统，使平台在各层级都可水平扩展，既能在大型数据中心里运行，也能在一台计算机中运行，二者使用相同的代码库。

作为新一代云应用平台，Cloud Foundry 专为私有云计算环境、企业级数据中心和公有云服务提供商所打造。Cloud Foundry 云平台可以简化云应用程序的开发、交付和运行过程，在面对多种公有云和私有云选择、符合业界标准的高效开发框架以及应用基础设施服务时，可以显著提高开发者在云环境中部署和运行应用程序的能力。

4.3.2 特点

Cloud Foundry 为开发者构建了具有足够选择性的 PaaS 云平台，它同时支持多种开发框架、编程语言、应用服务以及多种云部署环境的灵活选择，其主要特点如图 4.7 所示。

1. 开发框架的选择性

当前大多数 PaaS 云平台只支持特定的开发框架，开发者只能部署平台支持的框架类型的应用程序。Cloud Foundry 云平台支持各种框架的灵活选择，这些框架包括 Spring for

Java、.NET、Ruby on Rails、Node.js、Grails、Scala on Lift 以及更多合作伙伴提供的框架（如 Python，PHP 等），大大提高了平台的灵活性。

2．应用服务的选择性

Cloud Foundry 平台将应用和应用依赖的服务相分开，通过在部署时将应用和应用依赖的服务相绑定的机制使应用和应用服务相对独立，增加了在 PaaS 平台上部署应用的灵活性。这些应用服务包括 PostgreSQL、MySQL、SQL Server、MongoDB、Redis 以及更多来自第三方和开源社区的应用服务。

3．部署云环境的选择性

灵活性是云计算的重要特点，而部署云环境的灵活性是 PaaS 云平台被广泛接受的重要前提。用户需要在不同的云服务器之间切换，而不是被某家厂商锁定。Cloud Foundry 可以灵活地部署在公有云、私有云或者混合云之上，如 vSphere/vCloud、OpenStack、AWS、Rackspace 等多种云环境中。

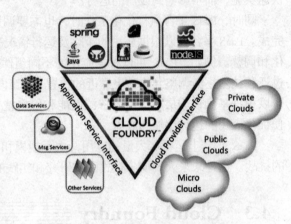

图 4.7　Cloud Foundry PaaS 平台

通过以上三个维度的开放架构，Cloud Foundry 克服了多数 PaaS 平台限制在非标准框架下且缺乏多种应用服务支持能力的缺点，尤其是不能将应用跨越私有云和公有云进行部署等不足，使得 Cloud Foundry 相比其他 PaaS 平台具有巨大的优势和特色。

4.3.3　逻辑结构

Cloud Foundry 是由相对独立的多个模块构成的分布式系统，每个模块单独存在和运行，各模块之间通过消息机制进行通信。Cloud Foundry 各模块本身是基于 Ruby 语言开发的，每个部分可以认为拿来即可运行，不存在编译等过程。Cloud Foundry 云平台整体逻辑组成如图 4.8 所示。

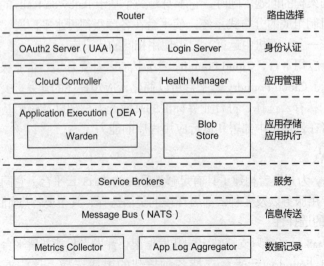

图 4.8　Cloud Foundry 逻辑结构

从图 4.8 中可以看到，Cloud Foundry 云平台是完全模块化的分布式系统，各个模块之间是相互独立的，通过消息总线进行相互连接和通信，这种结构不仅使系统各模块之间的耦合度降低，而且使系统功能容易扩充。此外，开发人员可以通过 VMC 命令行工具或 STS 插件方便地部署应用程序到 Cloud Foundry 云平台上，最终用户可以通过浏览器访问运行在 Cloud Foundry 云平台上的应用。所有的访问请求都通过 Router 进行转发，分别由云控制器 Cloud Controller 和应用运行代理 DEA（Droplet Excution Agent）模块进行请求响应，应用生命周期管理 Health Manager 模块负责监控和管理整个应用在云平台上的正常运行，云平台的各种应用服务由 Services 模块提供，可以灵活扩展。

1．Router （路由器）

路由器是整个平台的流量入口，负责分发所有的请求到对应的组件，包括来自外部用户对 App 的请求和平台内部的管理请求。路由器是 PaaS 平台中至关重要的一个组件，它在内存中维护了一张路由表，记录了域名与实例的对应关系，所谓的实例自动迁移，靠得就是这张路由表。当某个实例宕掉了，就会从路由表中剔除。而当新实例创建了，就重新加入到路由表中。

2．Authentication （认证组件）

这个模块包含两个组件，一个是登录服务器（Login Server），负责用户登录；另一个是 OAuth2 Server（UAA）。UAA 是一个 OAuth2 开源方案的 Java 项目。

3．Cloud Controller（云控制器）

云控制器负责管理应用的整个生命周期。用户通过命令行工具 cf 与 Cloud Foundry Server 打交道，实际上就是与云控制器交互。

用户把应用 push（推送）给云控制器，云控制器将其存放在 Blob Store，在数据库中为该应用创建一条记录，存放其元数据信息，并且指定一个 DEA 节点来完成打包工作，生成一个 Droplet。Droplet 是一个包含运行状态的包，在任何 DEA 节点都可以通过 Warden 运行起来。完成打包之后，Droplet 回传给云控制器，仍然存放在 Blob Store；然后云控制器根据用户要求的实例数目，调度相应的 DEA 节点部署运行该 Droplet。另外，云控制器还维护了用户组织关系 org、space，以及服务、服务实例等等。

4．Health Manager （健康管理器）

健康管理器主要有四个核心功能。

（1）监控应用的实际运行状态（比如：running、stopped、crashed 等）、版本、实例数目等信息。DEA 会持续发送心跳包，汇报它所管辖的实例信息，如果某个实例挂了，会立即发送 "droplet.exited" 消息，健康管理器据此更新应用的实际运行数据。

（2）通过访问云控制器数据库的方式，获取应用的期望状态、版本、实例数目等信息。

（3）持续比对应用的实际运行状态和期望状态，如果发现应用正在运行的实例数目少于要求的实例数目，就发命令给云控制器，要求启动相应数目的实例。健康管理器本身并不会要求 DEA 做什么，而只是收集数据，比对，再收集数据，再比对。

（4）用户通过 cf 命令行工具可以控制应用各个实例的启停状态。如果 App 的状态发生变化，健康管理器就会命令云控制器做出相应调整。

总之，健康管理器就是一个保证应用可用性的基础组件。应用运行时超过了分配的限额，或者异常退出，或者 DEA 节点整个宕机，健康管理器都会检测到，然后命令云控制器做实例迁移。

5．Application Execution（应用执行）

DEA（Droplet Execution Agent）部署在所有物理节点上，管理应用实例，将状态信息广播出去。比如我们创建一个应用，实例的创建命令最终会下发到 DEA，DEA 调用 Warden 的接口创建容器。如果用户要删除某个应用，实例的销毁命令最终也会下发到 DEA，DEA 调用 Warden 的接口销毁对应的容器。

Warden 是一个程序运行容器。这个容器提供了一个孤立的环境，Droplet 只可以获得受限的 CPU、内存、磁盘访问权限、网络权限。Warden 在 Linux 上的实现是将 Linux 内核的资源分成若干个 Namespace 加以区分，底层的机制是 CGROUP。这样的设计比虚拟机性能好，启动快，也能够获得足够的安全性。在网络方面，每一个 Warden 实例有一个虚拟网络接口，每个接口有一个 IP，而 DEA 内有一个子网，这些网络接口就连在这个子网上。安全可以通过 ipTables 来保证。在磁盘方面，每个 Warden 实例有一个自己的文件系统。Warden 之间可以共享只读内容，提高了磁盘空间的利用率。

6．Service Brokers（服务代理）

应用在运行的时候通常需要依赖外部的一些服务，比如数据库服务、缓存服务、短信邮件服务等。服务代理就是应用接入服务的一种方式。比如要接入 MySQL 服务，只要实现 Cloud Foundry 要求的服务代理的 API 即可。

7．Message Bus（消息总线）

Cloud Foundry 使用 NATS 作为内部组件之间通信的媒介，NATS 是一个轻量级的基于发布-预订（pub-sub）机制的分布式消息队列系统，是整个系统可以松散耦合的基石。

8．Metering & Logging （计量和日志）

Metrics Collector 会从各个模块收集监控数据，运维工程师可以据此来监控 Cloud Foundry 的运行情况，及时发现问题并处理。物理机的硬件监控则可以采用传统的一些监控系统来完成。

4.3.4　整体架构

Cloud Foundry 云平台整体架构如图 4.9 所示。从图中可以看到，Cloud Foundry 平台主要由 Router、Cloud Controller、Health Manager、DEA、NFS、NATS、Cloud Controller Database 以及 Service 等模块组成。这些模块协同合作，通过特定的消息传输机制和 API 接口进行通信，就可以使整个云平台正常运行。由于在集群环境下每个模块都有多个部署节点，从而保证了云平台的可靠性和弹性动态扩展的需求，使得应用程序可以稳定可靠地运行在 Cloud Foundry 云平台上。

Cloud Foundry 弹性运行时系统在 DEA（Droplet 执行代理）中运行名为 Droplet 的封包应用程序，而 Droplet 是一种打包文件，包括应用程序的所有代码以及依赖项。DEA 由 Cloud Controller（云控制器）管理，由 Health Manager（健康管理器）监控，而 Routers（路由器）负责管理应用程序流量、进行负载均衡以及合并日志。反过来，DEA 调用服务代理节点，这些节点通过消息总线进行联系。云控制器可访问二进制大对象（Blob）存储区以及内有应用程序元数据和服务凭据的数据库。

想部署应用程序，开发人员只需要使用 Cloud Foundry 命令行，或者使用来自 Eclipse、Maven 或 Gradle 的插件，上传应用程序代码和元数据。此外，开发人员需要创建和绑定服务。这一切归结为构建 WAR 归档文件，并上传该 WAR。

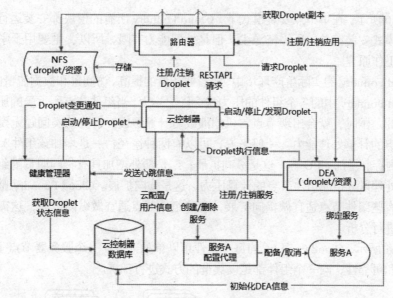

图 4.9　Cloud Foundry 整体架构

　　云控制器会自动检测并装入任何必要的系统构建包，创建一个 Droplet，将应用程序 Droplet 部署到 DEA，注册路由，以及转发端口。一旦 DEA 处于活动状态，健康管理器就会将来自云控制器的 DEA 的预期状态与来自 DEA 的实际状态进行比对。要是健康管理器检测到偏差，它会要求云控制器重启未处于预期状态的任何 DEA。

　　管理员使用 BOSH 管理 Cloud Foundry 的底层基础设施。作为一种用于大规模分布式服务的版本设计、部署和生命周期管理的开源工具链，BOSH 有自己的命令行，有别于 cf 命令行，但是不需要它来部署应用程序。BOSH 用于部署虚拟机，而不是部署 Droplet。

　　简单来讲，BOSH 通过虚拟机模板"Stemcell"克隆新的虚拟机，以创建部署的应用程序所需的虚拟机。Stemcell 包括操作系统和嵌入式 BOSH 代理，该代理让 BOSH 可以控制通过 Stemcell 克隆的虚拟机。BOSH 版本是源代码、配置文件和启动脚本共同组成的集合体，版本号可以识别这些组件。BOSH 部署清单文件是一个 YAML 文件，定义了部署的布局和属性。

　　Cloud Foundry 包括 UAA（用户账户及授权）和登录服务器。UAA 就是 Cloud Foundry 的身份管理服务。其主要角色是充当 OAuth2 提供者，颁发客户端应用程序在代表 Cloud Foundry 用户操作时所使用的令牌。不过，它还能通过用户的 Cloud Foundry 凭据验证用户的身份，并且充当 SSO（单一登录）服务。登录服务器为 UAA 执行验证任务，并充当后端服务。Cloud Foundry 管理员可以在登录服务器上设置身份验证源，比如 LDAP/AD、SAML、OpenID（谷歌和雅虎等）或者社交网站。

　　具体到应用程序执行层面，DEA 使用 Warden Linux 容器。Warden 提供了一套简单的 API，用于管理隔离的、短暂的、资源受控制的环境或容器。在将来，Cloud Foundry 会支持 Docker 容器。

4.3.5　部署模式

　　Cloud Foundry 是完全模块化的设计，模块之间不共享状态信息，每个模块可以单独存在、运转。所以，Cloud Foundry 安装方式可以灵活多样，既可以单节点安装，也可以多节点安装。单节点安装主要用来测试、研究和学习。在生产环境下，为了保证性能和可靠性，都需要多节点安装。

如图4.10所示，在单节点安装模式下，Cloud Foundry所有的模块都安装运行在同一个节点上。这种模式安装简单，所需资源少，但是处理能力有限，所以，主要用于学习和测试平台的功能和工作原理。

在Cloud Foundry的实际生产环境中，随着业务量的提高，访问量和数据流量的快速增长，附加给Cloud Foundry中的各个组件的压力也会随之增大。当组件节点所承受的压力超过了其所能够承受的范围时，就会出现节点宕机崩溃或者计算缓慢。解决此类问题无疑需要对应地加大组件节点的计算处理能力。一般来说，可以有两种途径：一是增加该组件节点的计算资源，如加大内存、增加CPU等，这是纵向扩展；二是额外增加具有相同职责的组件节点并通过负载均衡处理以分担原组件节点的计算压力，这是横向扩展。Cloud Foundry整个平台组件节点众多，有些组件节点适宜做横向扩展，有些组件节点适宜做纵向扩展，这需要根据节点的具体职责进行分析。

如图4.11所示，Cloud Foundry的每个组件可以单独部署在一个服务器节点上。为了保证平台的性能和可靠性，同一个组件都是以集群的方式进行部署。

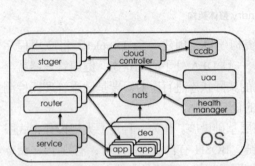

图4.10 Cloud Foundry单节点安装模式

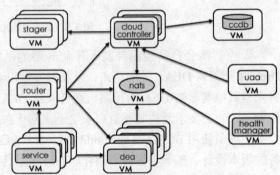

图4.11 Cloud Foundry多节点安装模式

1．路由集群（Router Cluster）

路由节点是Cloud Foundry平台对外提供访问的唯一接口，一旦路由节点发生故障，所有应用都不能正常访问。而且该节点直接影响前端用户体验，需要提供通畅的访问支持。为了保证路由节点的高可用性，可以设置多个路由节点。未发生故障的情况下，负载均衡服务器将访问请求分担到各个路由器上进行处理，增强用户体验。而在某个路由节点发生故障的情况下，负载均衡器会自动将访问请求发送到其他正常运行的路由节点。

2．控制节点集群（Cloud Countroller Cluster）

控制节点是整个Cloud Foundry平台的核心节点。如果控制节点一旦发生宕机故障，整个Cloud Foundry平台除了直接与路由器交互对外提供应用访问的DEA服务正常以外，其他所有服务如状态监测、应用管理、故障自动恢复等都不能正常进行，因为这些服务都需要控制节点的REST API提供支持。所以，平台需要设置多个控制节点，在未发生故障的情况下，路由器会将访问请求分担到各个控制节点上进行处理。而当某个控制节点发生故障时，访问请求将被发送到其他正常运行的控制节点进行处理。

3．健康管理集群（Health Manager Cluster）

健康周期管理节点负责应用状态监控及管理，在应用状态异常的情况下，驱动控制节点恢复应用至正常状态，是应用长时间稳定健康运行的重要组件，所以设置多个健康节点，分流应用的状态监控数据并且保证在单点故障的状态下保证对应用的监控。

4．数据中心

数据中心由三部分内容组成：NFS Server、CCDB、UAADB，其中 NFS Server 用于存储 Cloud Foundry 平台的所有非结构化数据，CCDB 用于存储平台除用户认证以外的所有结构化数据，UAADB 存储身份认证的相关数据。涉及到持久化数据库存储的组件的高可用性解决方案很多，主要常见的就是 HA 热备，通过数据冗余保证数据的安全性，此外，对于此类无法进行横向扩展的组件，应进行适当的纵向扩展，保证其物理资源充足并且健全。

5．身份认证服务集群（User Authentication Authorization Cluster）

身份认证节点为平台提供身份认证及授权服务，同样是 Cloud Foundry 平台的核心组件。因为所有操作都需要通过身份认证，所以必须保障该节点的高可用。通过设置多个身份认证节点，对身份认证请求进行分流，从而提高用户体验，也可以保证在单点发生故障的情况下，其他节点能够正常工作。

6．DEA 集群（Droplet Execution Agency Cluster）

DEA 节点是应用的最终运行环境。在 Cloud Foundry 平台中，占用资源最多的就是 DEA 节点，需要根据实际运行的应用所需要耗费的资源进行相应部署。为了保证 DEA 集群的资源能够支持应用的正常运行，多节点的 DEA 集群部署是必须的。一方面，单节点的 DEA 基本能够支持的应用数量总是有限的，不可能满足太多应用对计算资源的要求。另一方面，多节点的 DEA，也能够支持应用多实例分布式部署，避免出现因为单点故障造成应用无法访问的情况。

7．服务中心（Service Cluster）

服务中心是对所有第三方服务的一个总称，包括 Redis、MySql、Memcached、MongoDB 等。实际运用中，可以根据各个服务的重要性来决定如何进行部署，如需要高可用稳定运行的 Redis 服务，那么可以考虑 Redis_Gateway 节点和 Redis_Node 主备模式。

8．NATS

NATS 是消息组件，该节点发生故障的情况下，会影响其他组件中通过 NATS 消息总线传输数据，但是不影响应用的所有运行环境，高可用的 NATS 依赖于底层 IaaS 环境的高可用性，尽管可以通过纵向扩展提高 NATS 的可用性，但是，一个 NATS 集群会更有保障。

9．打包集群（Stager Cluster）

用户上传代码到 Cloud Foundry 平台后，Cloud Controller 需要将这部分代码结合平台环境打包成 DEA 可以运行的格式。由于打包（Stage）的过程比较复杂并需要操作大量的文件，需要的时间比较长，就由打包节点来专门负责完成。每当控制节点需要打包的时候，就通过打包队列向打包节点发送一个请求。打包节点收到请求后，逐个处理，并把结果上传到 BlobStore 中。当 DEA 启动的时候，会从 BlobStore 取到需要相应的包，然后再运行。因为打包过程复杂需要花费时间较长，当使用平台的用户量规模变大后，一台服务器难以完成所有打包服务，所以使用集群部署保证打包的效率是必须的。

10．可选部署

Loggregator 是 Cloud Foundry 中用于对应用日志收集的组件，并可以对接其他的日志组件。根据实际运用中对应用日志的重要性分析决定配置方案，若应用日志很重要并且要保障其高可用性，那可以配置多个 Loggregator 节点。Loggregator 节点的运行状态并不影响 Cloud Foundry 平台其他组件的运行情况，所以该节点也可以不进行部署或者单节点部署即可。

Collector 组件是用于通过 NATS 消息总线发现其中注册的其他组件的信息、可以通过 healthz 和 varz 来收集对应的信息并进行发送，如对接专业的数据分析系统（如 Datadog、

AWS_Cloud_Watch 等）。Syslog 即 syslog_aggregator，用于收集其他各个组件的日志信息进行集中查阅。Collector 和 Syslog 都不需要也不支持多节点部署，其运行状态也不会影响 Cloud Foundry 平台其他组件的运行，纯粹作为附加信息查阅组件存在，所以无需保证其单节点故障情况下可用，若对日志信息等比较重视，可以通过纵向扩展提高可用性。

4.4 Hadoop

在前一节，我们介绍了 Web 服务类型的 PaaS 平台 Cloud Foundry，在本节我们介绍数据分析类型的 PaaS 平台 Hadoop。

4.4.1 概述

在过去的几年里，数据的存储、管理和处理发生了巨大的变化。各个公司存储的数据比以前更多，数据来源更加多样，数据格式也更加丰富。处理这些数据并从中挖掘有用信息已经成为每一个现代商业组织日常运营中的重要工作。

对数据的存储、处理存在困难，并不是个新问题。在过去的几十年里，在商业金融机构防欺诈、运营机构发现异常、广告组织做人口统计分析等情况下，都不得不存储处理大量的数据。但是近年来，数据的容量、处理的速度、数据的种类正在变化。某些情况更是加剧了变化，并促进了不少算法的发展。比如，电商的产品推荐，可以向到访者展示他想购买的产品列表，希望其中总有一款可以满足他的需求。那么，怎样才能向他们只展示正确的产品？基于他们以前的浏览记录也许更有意义。如果知道他们已经购买的产品会更有帮助，例如知道客户已经购买过某个品牌的计算机，也许他会对相应的配件以及升级换代的新产品更加感兴趣。一个常用的技术是通过相似行为（例如购买模式）来对用户进行分类，对同类人群推荐其他人购买的产品。无论是什么样的解决方案，背后的推荐算法都必须处理大量数据，对问题空间越了解就越容易得出更好的结论。同时，客户更满意，商家获得更多的利润，减少了欺诈行为，网络环境更加健康安全。

Hadoop 可以为大数据应用提供一个可编程的、经济的、可伸缩的平台。这个分布式系统由分布式文件存储系统（HDFS）以及计算框架（MapReduce）组成。Hadoop 是一个开源项目，能为大量数据集提供批量数据处理能力。Hadoop 的设计可以容忍软硬件的不可靠，并且为应用开发者提供一个便于开发分布式应用的平台。Hadoop 使用没有特殊硬件或特殊网络基础设施的普通的服务器群来形成一个逻辑上可存储大量数据、进行并发计算的集群，这个集群可以被很多团体和个人共享。Hadoop MapReduce 计算框架提供并行自动计算框架，这个框架隐藏了复杂的同步及网络通信，呈现给程序员的是简单的、抽象的接口。跟其他分布式数据处理系统不一样，Hadoop 在数据存储的机器上运算用户提供的数据处理逻辑，而不是通过网络来搬动这些数据，这对性能来说具有巨大的好处。

4.4.2 Hadoop 简史

Hadoop 基于 Google 的两篇论文发展而来，当时许多公司都遇到了密集型数据的处理问题，Google 也是其中之一。一篇发表于 2003 年的论文描述了一个用来存储海量数据、可编程、可伸缩的分布式文件系统，该文件系统被称为 Google 文件系统，或简称 GFS。除了支持数据存储，GFS 还支持大规模的密集型数据的分布式处理应用。在 2004 年，另外一篇名为"MapReduce:大集群中一种简单的数据处理框架"的论文发表了，该论文定义了一种编程模型及其相关的框架，它能够大规模地以一个单独的任务通过上千台的机器处理上百 TB 的数据，并能提供自动并行计算和容错性。GFS 和 MapReduce 相互协同，可在相对便宜的商用机器上构建大数据处理集群。

与此同时，Doug Cutting 正在研究开源的网页搜索引擎 Nutch。他一直致力于系统原理的工作，当 Google 的 GFS 和 MapReduce 论文发表后，引起了他的强烈共鸣。Doug 开始着手实现这些 Google 系统，不久之后，Hadoop 诞生了。Hadoop 早期以 Lucene 子项目的形式出现，不久之后成了 Apache 开源基金会的顶级项目。因此，从本质上来讲，Hadoop 是一个实现了 MapReduce 和 GFS 技术的开源平台，它可以在由低成本硬件组成的集群上处理极大规模的数据集。

2006 年，Yahoo 雇用了 Doug Cutting 并迅速成为 Hadoop 项目最重要的支持者之一。除了经常推广一些全球最大规模的 Hadoop 部署之外，Yahoo 允许 Doug 和其他工程师们在受雇于 Yahoo 期间，致力于 Hadoop 的工作。同时，Yahoo 也贡献了一些公司内部开发的 Hadoop 改进和扩展程序。

4.4.3 Hadoop 组成部分

作为一个顶级项目，Hadoop 项目包含许多组件子项目，其中最主要的两个子项目分别为 Hadoop 分布式文件系统（HDFS）和分布式并行计算框架 MapReduce。这两个子项目是对 Google 特有的 GFS 和 MapReduce 的直接实现，它们是一对相互独立而又互补的技术。

HDFS 是一个可以存储极大数据集的文件系统，它是通过向外扩展方式构建的主机集群。它有着独特的设计和性能特点，特别是，HDFS 以时延为代价对吞吐量进行了优化，并且通过副本代替物理冗余达到了高可靠性。

MapReduce 是一个数据处理模式，它规范了数据在两个处理阶段（Map 和 Reduce）的输入和输出，并将其应用于任意规模的大数据集。MapReduce 与 HDFS 紧密结合，确保在任何情况下，MapReduce 任务都能直接在存储所需数据的 HDFS 节点上运行。

4.4.4 HDFS

HDFS（Hadoop Distributed File System）是一个分布式文件系统，但与传统的大部分文件系统都不太一样。HDFS 运行在商用硬件上，它和现有分布式文件系统很相似，但也具备了明显的差异性，比如 HDFS 是高度容错的，可运行在廉价硬件上；HDFS 能为应用程序提供高吞吐率的数据访问，适用于大数据集的应用中；HDFS 在 POSIX 规范上进行了修改，使之能对文件系统数据进行流式访问，从而适用于批量数据的处理。HDFS 为文件采用一种"一次写多次读"的访问模型，从而简化了数据一致性问题，使高吞吐率数据访问成为可能，一些 MapReduce 应用和网页抓取程序在这种访问模型下表现完美。

在大数据集情况下，如果距离数据越近，计算就越为有效，因为它能最小化网络冲突并提高系统的总吞吐率。因此 HDFS 提出了"移动计算能力比移动数据更廉价"的设计理念，它将计算迁移到距离数据更近的位置，而不是将数据移动到应用程序运行的位置，HDFS 提供了这种迁移应用程序的 API 接口。

HDFS 是一种主/从模式的系统结构，如图 4.12 所示。主服务器，即图中的命名节点（NameNode），管理文件系统命名空间和客户端访问，具体文件系统命名空间操作包括"打开""关闭""重命名"等，并负责数据块到数据节点之间的映射；此外，存在一组数据节点（DataNode），它除了负责管理挂载在节点上的存储设备，还负责响应客户端的读写请求。HDFS 将文件系统命名空间呈现给客户端，并运行用户数据存放到数据节点上。从内部构造看，每个文件被分成一个或多个数据块，从而这些数据块被存放到一组数据节点上；数据节点会根据命名节点的指示执行数据块创建、删除和复制操作。

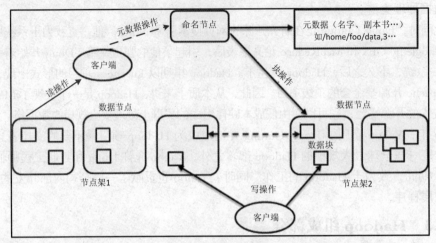

图 4.12　HDFS 架构

大量的低成本商用计算机具有较高的失效率，因此失效检测以及快速高效的恢复是 HDFS 系统的主要设计目标。同时 Hadoop 也更加适用于批量流水数据存取应用而不是交互较多的小 I/O 应用，事实上它更加关注提高系统的整体吞吐率而不是响应时间。同时 HDFS 更优化存储大文件（最好是 64MB 的倍数）。并且系统使用简单的一致性协议，因此主要针对写一次读很多次的应用。HDFS 同时给应用程序提供接口以保证处理过程尽量靠近数据的位置，减少中间数据传输的开销。

与磁盘阵列中设置物理冗余来处理磁盘故障或类似策略不同，HDFS 使用副本来处理故障。每个由文件组成的数据块存储在集群中的多个节点，HDFS 的 NameNode 不断地监视各个 DataNode 发来的报告，以确保发生故障时，任意数据块的副本数量都大于用户配置的复制因子。否则，NameNode 会在集群中调度新增一个副本。

HDFS 被设计用来可靠性地保存大文件，它使用一组顺序块保存文件，除文件最后一个块外，其他的块大小相等。块大小和文件的副本数依赖于每个文件自己的配置。命名节点周期性的收到每个数据节点的心跳和块报告。前者表示相应的数据节点是正常的，而后者包括数据节点上所有数据块的列表。机架可知的副本放置策略是 HDFS 性能和可靠性的关键。它通过在多个节点上复制数据以保证可靠性。默认的冗余度是 3，两个数据副本在同一个机架，另一个在其他的机架。当用户访问文件时，HDFS 把离用户最近的副本数据传递给用户使用。

HDFS 的命名空间存放在命名节点上，为了保证访问效率，命名节点在内存中保存整个文件系统的命名空间和文件的块映射图。命名节点同时使用事务日志（EditLog）记录文件系统元数据的任何改变。而文件系统命名空间包括文件和块的映射关系和文件系统属性等，它们存放在 FsImage 文件中，EditLog 和 FsImage 都保存在主节点的本地文件系统中。通过使用 EditLog 和 FsImage，命名节点可以保证在发生主节点宕机的时候，文件系统的命名空间和文件块的映射信息不会丢失。

所有 HDFS 的通信协议是建立在 TCP/IP 协议之上的，在客户和命名节点之间建立 ClientProtocol 协议，文件系统客户端通过一个端口连接到主节点上，通过客户端协议与主节点交换；而在数据节点和命名节点之间建立 DataNode 协议。上面两种协议都封装在远程过程调用（Remote Procedure Call，RPC）协议之中。一般情况下，命名节点不会主动发起 RPC，只响应来自客户端和数据节点的 RPC 请求。

HDFS 提出了数据均衡方案，如果某个数据节点上的空闲空间低于特定的临界点，那么就会启动一个计划自动地将数据从一个数据节点迁移到空闲的数据节点上。当对某个文件的请求突然增加时，那么也可能启动一个计划创建该文件新的副本，并分布到集群中以满足应用的要求。副本技术在增强均衡性的同时，也增加系统可用性。

当一个文件创建时，HDFS 并不马上分配空间。而是，在刚开始时，HDFS 客户端在自己本地文件系统使用临时文件中缓冲的数据，只有当数据量大于一个块大小时，客户端才通知主节点分配存储空间。在得到确认后，客户端把数据写到相应的数据节点上的块中。当一个客户端写数据到 HDFS 文件中时，本地缓冲数据直到一个块形成时，数据节点从命名节点获取副本列表。然后，客户端把数据写到第一个数据节点，当这个数据节点收到小部分数据（4KB）时再把数据传递给第二个数据节点，而第二个数据节点也会以同样方式把数据写到下一个副本中。这就构成了一个流水线式的更新操作。

在删除文件时，文件并不立刻被 HDFS 删除，而是重命名后放到/trash 目录下面，直到一个配置的过期时间到才删除文件。

文件系统是建立在数据节点集群上面，每个数据节点提供基于块的数据传输。浏览器客户端也可以使用 HTTP 存取所有的数据内容。数据节点之间可以相互通信以平衡数据、移动副本，以保持数据较高的冗余度。

4.4.5　MapReduce

虽然 MapReduce 技术相对较新，但它是建立在数学和计算机科学的众多基础工作之上，尤其是适用于每个数据元素的数据操作的描述方法。实际上，map 和 reduce 函数的概念直接来自于函数式编程语言。在函数式编程语言中，map 和 reduce 函数被用于对输入数据列表进行操作。

另一个关键的基本概念是"分而治之"。这个概念的基本原则是，将单个问题分解成多个独立的子任务。如果多个子任务能够并行执行，这种方法更为强大。在理想情况下，一个需要运行 1000 分钟的任务可以通过分解成 1000 个并行的子任务，在 1 分钟内即可完成。MapReduce 的计算框架如图 4.13 所示。

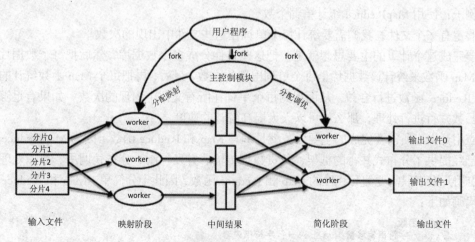

图 4.13　MapReduce 计算框架

MapReduce 是一个基于上述原理的处理模式，它实现了从源数据集到结果数据集的一系列转换。在最简单的情况下,作业的输入数据作为 map 函数的输入,所得到的临时数据作为 reduce 函数的输入。开发人员只需定义数据转换形式,Hadoop 的 MapReduce 作业负责并行地对集群中的数据实施所需转换。尽管整体思想并不是新创建的,但 Hadoop 的一个主要贡献在于它如何将这些想法变成一个精心设计的可用平台。

传统的关系型数据库适用于符合定义模式的结构化数据。与之不同,MapReduce 和 Hadoop 在半结构化或非结构化数据上表现最好。与符合刚性模式的数据不同,MapReduce 和 Hadoop 仅要求将数据以一系列键值对的形式提供给 map 函数。map 函数的输出是其他键值对的集合,reduce 函数收集汇总最终的结果数据集。

Hadoop 为 map 和 reduce 函数提供了一个标准规范(即接口),上述规范的具体实现通常被称为 mapper 和 reducer。一个典型的 MapReduce 作业包括多个 mapper 和 reducer,通常这些 mapper 和 reducer 并不是很简单。开发人员将精力集中于表达从数据源到结果数据集的转化关系上,而 Hadoop 框架会管理任务执行的各个方面:并行处理、协调配合等等。

最后一点可能是 Hadoop 最重要的一个方面。Hadoop 平台负责执行数据处理的各个方面。在用户定义了任务的关键指标后,其余事情都变成了系统的责任。更重要的是,从数据规模的角度来看,同一个 MapReduce 作业适用于存储在任意规模集群上的任意大小的数据集。如果要处理的是单台主机上的 1GB 数据,Hadoop 会相应地安排处理过程。即便要处理的是托管在超过 1000 台机器上的 1PB 数据,Hadoop 依然同样工作。它会确定如何最高效地利用所有主机进行工作。从用户的角度来看,实际数据和集群的规模是透明的,除了处理作业所花费的时间受影响外,它们不会改变用户与 Hadoop 的交互方式。

4.4.6 MapReduce 计算举例

本节我们通过一个简单的例子来进一步说明使用 MapReduce 模式进行数据处理的步骤。一般来讲,编写 MapReduce 程序的步骤如下。

(1)把问题转化为 MapReduce 模型。

(2)设置运行的参数。

(3)写 map 类。

(4)写 reduce 类。

例子:使用 MapReduce 统计单词个数

假定有多个文件,我们需要统计每个单词在这些文件中出现的次数。

要完成这个计算的主要思想就是,把这些文件分成多个数据片,然后把每个数据片交给一个 Map 函数来统计该数据片上每个单词出现的次数,最后,再把每个 Map 函数统计的结果交给 Reduce 函数进行合并,从而得到每个单词在所有文件中出现的次数。如果有足够多的 Map 函数并行进行处理,那么就可以大大提高统计的速度。

应用开发者所需要完成的主要任务就是编写 Map 和 Reduce 函数。因为 MapReduce 计算框架已经提供了分布式并行的框架,负责数据传输、并发控制、分布式调用、故障处理等工作,应用开发者只需要编写线性的 Map 和 Reduce 函数,因此十分简单。Map 和 Reduce 函数的伪代码如下:

```
1.   //map 函数
2.   // key:字符串偏移量; value:一行字符串内容
3.   map(String key, String value) :
4.     // 将字符串分割成单词
5.     words = SplitIntoTokens(value);
6.     for each word w in words:
```

```
7.          EmitIntermediate(w, "1");
8.
9.    //Reduce 函数
10.   // key:一个单词; values:该单词出现的次数列表
11.   reduce(String key, Iterator values):
12.     int result = 0;
13.     for each v in values:
14.         result += StringToInt(v);
15.     Emit(key, IntToString(result));
```

应用开发者编写完 MapReduce 程序后，按照一定的规则指定程序的输入和输出目录，并提交到 Hadoop 集群中。下面我们描述在 Hadoop 中的执行过程。首先，将要进行统计单词个数的文件拆分成多个数据片（splits），这里我们把每个文件作为一个数据片，并将文件按行分割形成<key,value>对，其中 key 的值是行偏移量，包括了回车所占的字符数。这个工作由 MapReduce 框架自动完成，如图 4.14 所示。

然后，将分割好的<key,value>对交给用户定义的 map 方法进行处理，生成新的<key,value>对处理过程如图 4.15 所示。

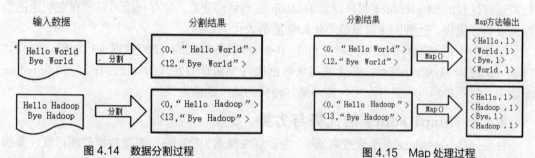

图 4.14　数据分割过程　　　　　　　　　图 4.15　Map 处理过程

得到 Map 函数输出的<key,value>对后，Map 框架会将它们按照 key 值进行排序，并执行 Combine 过程，将 key 值相同 value 值累加，得到 Map 的最终输出结果，如图 4.16 所示。

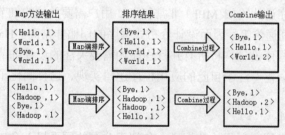

图 4.16　Combine 过程

然后，Map 框架把各个 Map 函数的处理结果传输给 Reduce 函数。Reduce 框架先对从 Map 框架接收到的数据进行排序，再交给用户自定义的 reduce 方法进行处理，得到新的 <key,value>对，并作为 WordCount 的输出结果，如图 4.17 所示。

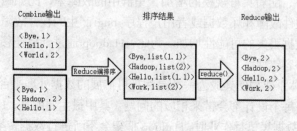

图 4.17　Reduce 过程

4.4.7　HDFS 与 MapReduce 组合

前面我们介绍了 HDFS 和 MapReduce 各自的价值，但当它们组合使用时威力更强大。作为一个大规模数据存储平台，HDFS 并非必须与 MapReduce 配套使用。尽管 MapReduce 可以从 HDFS 之外的数据源读取数据，并且对这些数据执行的处理操作与 HDFS 是一致的，但截至目前，将 HDFS 和 MapReduce 组合使用是最为常见的情况。

当执行 MapReduce 作业时，Hadoop 需要决定在哪台主机执行代码才能最高效地处理数据集。如果 MapReduce 集群中的所有主机从单个存储主机或存储阵列获取数据，在很大程度上，在哪台主机执行代码并不重要，因为存储系统是一个会引发竞争的共享系统。但如果使用 HDFS 作为存储系统，基于移动数据处理程序比迁移数据本身成本更低的原则，MapReduce 可以在目标数据的存储节点上执行数据处理过程。

最常见的 Hadoop 部署模型是将 HDFS 和 MapReduce 集群部署在同一组服务器上。其中每台服务器不仅承载了待处理数据及管理这些数据的 HDFS 组件，同时也承载了调度和执行数据处理过程的 MapReduce 组件。当 Hadoop 接收到作业后，它尽可能对驻留在主机上的数据调度进行优化，达到网络流量最小化和性能最大化的目标。

回想一下以前的例子，如何对分布在 1000 台服务器上的 1PB 数据进行处理。首先，MapReduce 对 HDFS 中每台主机上的每块数据执行 Map 函数定义的处理操作，随后在 reduce 函数中，复用集群以收集各个主机的结果并转化为最终的结果集。

4.4.8　MapReduce 的优势与劣势

Hadoop MapReduce 诞生于搜索领域，主要解决搜索引擎面临的海量数据处理扩展性差的问题。它的实现很大程度上借鉴了谷歌 MapReduce 的设计思想，包括简化编程接口、提高系统容错性等。总结 Hadoop MapReduce 设计目标，主要有以下几个。

（1）易于编程

传统的分布式程序设计（如 MPI）非常复杂，用户需要关注的细节非常多，比如数据分片、数据传输、节点间通信等，因而设计分布式程序的门槛非常高。Hadoop 的一个重要设计目标便是简化分布式程序设计，将所有并行程序均需要关注的设计细节抽象成公共模块并交由系统实现，而用户只需专注于自己的应用程序逻辑实现，这样简化了分布式程序设计且提高了开发效率。

（2）良好的扩展性

随着公司业务的发展，积累的数据量（如搜索公司的网页量）会越来越大，当数据量增加到一定程度后，现有的集群可能已经无法满足其计算能力和存储能力，这时候管理员可能期望通过添加机器以达到线性扩展集群能力的目的。

（3）高容错性

在分布式环境下，随着集群规模的增加，集群中的故障率，比如磁盘损坏、机器宕机、节点间通信失败等硬件故障和坏数据或者用户程序 bug 产生的软件故障等，会显著增加，进而导致任务失败和数据丢失的可能性增加。为此，Hadoop 通过计算迁移或者数据迁移等策略提高集群的可用性与容错性。

Hadoop 选用的体系架构使其成为一个灵活且可扩展的数据处理平台。但是，与选择大多数架构或设计类似，每个设计都会带来相应的问题。其中最主要的是，Hadoop 是一个批量处理系统。当对一个大数据集执行作业时，Hadoop 框架会不断进行数据转换直到生成最终结果。

由于采用了大的集群，Hadoop 会相对快速地生成结果，但事实上，结果生成的速度还不足以满足缺乏耐心的用户的需求。因此，单独的 Hadoop 不适用于低时延查询，例如网站、实时系统或者类似查询。

当使用 Hadoop 处理大数据集时，安排作业、确定每个节点上运行的任务及其他所有必需的内务管理活动需要的时间开销在整个作业执行时间中是微不足道的。但是，对于小数据集而言，上述执行开销意味着，即使是简单的 MapReduce 作业都可能花费至少 10 秒钟。

4.4.9 小结

本节介绍了关于大数据、Hadoop 的基本知识，描述了作为一个灵活而又功能强大的海量数据处理平台，Hadoop 的产生历史和构建方式，以及它的优势和缺点。我们还通过一个简单的例子，介绍了使用 MapReduce 框架进行数据处理的方法和过程。

4.5 总结

在本章我们对两类 PaaS 平台做了介绍，一类是 Web 服务，通过快速的请求/响应方式进行交互（称为事务处理类）；另一类是数据分析服务，通常处理大量的数据，需要较长的处理时间和巨大的数据空间（称为数据分析类）。

PaaS 作为一个系统，其中的功能和模块大致分为两类，首先是 PaaS 的核心系统，包含了 PaaS 的一系列本质特征，即使是在不同的 PaaS 中，也会有这些特征的实现；其次是 PaaS 的扩展系统，主要包含了针对其支持的应用类型的支持。我们在本章介绍了通用的核心系统的本质特征，包括简化的应用开发和部署模型、自动资源获取和应用激活、自动的应用运行管理和平台级优化。

最后，本章通过 Cloud Foundry 和 Hadoop 实例剖析了面向两大类应用的 PaaS 的实现要点。

习 题

1. PaaS 平台的主要驱动力有哪些？
2. 请描述 PaaS 平台的主要功能。
3. PaaS 平台有哪两大类型？它们各自的功能是什么？
4. PaaS 平台的功能角色有哪些？
5. PaaS 平台的核心系统有哪些特征？
6. 请总结 Cloud Foundry 的主要特点。
7. 请描述 Cloud Foundry 的逻辑架构。
8. 请描述 HDFS 的架构。
9. 请描述 MapReduce 模型的原理，并用图举例描述思路。

第 5 章
SaaS 服务模式

前面两章节向大家介绍了基础设施即服务（IaaS）和平台即服务（PaaS），本章对软件即服务（SaaS）进行介绍。

软件即服务是一种新的软件交付模式，用户不需要购买和安装软件到本地的计算机，而是通过互联网远程租用运行在云数据中心的软件。SaaS 的基本功能就是要为用户提供尽可能丰富的应用，为企业和机构用户简化 IT 流程，为个人用户提高日常生活方方面面的效率。

不同于 IaaS 层和 PaaS 层，SaaS 层中提供给用户的是各种各样的应用。每一个成功的应用都必然有自己独特的优点和满足用户需求的新创意。但是，这些应用也具有它们的共同点，那就是让应用能够在云端运行的技术。通过多年的实践，业界将这些技术和功能进行了总结、抽象，并定义为 SaaS 平台。开发者可以方便地使用 SaaS 平台提供的常用功能，减少应用开发的复杂度和时间，而专注于业务自身及其创新性。

本章首先介绍 SaaS 平台所应遵循的架构设计和相关的关键技术，然后介绍一些典型的 SaaS 应用，讨论它们的特征和分类。

5.1　概述

SaaS（Software as a Service，软件即服务）是随着互联网技术的发展和应用软件的成熟而兴起的一种新型的软件交付模式。软件服务商将软件统一部署在自己的服务器上，客户根据实际需求，通过互联网向服务商定购所需的应用软件服务，按定购的服务数量和时间向软件服务商支付费用，并通过互联网获得软件服务商提供的服务；软件服务商则实现对软件的管理和维护，让用户随时随地都可以使用其定购的软件和服务。在这种模式下，客户不再像传统模式那样花费大量投资用于硬件、软件、人员，而只需要支出一定的租赁服务费用，就能通过互联网享受到相应的硬件、软件和维护服务，享有软件使用权和不断升级。公司开发新的产品也不用再像传统模式那样需要大量的时间用于布置系统，而是经过简单的配置就可以使用。这也是网络应用最具效益的营运模式。

5.1.1　特征

SaaS 服务模式与传统许可模式软件有很大的不同，它是未来管理软件的发展趋势。相比较传统服务方式而言 SaaS 具有很多独特的特征。

（1）多租户特性

SaaS 通常基于一套标准软件系统为成百上千的不同租户提供服务。这要求 SaaS 服务要能够支持不同租户之间数据和配置的隔离，从而保证每个租户数据的安全与隐私，以及用户对诸如界面、业务逻辑、数据结构等的个性化需求。

（2）互联网特性

一方面，SaaS 服务通过互联网为用户提供服务，使得 SaaS 应用具备了典型互联网技术特点；另一方面，SaaS 极大地缩短了用户与 SaaS 提供商之间的时空距离，在不同地域的用户享受同种质量的服务，不受时间和地域的限制。

（3）服务特性

SaaS 使得软件以互联网为载体的服务形式被客户使用，所以服务合约的签定、服务使用的计量、在线服务质量的保证、服务费用的收取等等问题都必须考虑。而这些问题通常是传统软件没有考虑到的。

（4）按需付费

SaaS 服务提供商通常是按照客户所租用的软件模块来进行收费的，因此用户可以根据需求按需订购软件应用服务，而且 SaaS 的供应商会负责系统的部署、升级和维护。而传统管理软件通常是买家需要一次支付一笔可观的费用才能正式启动。

（5）成本低

SaaS 不仅减少或取消了传统的软件授权费用，而且应用软件部署在统一的服务器上，免除了最终用户的服务器硬件、网络安全设备和软件升级维护的支出，客户只要付出个人计算机和互联网服务所需的费用就可以通过互联网获得所需要的软件和服务。此外，大量的新技术，提供了更简单、更灵活、更实用的 SaaS。

（6）开放性

平台提供应用功能的集成、数据接口的集成、组件的集成。

5.1.2　发展历程

"软件即服务"这个概念本身并不是新兴产物。在 2000 年左右，SaaS 作为一种能够帮助用户降低成本、快速获得价值的软件交付模式而被提出。在近十多年的发展中，SaaS 的理念不断丰富，应用面不断扩展。随着云计算的兴起，SaaS 作为一种最契合云端软件的交付模式成为瞩目的焦点。在由 Saugatuck 技术公司撰写的分析报告"Three Waves of Change：SaaS Beyond the Tipping Point"中，SaaS 的发展被分为连续而有所重叠的三个阶段。

第一个阶段为 2001 年—2006 年，被称为"有成本效益的软件交付"。在这个阶段，SaaS 针对的问题范围主要停留在如何降低软件使用者消耗在软件部署、维护和使用上的成本。据 IDC 统计，在商业环境中，IT 预算的 80% 被消耗在硬件、人员和技术支持上，只有 20% 被真正用于购买软件所提供的功能上。这个阶段的 SaaS 应用在一定程度上解决了以上问题，但仍有其局限性，比如，虽然具有了多租户的能力，但是仍然是一个封闭而孤立的应用，无法与企业现有的系统和业务整合。

第二个阶段为 2005 年—2010 年，被称为"整合的业务解决方案"。在这个阶段，SaaS 理念被更加广泛地接受，并且开始在企业的 IT 系统中扮演越来越重要的角色。如何将 SaaS 应用与企业既有的业务流程和业务数据进行整合成为这个阶段的主题。在这个阶段，SaaS 应用越来越成熟，并且开始进入主流商业应用领域；SaaS 应用的生态系统逐渐形成，同时提供应用整合的平台厂商开始出现。

第三个阶段为 2008 年—2013 年，被称为"工作流使能的业务转型"。在这个阶段，SaaS 应用的生态系统逐渐成熟和完善，成为企业整体 IT 战略的关键部分。SaaS 应用与企业的传统应用已完成整合，企业间的数据与业务的整合成为主流。SaaS 从"被整合"的角色转型为"整合者"的角色，不仅使企业的既有业务流程能更加有效地运转，还实现了在系统中增加新业务的能力。

云计算的出现为正处于由第二阶段向第三阶段过渡的 SaaS 赋予了新的内涵。云计算具有让 IT 能力如水和电一样按需使用的特性，这种特性加强了 SaaS 作为一种软件交付模式的灵活性。云计算通过让 IT 资源由第三方提供的模式进一步降低了 SaaS 提供者和使用者所需负担的成本；由于云计算能够实现资源的聚集和服务的平台化，这也加快了 SaaS 应用间的整合步伐。

5.1.3　实现层次

SaaS 应用在功能上存在着共性，为了简化 SaaS 应用的开发，就需要把那些共性的功能以平台的方式实现，从而使所有 SaaS 应用可以直接使用这些功能，而不需要重复开发。实现这些功能的系统就是 SaaS 平台。

如图 5.1 所示，SaaS 平台是基于 IaaS 和 PaaS 平台之上的。SaaS 平台主要是为 SaaS 应用提供通用的运行环境或系统部件，如多租户支持、认证和安全、定价与计费等功能，使 SaaS 软件提供商能够专注于客户所需业务的开发。

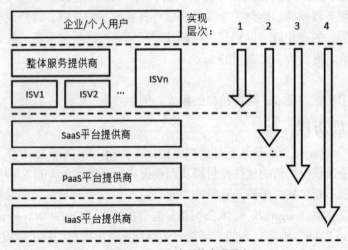

图 5.1　SaaS 应用的实现层次

SaaS 平台的直接使用者是独立软件提供商（ISV）。他们基于 SaaS 平台提供的功能，快速实现客户的需求，并以 SaaS 的模式交付软件实现的功能。整合是每个 ISV 都将面对的问题，所以也将出现专业的整合服务提供商。SaaS 的最终消费者来自于企业与个人用户。

在现实世界中，不同的 SaaS 应用提供商还可以选择不同的层次来实现向用户交付一项软件功能，如图 5.1 右侧所示。

在第一类实现层次中，应用提供商依靠 SaaS 平台实现应用的交付，专注于用户需求。这种方式会牺牲一定的系统灵活性和性能，但是能够以较低的投入快速实现客户需求，适用于规模较小或正在起步的公司。

在第二类实现层次中，应用提供商使用 PaaS 层提供的应用环境进行 SaaS 应用的开发、测试和部署。这种方式较第一种方案的应用提供商的要求更高，但是也赋予其更强的控制能力，使其能够针对应用的类型来优化 SaaS 基础功能，适用于规模较大、相对成熟的公司。

在第三类实现层次中，应用提供商只使用云中提供的基础设施服务。所以，应用提供商不但需要实现 SaaS 应用的功能需求，还需要实现安全、数据隔离、用户认证、计费等非功能性需求。同时，应用提供商还需要负责应用的部署和维护工作。采用这种实现层次的公司不但需要具有应用软件的开发能力，还必须具备丰富的平台软件开发能力。

在第四类实现层次中，应用提供商不依赖于任何云计算下层的服务，而是在自有的硬件资源和运行环境上提供 SaaS 应用。应用提供商不仅要负责应用和平台功能的开发、部署，还需要提供和维护硬件资源。采用这种实现层次的公司往往具有雄厚的资金和技术实力，它们不仅可以为最终消费者提供服务，也可以作为运营商为在其他层次实现 SaaS 的公司提供平台服务。

5.2 支撑平台

5.2.1 支撑平台的类型

软件即服务层应用类型多样，功能各异，实现方式也各不相同。提供 SaaS 服务的应用架构由应用类型、服务用户的数量、对资源的消耗等因素决定。一般来说，SaaS 应用架构可以有四种类型，如图 5.2 所示。

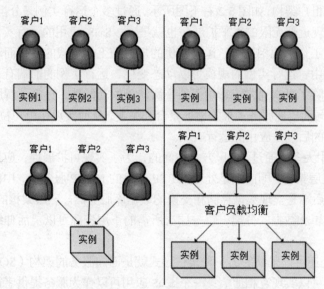

图 5.2　SaaS 层的架构类型

这四种类型由是否支持可定制、可扩展和多租户三个方面的不同组合而决定。一般而言，同时支持三个方面表明应用的灵活性和可用性更强，因而更成熟。所以，如图 5.2 所示的四种架构也被称为 SaaS 平台四级成熟度模型。每一级都比前一级增加三种特性中的一种。

第一级：定制开发

定制开发，如图 5.2 左图所示，是一种最简单的提供 SaaS 服务的类型。这种模型下，SaaS 提供商为每个客户定制一套软件，并为其部署。每个客户使用一个独立的数据库实例和应用服务器实例。数据库中的数据结构和应用的代码可能都根据客户需求做过定制化修改。这种架构适用于快速开发的小众应用，而在开发的过程中没有过多考虑可定制、可扩展等因素。

第二级：可配置

可配置类型，如图 5.2 右图所示，通过不同的配置满足不同客户的需求，而不需要为每个客户进行特定定制，以降低定制开发的成本。为了增强应用的可定制性，以实现应用功能的共享，可以将应用中可配置的点抽取出来，通过配置文件或者接口的方式开发出来。当一个租户需要这样的应用时，提供者可以修改配置，定制成租户所需要的样式。在运行的时候，提供者为每一个租户运行一个应用实例，而不同租户的应用实例共享同样的代码，仅在配置元数据方面不同。可配置类型适用于那些被多次使用但使用者对于与其他租户共享实例和数据存储存在担忧的应用。例如用户希望自己的数据与其他租户的数据在存储上是隔离的，自己使用的应用服务性能不受其他租户负载的影响，或者需要遵循的法规要求如此等。

第三级：多租户架构

多租户架构，如图 5.2 左下图所示，通过运行一个应用实例，为不同租户提供服务，并且通过可配置的元数据，为不同用租户提供不同的功能和用户体验。这才是真正意义上的 SaaS 架构，它可以有效降低 SaaS 应用的硬件及运行维护成本，最大化地发挥 SaaS 应用的规模效应。多租户架构中，每一个租户都有一套自己的特定配置。不同租户所访问的应用看起来适应自身特定所需，与其他租户的应用是不同的。但实际上，这些租户所访问的应用是同一个运行实例，但是它通过多租户技术实现了用户的配置、数据存储等方面的隔离。

第四级：可伸缩性的多租户架构

可伸缩性的多租户架构，如图 5.2 右下图所示，通过多个运行实例来分担大量用户的访问，从而可以让应用实现近似无限的水平扩展。也就是说，SaaS 应用的运行实例运行时所使用的下层资源与当前的工作负载相适应，运行实例的规模随工作负载的变化而动态伸缩。在可伸缩性的多租户架构中，运行实例的规模可以动态变化，运行实例的前端有一个租户流量均衡器。该流量均衡器除了具有通常流量均衡器平衡流量的功能外，还需了解服务请求所属的租户，按照租户的不同而实现服务请求的地址聚合和派发，从而实现在租户粒度上的 SLA 管理。在租户流量均衡器的后端是应用的运行实例。

由于 SaaS 应用大多是通过 Web 方式访问的，为了实现可扩展性，应用的架构可以采用 Web 应用模式的三层架构，即前端是处理 HTTP 请求的 HTTP 服务器，中间是处理应用逻辑的应用服务器，而后端是实现数据存储和交换的数据库服务器。三层架构的 Web 应用实现了传输协议、应用逻辑和数据的分离，每一层次所需的下层资源可以灵活伸缩，从而实现了整个应用的可伸缩性。

开发 SaaS 应用还可以采纳的另一种架构形式就是面向服务的架构（SOA）。在 SOA 架构下，SaaS 应用之间可以实现互相通信：一个 SaaS 应用可以作为服务提供者通过接口将数据或功能暴露给其他的应用；也可以作为服务的请求者从其他应用获得数据和功能。在 SaaS 平台中存在大量 SaaS 应用的情况下，SOA 可以使开发者利用已有应用，方便快捷地开发和生成新的应用。

5.2.2　支撑平台的关键技术

为了实现 SaaS 平台架构，SaaS 平台开发者需要设计实现一系列的功能特性，以提供诸如多租户、可扩展、可整合、信息安全、记费与审计等功能，而这些功能组成了软件即服务层的关键技术集。本节首先介绍 IaaS 层的设计要点，然后围绕设计要点介绍该层的关键技术。

1. 设计要点

如图 5.3 所示，IaaS 层构建在硬件资源（如计算、存储和网络）及软件资源（如操作系统和中间件）上，为最终使用者提供具体的应用功能。其中，硬件资源和软件资源可以由 SaaS

应用提供商自己建设和维护，也可以基于本书前面章节所介绍的云计算中的 IaaS 和 PaaS。

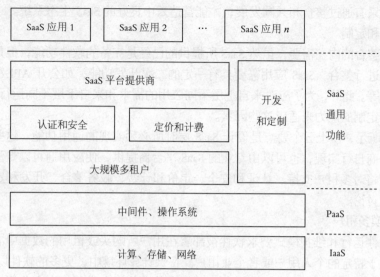

图 5.3　SaaS 平台架构

在云计算的层次架构体系中，各个层次有其不同的分工和职能。IaaS 负责提供基础设施资源，包括计算资源、数据存储资源和网络连通。并保证这些资源的可用性。PaaS 负责软件运行环境的部署和维护，提供性能优化和动态扩展。各层自下而上隐藏实现细节，提供功能服务。作为最接近应用使用者的 SaaS，在承接了由下面层次提供的功能的情况下，仍需要在设计上关注以下要点。

（1）大规模多租户支持

这是 SaaS 模式成为可能的基础。由于 SaaS 改变了传统应用用户购买许可证、本地安装副本、自行运行和维护的使用模式，向在线订阅、按需付费、无须维护的模式发展，这就自然要求运行在应用提供者或者平台运营者端的 SaaS 能够同时服务于多个组织和使用者，而多租户技术是使该需求成为可能的基础。

（2）认证和安全

这是多租户的必要条件，它改变了以往资源非共享、数据自有的应用运行模式。当应用操作请求到来时，其发起者的身份需要被认证，其操作的安全性需要被监控。虽然诸如数据与环境隔离等基础功能是由多租户技术本身保证的，但是作为应用的前端，认证和安全仍是 SaaS 安全的第一道防线。

（3）定价和计费

这是 SaaS 模式的客观要求。由于 SaaS 直接服务最终消费者，具有服务对象分散、需求多样、选择多的特点，因此一组合理、灵活、具体而便于用户选择的定价策略成为 SaaS 成功的关键。此外，由于 SaaS 较多采用在线订阅的方式进行购买，如何将 SaaS 的定价以一种清晰、直观而便于用户理解的方式呈现也至关重要。而计费是保证整个生态系统能够良性运转和发展的最关键经济环节，也需要技术层面的有力支持。

（4）服务整合

这是 SaaS 模式长期发展的动力，由于 SaaS 应用提供商通常规模较小，难以独立提供用户尤其是商业用户所需要的完整产品线，因此需要依靠与其他产品进行整合来提供整套解决方案。这种整合包括两种类型，第一种是与用户现有的应用进行整合；第二种是与其他 SaaS 应用进行整合。只有通过整合和共同发展，才能营造云中良好的 SaaS 生态系统。

（5）开发和定制

这是服务整合的内在需要，虽然 SaaS 所提供的已经是完备的软件功能，但是为了便于与其他软件产品进行整合，SaaS 应用需要具有一定的二次开发功能，如公开 API 和提供沙盒、脚本运行环境等。此外，为了应对来自上层不同应用的需求和来自下层不同运行环境的约束，SaaS 应具有可定制的能力来适应这些因素。

如图 5.3 所示，以上五个要点是设计 SaaS 层时所必须实现的通用功能。这些功能可以由 SaaS 应用提供商自行实现，也可以由专业的 SaaS 平台商提供，使应用商可以专注于用户需求的实现。下面将对多租户支持、认证和安全、定价和计费、服务整合、开发和定制这五部分依次进行深入讨论。

2．大规模多租户

传统的软件运行和维护模式要求软件被部署在用户所购买或租用的数据中心当中。这些软件大多服务于特定的个人用户或者企业用户。在云计算环境中，更多的软件以 SaaS 的方式发布出去，并且通常会提供给成千上万的企业用户共享使用来降低每个企业用户的成本，同时通过支持大量的企业租户来取得长尾效应。与传统的软件运行和维护模式相比，云计算要求硬件资源和软件资源能够更好地共享，具有良好的可伸缩性，任何一个企业用户都能够按照自己的需求对 SaaS 软件进行客户化配置而不影响其他用户的使用。多租户（Multi-Tenance）技术就是目前云计算环境中能够满足上述需求的关键技术。

多租户这个概念实际上已经由来已久了。简单而言，多租户指得就是一个单独的软件实例可以为多个组织服务。一个支持多租户的软件需要在设计上能对它的数据和配置信息进行虚拟分区，从而使得每个使用这个软件的组织能使用到一个单独的虚拟实例，并且可以对这个虚拟实例进行定制化。这里，每一个租户代表一个企业，租户内部有多个用户。在多租户作为一项平台技术时，需要考虑提供一层抽象层，将原来需要在应用中考虑的多租户技术问题，抽象到平台级别来支持，需要考虑的方面包括安全隔离、可定制性、异构服务质量、可扩展性，以及编程透明性等。同时在支持各个方面时需要考虑到应用在各个层面（用户界面、业务逻辑、数据）可能涉及的各种资源。

IT 人员经常会面临选择虚拟化技术还是多租户技术的问题。多租户与虚拟化的不同在于：虚拟化后的每个应用或者服务单独地存在一个虚拟机里，不同虚拟机之间实现了逻辑的隔离，一个虚拟机感知不到其他虚拟机；而多租户环境中的多个应用其实运行在同一个逻辑环境下，需要通过其他手段，比如应用或者服务本身的特殊设计，来保证多个用户之间的隔离。

多租户技术也具有虚拟化技术的一部分好处，如可以简化管理、提高服务器使用率、节省开支等。从技术实现难度的角度来说，虚拟化已经比较成熟，并且得到了大量厂商的支持，而多租户技术还在发展阶段，不同厂商对多租户技术的定义和实现还有很多分歧。当然，多租户技术有其存在的必然性及应用场景。在面对大量用户使用同一类型应用时，如果每一个用户的应用都运行在单独的虚拟机上，可能需要成千上万台虚拟机，这样会占用大量的资源，而且有大量重复的部分，虚拟机的管理难度及性能开销也大大增加。在这种场景下，多租户技术作为一种相对经济的技术就有了用武之地。

目前普遍认为，采用多租户技术的 SaaS 应用需要具有两项基本特征：第一点是 SaaS 应用是基于 Web 的，能够服务于大量的租户并且可以非常容易地伸缩；第二点则在第一点的基础上要求 SaaS 平台提供附加的业务逻辑，使得租户能够对 SaaS 平台本身进行扩展，从而满足更特定的需求。多租户技术面临的技术难点包括数据隔离、客户化配置、架构扩展和性能定制。

传统的应用因为每个用户的设备是独立的，相互之间数据是绝对隔离的，而且应用也是相对独立的。而对于 SaaS 应用来说，应用部分不再是独立的，数据设备也可能不再是独立的了，至少对于用户来说是不可预知的。所以必须采用数据隔离的方法来保证用户数据仍然像传统应用一样安全。数据隔离是指多个租户在使用同一个系统时，租户的业务数据是相互隔离存储的，不同租户的业务数据处理不会相互干扰等，从而确保各用户数据的完整性和保密性。数据隔离方案的实现一般有以下三种：独立数据库、数据模式隔离和共享模式。

独立数据库模式就是一个用户一个数据库，这种方案的用户数据隔离级别最高，安全性最好，但是成本也高。数据模式隔离方式就是多个或所有用户共享数据库，但每个用户单独一个模式。这种方案为用户提供了一定程度的逻辑数据隔离，但并不是完全隔离；同时每个数据库可以支持更多的用户，成本较低。其缺点是管理比较复杂。第三种模式是共享数据库并且共享数据模式，但为每个需要隔离的业务表加上用户 ID 来实现用户数据的隔离。这是共享程度最高、隔离级别最低的模式，但是系统的实施成本最低。这种方案会增加设计开发时对安全的开发量。数据的备份和恢复最困难也是其另外一个主要缺点。

客户化配置是指 SaaS 应用能够支持不同租户对 SaaS 应用的配置进行定制，比如界面显示风格的定制等。客户化配置的根本要求是一个租户的客户化操作不会影响到其他租户。这就要求多租户系统能够对同一个 SaaS 应用实例的不同租户的配置进行描述和存储，并且能够在租户登录 SaaS 应用时根据该租户的客户化配置为其呈现相应的 SaaS 应用。在传统的企业运行模式中，每个企业用户都拥有一个独立的应用实例，因此可以非常容易地存储和加载任何客户化配置。但在多租户场景下，成千上万的租户共享同一个应用实例。在现有的平台技术中，对应用配置的更改通常会对该平台中的所有用户产生影响。因此，如何支持不同租户对同一应用实例的独立客户化配置是多租户技术面临的一个基本挑战。

架构扩展是指多租户服务能够提供灵活的、具备高可伸缩性的基础架构，从而保证在不同负载下多租户平台的性能。在典型的多租户场景中，多租户平台需要支持大规模租户的同时访问，因此平台的可伸缩性至关重要。一个最简单的方法是在初始阶段就为多租户平台分配海量的资源，这些资源足以保证在负载达到峰位时的平台性能。然而，很多时候负载并不是处于峰值的，这个方法会造成巨大的计算资源和能源浪费，并且会大幅增加多租户平台提供商的运营成本。因而，多租户平台应该具有灵活可伸缩的基础架构，能够根据负载的变化按需伸缩。

性能定制是多租户技术面临的另一个挑战。对于同一个 SaaS 应用实例来说，不同的用户对性能的要求可能是不同的，比如某些客户希望通过支付更多的费用来获取更好的性能，而另一些客户则本着"够用即可"的原则。在传统的软件运营模式中，由于每个客户拥有独立的资源堆栈，只需要简单地为付费多的用户配置更高级的资源就可以了，因此相对而言性能定制更容易一些。然而，同一个 SaaS 应用的不同租户共享的是同一套资源，如何为不同租户在这一套共享的资源上灵活地配置性能是多租户技术中的难点。

3．认证和安全

在传统应用中，应用服务器和数据库设备、网络都是部署在客户自己企业，系统维护也是由客户自己掌握，每个客户的数据自然是完全独立互不干扰的，这样客户会觉得很安全、很踏实。传统应用程序部署模式如图 5.4（a）所示。

而在 SaaS 应用中，应用服务器、数据库设备不再由客户自己管理，而是部署在云端，系统维护也不再由客户负责。另外，SaaS 应用是完全基于互联网使用的，用户所有的交互和数据都需要通过互联网。SaaS 软件服务提供方式如图 5.4（b）所示。在 SaaS 部署模式下，客户就会担心数据的安全和保密，各个用户之间的使用会不会冲突，数据传输是否安全，以及会不会受到黑客的攻击等。因此，SaaS 层需要重视平台的安全问题，并采用可靠的安全技术和手段来保证数据的完整性和保密性。

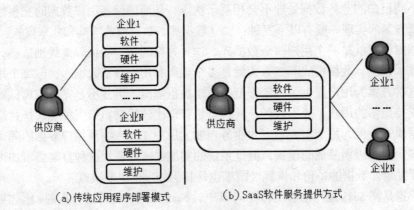

图 5.4　应用部署模式

图 5.5 展示了软件即服务层认证和安全模块的设计要点。首先，向 SaaS 发起的应用请求可能来自于不同的实体，如用户使用的掌上便携设备、计算机或笔记本电脑，以及云中的其他应用的调用。针对这种差异化的请求，该模块需要具有前端响应来自不同实体的请求。所谓不同的方式，主要是指针对访问实体的属性采用不同的认证方式。

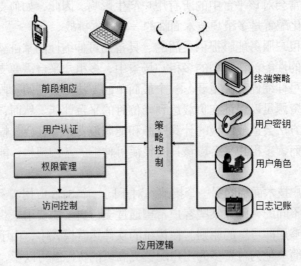

图 5.5　SaaS 层认证模块

值得注意的是，差异化的认证方式需要配合预定义的终端策略来完成。例如，对于来自便携手持设备的请求，将采用用户输入密码的方式进行认证；对于来自具有生物信息识别能力的设备的请求，将采用用户扫描指纹等方式进行认证；对于来自云中其他应用的请求，通过核对用户令牌或通行证的方式进行认证。前端响应模块根据不同的认证方式，渲染登录界面，准备接收用户输入。

当用户输入登录信息后，认证和安全模块需要对用户的合法性进行确认，并且核对该用户的身份，赋予其合法的权限。这个过程需要用户认证和权限管理相互配合来完成。用户认证通过核对密钥来确认用户合法性，进而权限管理查阅用户角色目录来确定其所能访问的服务和数据。最后，当用户的身份和角色都已确定后，访问控制模块将用户请求路由至目标应用，并在该会话建立和销毁的整个过程中监控访问情况，隔离潜在的恶意行为。

用户认证就是实现对用户身份的识别和验证，这是保证整个系统应用安全的基础。通过严格的身份认证，防止非法用户使用系统，或伪装成其他用户来使用系统。目前比较常用的身份认证有集中认证、非集中认证、混合认证三种。集中认证就是由 SaaS 应用系统提供一个统一的用户认证中心。所有用户都到这个中心来管理和维护各用户的身份数据，SaaS 应用直接到统一的认证中心对用户身份进行校验。集中式认证在用户身份的安全性上更容易得到保障。同时大多数中小型用户没有自己专门的身份认证中心，所以对于大多数中小型 SaaS 应用采用集中认证是比较合适的。

用户的登录、访问和应用使用行为需要被记录下来，这就是日志记账模块的主要功能。如果用户在系统中做了一些错误的操作，导致用户的重要数据丢失或者出错了，用户可能会怀疑这些错误是由于 SaaS 系统的原因造成的，或者其他用户操作造成的。日志就是要对用户在系统中的操作行为和操作的数据等进行记录，以便对应用在系统的操作进行查证，以保证用户行为是不可伪造的、不可销毁的、不可否认的。也就是说，用户在系统的行为是有据可查的，不能在系统中伪造自己的行为，或者伪造其他用户的行为，同时是不能销毁这些证据的，不能否认自己的行为。对于 SaaS 应用来讲可以从操作日志和数据日志两方面来保证。

操作日志：是辨别用户在系统中的行为的一个重要依据，对于系统使用和系统运用分开的 SaaS 系统十分重要。记录用户在系统中所访问的每一个页面，以及在各页面中所做的每一个行为，记录用户的身份和行为的时刻。行为日志记录的实现采用面向页面的方案来实现，例如通过过滤器或拦截器的方式，对所有的页面请求行为及页面的提交行为进行拦截，然后将其记录在日志文件中。

数据日志：对用户在系统中所做操作的数据进行记录，记录数据的变更过程及变更的历史。这在多人操作同一个数据的系统中显得尤为重要。日志记录是对用户在系统中的行为进行查证的依据，是用来跟踪和保障系统安全的。日志本身的安全也很关键，所以对日志记录的处理首先应该是只读的，加上时间戳，不应该被人为修改或伪造；其次，日志记录必须进行加密处理；还有，日志只对用户管理员开放，用户只能查询自己的日志记录。

在传统应用中，对用户身份密码要进行加密，但是很少对用户的业务数据进行加密，因为数据库都是自己管理。但是在 SaaS 应用中数据库是由运营商来管理的，对于用户来说，运营商及数据库管理员是不完全值得信任的。所以必须对一些敏感数据，比如用户密码、财务数据、关键客户数据等进行加密，以保证数据的安全性。用户身份密码采用不可逆的加密算法，如 MD5。对于用户其他敏感的业务数据，应该采用可逆的对称加密算法或非对称加密算法。数据加密的密码对用户来说是透明的，所以可以在创建用户的过程中由系统自动生成，用户的数据密码产生后，用管理员的密码明文进行加密后和身份数据一起存储。即每个用户都需要用其身份密码明文对数据密码进行 aes 加密，为了防止数据密码泄露，再将加密后的数据密码密文和用户身份数据一起存储。

SaaS 应用是完全基于互联网使用的，如果改用明文传输的话，将会很容易受到各种各样的网络攻击。这将导致数据段的保密性和完整性难以得到保障，应用的安全性也很难实现。

因此，对于 SaaS 应用中敏感数据的传输建议采用安全超文本传输协议 HTTPS 进行传输，普通的 Web 页面直接采用 HTTP 传输。

由于用户是通过互联网来使用 SaaS 应用，所以 SaaS 应用必定有一部分内容是部署到公网上的。为了保证整个系统的安全，暴露在公网的这部分内容越少越好。因此 SaaS 应用要对整个系统进行分层设计和部署，只把系统界面层（Web）部署在公网上，而将更重要的应用服务器和数据库服务器部署在防火墙内。

4．定价和计费

对于 SaaS 来讲，服务定价策略的设计是一项很重要的工作，因为价格的高低和计费是否符合用户的使用模式都会影响用户对服务的选择。因为 SaaS 层的功能比较多，可选性比较大，所以 SaaS 层的计费对象是一项具体而细致的功能。制定 IaaS 层定价策略需要综合考虑以下两点因素。

（1）SaaS 应用的核心价值

一个 SaaS 应用往往提供针对用户需求的主要功能，而为了将该功能有效地交付给用户，一般还需要一系列其他辅助功能的配合。通常，辅助功能并不是用户必须拥有的，或者用户也可以通过其他途径获得。所以，SaaS 的价格应该主要根据其为用户提供的价值，而不是提供的功能数量来进行衡量。

（2）定价体系的清晰性和灵活性

SaaS 的定价体系必须清晰，使用户可以清楚地了解应用的核心功能和辅助功能的计费，避免造成用户的误解。同时，要为用户提供灵活的功能选择，功能的不同组合或使用情况需要如实反映在价格和费用里。

定价策略的制定直接关系着用户体验和满意程度，同时也影响着 SaaS 应用提供商的收益。一个好的定价策略能够促进应用提供商与消费者的有效沟通，帮助用户在互联网中快速寻找符合预期与预算的服务，帮助应用提供商提高用户忠诚度与黏性。

图 5.6 展示了一个 SaaS 应用的定价参考模型，帮助大家理解 SaaS 应用的定价方法，制定结合以上所述因素的定价策略。为了达到定价的灵活性，该模型设计了三个不同层次计费方式，由下向上分别是按功能、按计划（套餐）、按账户。按功能付费的计费对象是 SaaS 应用所提供的一项功能或一组功能的集合，其计费依据是对这些功能的使用情况。例如一个在线文档处理应用中的一款 PPT 模板就可以作为一个计费对象，而对其的使用次数可以作为计费依据。

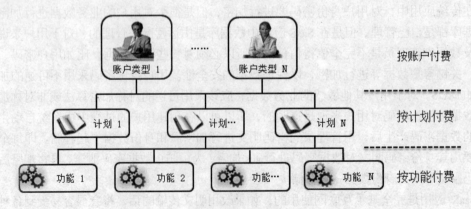

图 5.6　SaaS 层的定价与计费

按功能计费虽然灵活性很高，但是计费方式分散零碎、难于管理，也不利于提高用户的黏性。按计划付费的方式相对要简单一些。一个计划一般包含一个或若干个功能，以及对该功能的使用情况。按计划收费引入了时间的概念，同时也可以通过差异化来细分市场，便于用户选择。例如在线文档处理应用可以提供两个计划，一个计划允许用户在一个月中无限次地使用基本 PPT 模板和特色模板；而另一个计划则仅允许用户无限次地使用基本模板，特色模板仍需按次付费。

最后一个方式就是按账户计费。这种方式的灵活性最小，但是能为用户提供最便捷的一揽子解决方案。一个账户往往是多个计划的使用者，根据账户的不同需求而进行多种计划的组合。例如在线文档处理应用不仅提供有关 PPT 模板的计划，还提供有关图标的计划，那么就可以设计两种账户类型。全能账户类型可以同时使用有关 PPT 模板和图标的计划，而普通账户则仅使用有关 PPT 模板的计划。

在这个定价参考模型中，层次越高，用户选择的灵活性越小，但其选择的便捷程度提高，对应用的使用黏性也会升高。SaaS 应用提供商可以参考以上定价模型，选择合适的层次进行定价。另外，SaaS 应用的定价也可以根据应用的成熟程度做相应的调节。比如，在应用上线的初期，为了提高知名度，提供商可以采用按功能付费的定价策略。随着应用的成熟和用户的增多，提供商可以逐渐提高定价策略的层次，并在更高的层次设置一定的价格折扣或功能增强，来吸引用户向高层次发展。这样 SaaS 应用才可以走上用户稳定、不断发展的良性道路。

5. 服务整合

从 SaaS 的发展历程我们可以看出，SaaS 的发展伴随着其整合能力的提高。早期的 SaaS 应用是独立而封闭的，而现在 SaaS 应用已经与企业现有数据和流程深度整合。一个典型的具有高度整合能力的 SaaS 的例子是 Salesforce CRM。它可以帮助企业自动化从营销到签单的销售环节，并为现有客户提供服务。所以，这套系统需要能够获得企业财务系统中的销售数据，以及企业资源计划（ERP）系统中的订单数据。因此，一个 SaaS 应用需要与其他应用一同配合，才能够完成既定工作。在这里，整合的对象既有可能是企业现有 IT 系统中的应用，也有可能是企业订阅的其他 SaaS 应用。

如图 5.7 所示，服务整合自上而下针对三个层次。

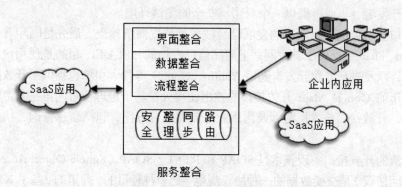

图 5.7　SaaS 服务整合层次

（1）界面的整合

作为应用的前端，界面整合就是将来自于不同应用的数据、信息组合在一起，以一种自然的方式展现在用户面前，不至于给用户带来割裂感和陌生感。

（2）流程的整合

作为应用的逻辑，流程整合不仅需要能够沟通各个业务环节，还应具有一定的灵活可变性，使流程能够根据实际情况进行动态调整。

（3）数据的整合

作为应用的基础，数据整合需要对已有的业务数据进行验证、整理和必要的转换，使它们能够在不同的应用间进行传递。

数据的传递是服务整合的关键，这个过程在逻辑上通常以管道的方式实现，如图5.7所示。数据在管道中流动，管道的不同部分对数据进行管理和加工。管道的长短和功能的组合由数据的特性来决定。不过以下四个部分往往是不可或缺的，它们是数据安全、数据整理、数据同步和数据路由。

数据安全模块负责对进入管道的数据进行来源认证，完整性检查，保证数据是可信而未被篡改的。该模块还可以对数据进行加密，并辅助进行访问控制和病毒防疫。

数据整理模块负责对数据的格式进行识别，剔除重复、过时或不符合要求的数据，或者将问题数据进行格式转化。该模块还可以组合多个不同来源的数据，以辅助业务逻辑的整合。

数据同步负责根据业务的规则和流程来控制数据的流动，确定数据的传递和更新次序，避免由于中间环节异常而造成的错误更新和不同步现象。

数据路由是管道的出口，它负责将每一份数据投递到目标应用。投递的规则可以来自数据外部，比如被识别的数据源；也可以来自数据内部，比如某一字段的具体数值。

服务整合往往是SaaS应用商所提供解决方案的一部分。整合的功能可以由应用商自行提供，也可以由第三方的专业公司提供。后一种方式正逐渐成为主流，成功的云整合/服务整合服务提供商不断出现。这是因为整合的工作除了需要技术功底，如数据管理、网络传输和界面开发，更需要对被整合对象的理解和经验。专业的整合服务提供商可以在为SaaS提供者和使用者服务的同时积累这样的经验，形成现成可用的模板，加速整合的进度。可见，现今的SaaS已经形成了一套生态系统，理解这个系统并寻找自己的位置是SaaS提供商成功的基础。

6. 开发和定制

开发和定制是SaaS平台为终端用户、ISV、服务集成商提供的通用功能。开发和定制的核心技术要求是，SaaS应用能够以一种标准的、简单的方式提供开放的接口，如果可能，还需要为用户、开发者、集成者提供一个易用、安全的测试环境。

开放接口技术伴随着互联网的发展已经被各种开发商所接受。最先是国际著名电子商务网站Amazon、eBay等提供了针对网站上商品信息查询的开放接口，目的是使使用户通过更多途径访问网站，以及进行二次开发。随后Yahoo、Google等搜索引擎也提供了开放的搜索和查询接口。几年前Google Maps开放接口的推出使得大量基于地理位置的第三方定制应用成为可能。现在，开放接口技术已经涉及应用业务流程的各方面，包括信息查询、状态更新、用户认证等。

目前主流的开放接口实现技术是SOAP和REST。SOAP（Simple Object Access Protocol，简单对象访问协议）是交换数据的一种协议规范，是一种轻量的、简单的、基于XML的协议，它被设计成能在Web上交换结构化的和固化的信息。SOAP可以与HTTP、SMTP、RPC等应用层传输协议搭配使用，完成协商、消息通信、数据传递的任务。目前主流的应用服务器，从企业级的WebSphere Application Server，到开源的Appache Tomcat都对SOAP有良好的支持。一个典型的SOAP使用场景是，SaaS平台在应用服务器上提供一个SOAP的服务，用户通过客户端使用 HTTP 发送一个 SOAP 消息包，也就是一个 HTTP POST 消息，在消息的主体部分就是 SOAP 消息。SaaS 平台收到 SOAP 请求时，解析消息包的内容，查询本地数据库或进行相应的操作，然后把查询结果或者操作结果封装在一个 HTTP RESPONSE 消息里，以 SOAP 消息包的格式返回给用户。SOAP 的优点是它可以与很多现有传输协议搭配工作，易于推广，但是由于它的设计动机是为了 Web 服务，而 Web 服务的需求使得 SOAP 需要做很多高级的扩展，导致 SOAP 的学习难度较高，操作也相对复杂，性能会受到影响。

REST（REpresentational State Transfer，表述性状态转移）是一种针对网络、分布式应用的软件架构理念和风格。具体来讲，REST 指的是一组架构约束条件和原则。满足这些约束条件和原则的应用程序或设计就是 RESTful。

Web 应用程序最重要的 REST 原则是，客户端和服务器之间的交互在请求之间是无状态的。从客户端到服务器的每个请求都必须包含理解请求所必需的信息。如果服务器在请求之间的任何时间点重启，客户端不会得到通知。此外，无状态请求可以由任何可用服务器回答，这十分适合云计算之类的环境。客户端还可以缓存数据以改进性能。

在服务器端，应用程序状态和功能可以分为各种资源。资源是一个概念实体，它向客户端公开。资源的例子有：应用程序对象、数据库记录、算法等等。每个资源都使用 URI（Universal Resource Identifier）得到一个唯一的地址。所有资源都共享统一的界面，以便在客户端和服务器之间传输状态。使用的是标准的 HTTP 方法，比如 GET、PUT、POST 和 DELETE。

另一个重要的 REST 原则是分层系统，这表示组件无法了解它与之交互的中间层以外的组件。通过将系统知识限制在单个层，可以限制整个系统的复杂性，促进了底层的独立性。

当 REST 架构的约束条件作为一个整体应用时，将生成一个可以扩展到大量客户端的应用程序。它还降低了客户端和服务器之间的交互延迟。统一界面简化了整个系统架构，改进了子系统之间交互的可见性。REST 简化了客户端和服务器的实现。

从上面的描述可以看出，REST 的规范清晰，学习、使用起来也比较简单，开发者只需了解 HTTP、XML、JSON 等基础知识即可进行开发，并且由于 REST 实际上规范了资源的查询、修改、添加、删除操作的接口名称就是 HTTP 的四种操作，这样大大增加了开放接口的通用性，开发者不需再阅读大量由接口提供者撰写的不通用的接口文档。目前，提供 REST 风格的接口几乎已经成了所有服务提供者的共识，在工程上，服务器端只需要在应用服务器上增加 Restlet、Apache Wink 等扩展包就可以支持 REST。

与开放接口技术同等重要的定制与开发相关技术是测试环境，具体来说称为沙盒（Sandbox）。沙盒是一个隔离的测试环境，它可以模拟生产环境、实际系统的状况。开发者可以在沙盒里测试代码，寻找代码的功能问题和性能问题，而不会影响到实际系统的功能和数据。沙盒可以有不同的模拟级别，例如它可以只模拟实际系统的最小功能集，也可以模拟出实际系统的软硬件环境，甚至提供与实际系统类似的数据集或者数据库。当然模拟的级别越高，实现成本也越大，在具体使用中，沙盒的模拟级别可以对应代码开发的阶段，在功能测试时使用最简环境。而在上线前的最终测试时使用模拟了数据库和软硬件环境的环境。此外，沙盒还需要能够从技术上支持测试代码向生产环境的迁移，例如需要内嵌对于代码版本控制（CVS、SVN 等）、开发测试文档、日志等的支持。

5.2.3　支撑平台的参考实现

综合上节所介绍的设计要点和关键技术，本节给出一个 SaaS 平台的参考实现架构，如图

5.8 所示。值得注意的是，该参考架构的目标实现者是 SaaS 平台提供商。SaaS 平台的作用是为 SaaS 软件开发者（ISV）提供应用所需的通用功能部件。

在图 5.8 中我们可以看到应用安全、应用计费、应用整合、应用隔离等功能部件。它们对应了上节所介绍的关键技术部分，在此不再复述。此外，应用定制、应用隔离等功能部件是实现多租户的基石。值得注意的是，应用定制除了针对界面进行，还能够针对流程等方面进行更加深入的定制。同样，应用隔离除了数据隔离，位于其上的界面隔离和流程隔离以及位于其下的资源隔离，都是该部件所具有的能力。由此可见，该平台能够为应用开发者提供较强的功能性支持，使他们可以专注于业务的开发。

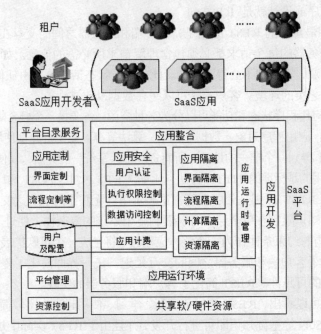

图 5.8　SaaS 平台的参考架构

除此之外，该平台还具有应用的运行环境，并且能够对其进行运行时管理。应用运行环境负责沟通底层的共享软件和硬件资源，使它们能够为应用所用；此外该部件还提供应用的上线、运行时管理、离线维护和下线等功能，并配合应用隔离部件和应用开发部件。应用运行环境能够实现对应用的能力管理，该服务使应用开发商能够根据对业务负载的考虑来选择对资源的消耗。这里的资源既包括共享的软、硬件资源，也包括对 SaaS 平台功能的使用。例如，应用运行环境具有数据缓存的能力，它在数据持久化层和业务逻辑层之间加入了缓存，通过提高数据的读写效率来提高应用的性能。应用开发商可以根据其自身情况来决定是否需要该功能。能力管理服务将根据用户的选择来保证其对资源的合理使用，并通过应用计费部件向应用开发商综合收费。

除了以上 SaaS 应用所必需的平台功能外，该参考实现架构中还提供了诸如平台目录服务等为应用开发商提供的增值服务。应用开发商可以把其开发的应用产品注册进入平台目录，由 SaaS 平台统一负责推广。如果 SaaS 平台具有较大的影响力和较好的声誉，这无疑将为应用的流行提供有利条件。此外，SaaS 平台也应具有对其本身的运行进行监控和管理的能力。在这里，对底层资源消耗的监控尤其重要，尤其是在 SaaS 平台本身不维护底层资源，而依靠云中其他平台提供服务的场景下。

5.3 SaaS 应用

5.3.1 SaaS 应用的分类

SaaS 应用是运行在云端应用的集合。每一个应用都对应一个业务需求，实现一组特定的业务逻辑，并且通过服务接口与用户交互。用户不需要关心应用是在哪里运行，也不需要关心是采用何种技术开发的，更不需要在本地安装这些软件，而只需要关心如何去访问这些应用。总的来说，SaaS 应用可以分为三大类。

（1）标准应用

标准应用是面向大众的，采用多租户技术为数量众多的用户提供相互隔离的操作空间，提供的服务是标准的、一致的。用户除了界面上的个性化设定外，不具有更深入的自定义功能。可以说，标准应用就是我们常用应用软件的云上版本。可以预见，常用的桌面应用都会陆续出现其云上版本，并最终向云上迁移。标准应用的典型代表有 Google 的文档服务 Google Docs、IBM 的协作服务 LotusLive 和 MicroSoft 的 Office Live 等。

（2）客户应用

客户应用是为了某个领域的客户而专门开发的，该类应用开发好标准的功能模块，允许用户进行不限于界面的深度定制。与标准应用是面向最终用户的立即可用的软件不同，客户应用一般针对企业级用户，需要用户进行相对更加复杂的自定义和二次开发。客户应用是传统的企业 IT 解决方案的云上版本。客户应用的典型代表有 Salesforce 的 CRM 应用和 NetSuite 的 ERP 应用。

（3）多元应用

多元应用一般由独立软件开发商或者是开发团队在公有云平台上搭建，是满足用户某一类特定需求的创新型应用。不同于标准应用所提供的能够满足大多数用户日常普遍需求的服务，多元应用满足了特定用户的多元化需求。现在，在 Google App Engine 平台上已经出现了数量众多的多元应用。比如，Mutiny 为身处旧金山地区的用户提供了地铁和公交的时刻表服务；The Option Lab 为投资者提供了期权交易策略制定、风险分析、收益预期等一揽子方案；Fitness Chart 帮助正在进行健身练习的用户记录体重、脂肪率等数据，使用户可以跟踪自己的健身计划，评估其效果。这样的多元化应用不胜枚举，涉及人们生活的方方面面，满足不同人群的各种需求。

公有云平台的出现推动了互联网应用的创新和发展。这些平台降低了 SaaS 应用的开发、运营、维护成本。从基础设施到必备软件，从应用的可伸缩性到运行时的服务质量保障，这一切都将由云平台来处理。那么，对于 SaaS 应用提供商，尤其是多元应用提供商来说，一款 SaaS 应用的诞生甚至可以实现零初始投入的目标。唯一需要的就是富有创意的思路和敏捷而简单的开发。

上面我们将云应用划分为三种类型，这三种类型的划分可以使用"长尾理论"来诠释。在图 5.9 所示的长尾模型中，横轴是云应用按流行度的排序，纵轴是云应用的流行程度。少量的标准应用具有最高的流行度，成为长尾图形的"头"。中等规模的客户应用具有中等的流行度，成为长尾图形的"肩"。大量的多元应用具有较低的流行度，成为长尾图形的"尾"。

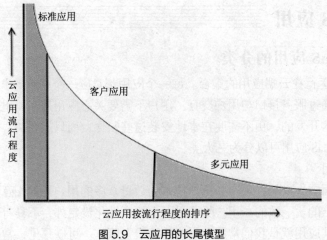

图 5.9　云应用的长尾模型

标准应用是人们日常生活中不可或缺的服务，比如文档处理、电子邮件和日程管理等。这些应用提供的功能是人们所熟悉的，绝大多数云应用使用者会使用它们来处理日常事务。标准应用的类型有限，它们必须具备的功能和与用户交互的方式在一定程度上已经形成了业界标准。标准应用的提供商往往是具有雄厚实力的 IT 行业巨头。

客户应用针对的是具有普遍性的某种需求，比如客户管理系统（CRM）和企业资源规划系统（ERP）等。这样的应用可以被不同的客户定制，为数量较大的用户群所使用。客户应用的类型较丰富，但往往集中在若干种通用的业务需求上。客户应用的提供商可以是规模较小的专业公司。

多元应用满足的往往是小部分用户群体的个性化需求，比如身处某个城市的居民或者正在进行健身练习的用户。这样的应用追求新颖和快速，虽然应用的用户群体可能有限，但是它却对该目标群体有着巨大的价值。多元应用的种类繁多，千变万化，其提供者可以是规模很小的开发团队，甚至是个人。"长尾理论"的核心思想是：再微小的需求如果能够得到满足，都可以创造价值。而这些微小需求的集合就是长尾的尾，它聚合起来具有巨大的潜力。在云应用的生态系统中，客户应用和多元应用落在长尾的肩部和尾部。在传统信息产业模式中，这部分空间所蕴藏的价值并没有被很好地挖掘。各大 IT 厂商主要关注于长尾的头部，而忽视了相对较难把握的个性化需求。云计算的出现显著降低了应用的开发和维护成本，拉近了初创型公司和行业巨头们的技术差距，使得具有创新精神和独到眼光的团队可以快速地将构想化为现实。可以说，云计算为信息行业创造了新的增长空间，也为互联网用户提供了更加丰富的选择。

5.3.2　云应用的典型示例

1．标准应用示例

在线文档服务是标准应用的一个典型示例，比如 Google Docs。Google Docs 允许用户在线创建文档，并提供了多种布局模板。Google Docs 是完全基于浏览器的 SaaS 服务，用户不必在本地安装任何程序，只需要通过浏览器登录服务器，就可以随时随地获得自己的工作环境。在用户体验上，该服务做到了尽量符合用户使用习惯，不论是页面布局、按钮菜单设置还是操作方法，都与用户所习惯的本地文档处理软件（如 Microsoft Office 和 Open Office 等）相似。用户可以从零开始采用该标准应用创建新文档，也可以将现有文档上传到应用服务器端，利用 Google Docs 的处理功能继续编辑。编辑工作完成后，用户可以将其下载到本地机器保存，也可以将其保存在服务器端。将文档保存在服务器端的好处是可以方便地利用该标准应用提供的共享功能与预先设定的合作者共同创作文档，或者邀请审阅者对文档进行在线审阅。Google Docs 还支持将编辑好的文档发布到互联网，用户可以设定访问权限，让全世界的互联网用户或者一部分指定的用户像浏览网页一样看到发布出来的文档。

标准应用的一个重要特点就是代码运行在云端，而不是用户本地的机器上。随着云计算的发展，越来越多原来运行在本地的复杂应用将会陆续被迁移到云端，并且由用户通过浏览器来执行。这就需要在网页中提供和本地窗口应用一样丰富的功能集合，并且在服务质量（比如响应速度）上和本地应用应差别不大。然而，这类 SaaS 应用在功能方面往往与先前本地的版本有所差异，这主要是因为使用网页实现 SaaS 应用的开发难度要大很多。先前本地版本的应用有着经过几十年不断改进过的编程语言和大量开发工具的支持，而在线应用的开发则主要依赖于 JavaScript，在开发和调试的难度上都比较高，而且需要额外考虑远程通信的效率问题。HTML5 的成熟在一定程度上缓解了这方面的问题。但是，如果能够使用比较主流的编程语言开发应用，然后在运行时生成优化的 JavaScript 代码，则可以在很大程度上简化开发的复杂度，Google Web Toolkit 正是朝着这一方向的一个尝试。使得开发人员可以使用 Java 语言开发支持 Ajax 的 Web 应用。

2．客户应用示例

Salesforce CRM 是客户应用的典型代表。其关键点在于采用了多租户架构，使得所有用户和应用程序共享一个实例。同时又能够按需满足不同的客户要求。多租户架构分离了应用的逻辑和数据，企业用户可以通过元数据定义自己的行为和属性，并且定制化以后的应用程序不会影响其他企业用户。另外，Salesforce.com 还推出了自己的编程语言 Apex，它是一个易用的、多租户的编程语言，在一定程度上解决了 SaaS 层在模型开发复杂度方面的问题。用户可以通过 Apex 创建自己的组件，修改 Salesforce.com 提供的现有代码。不仅如此，Apex 还使得编写的程序天生就符合网络服务的要求，并且可以通过 SOAP 方式访问，方便第三方的 ISV 进行应用开发。

在开发结束以后，应用能够被有效地部署在运行平台上，并激活至可用状态。对于用户来说，应用达到可用状态并不是唯一的目标，还需要具有一定的互操作性。互操作性一方面考虑如何将现有的应用迁移到云中，另一方要考虑 SaaS 应用是否可以从一个云提供商迁移到另外一个不同的云提供商。前者的问题其实和传统意义上的互操作性比较类似，考虑的是应用从一个操作系统迁移到另外一个操作系统，或者将应用从一个运行平台迁移到另外一个运行平台。后者的问题主要是由于目前云计算缺乏一整套开放标准，使得 SaaS 应用乃至整个云计算自身缺乏统一的数据描述模型及通信标准等规范。

如果 SaaS 应用不能迁移，那么当用户决定选择另外一个云提供商作为服务平台的时候，就意味着先前的投入没有被有效地再利用。更为致命的是用户的数据将无法从一个云平台中导出，并导入到另一个云平台中。这无疑会使用户，尤其是拥有大量历史数据的企业和机构用户对云计算望而却步，这对于云计算本身的发展是极为不利的。互操作性的解决有赖于云计算开放标准建立，这需要当前 IT 公司的共同推动。

3．多元应用示例

多元应用是 SaaS 层中最为丰富多彩的一类应用，涉及个人、公司、团体工作生活的方方面面，并跨越了多种平台和接入设备。下面介绍几个典型的多元应用。

在传统的 PC 平台上，为旧金山地区用户提供实时、随处可用的公交系统时刻表服务的 Mutiny 是多元应用的典型代表之一。用户可以随时通过便携设备登录 Mutiny 网站，获知自己所处位置附近所有的公共汽车、地铁线路和停靠站点，以及下一班车的进站时间。Mutiny 获取移动设备上的 GPS 坐标，利用该坐标信息访问 Google Map 的 API 得到使用者目前所处的街道位置，以及附近所有的公交站、地铁站信息。用户单击其中任意一个站点，就会得到这个站点下一班车的到站时间，该到站信息是从旧金山市公共交通系统的网站上获得的。可见，Mutiny 巧妙地整合了网络上的数据资源，利用云平台为特定用户群（旧金山市的居民）提供了便捷的服务。以 Mutiny 为代表的 SaaS 应用通常将来自两个或多个源的数据进行组合，构成一个崭新的服务。

这种设计方式被称为 Mashup，它追求的是便捷而快速的整合，通常是使用数据源提供的开放应用程序接口（Open API）来实现的。Mashup 应用架构上由两个不同部分组成：数据内容/Open API 提供者和 Mashup 站点。这两个部分在逻辑上和物理上都是相互分离的。数据内容/Open API 提供者是被融合的内容的提供者。在 Mutiny 的例子中，该提供者是 Google Map 和旧金山市的公交系统网站，为了方便数据的检索，数据源通常会将自己的内容通过 Web 协议对外提供。Mashup 站点是数据融合发生的地方，既可以在服务器端完成，也可以在浏览器端完成。若在服务器端，Mashup 直接使用服务器端动态内容生成技术实现，为用户提供整合后的最终页面；若在浏览器端，则需通过客户机端脚本（如 JavaScript）或 Applet 来完成。

随着移动设备、智能终端（手机、平板电脑）的大范围普及使用，移动设备平台上的应用也变得越来越丰富。目前使用者最多的两个应用平台，一个是 Apple 公司为 iPhone/iPad 设备提供应用开发、使用、下载的 App Store 平台，一个是为 Google 开发的 Android 平台提供应用的 Android Market。下面重点介绍一下 App Store 及其中的典型应用。

App Store（应用商店）是苹果公司于 2008 年推出的应用开发、上传、下载、更新、计费平台。它提供了应用的程序开发包（SDK），应用程序开发者通过使用 SDK，开发自己的应用程序，并可以注册 App Store 的开发者账户，将自己的应用发布到 App Store 上，并选择该应用免费下载或者收取一定的费用才能下载。普通用户可以在平台上看到所有的应用程序，并根据自己的喜好下载到自己的计算机、iPhone、iPad 上使用，如果是收费应用，用户会从自己的信用卡中支付费用给 App Store，App Store 将费用提取一部分管理费后，剩余部分交给开发者。

这种模式形成了一个良性的循环，保证了平台各方的多赢：应用的开发者可以自由定价，通过应用收费得到收入，保证自己的生活甚至建立创业公司；而用户可以选择自己想要的免费或者收费应用，通过各种应用获得便利；同时也正是因为 App Store 的成功，为 Apple 公司带来了稳定的平台提供收入，并直接带动了 Apple 公司的 iPhone、iTouch、iPad 等终端设备的销售，使得 Apple 公司成为目前发展势头最强劲的 IT 公司之一。截止到 2015 年 3 月份，App Store 的应用总数已超过 150 万，目前游戏类别占比最大，占 21.39%，其次是 Business、Education、Lifestyle、Entertainment、Utilities、Travel、Book。截至 2015 年 11 月，苹果应用商店 App Store 累计应用下载总量已突破 1000 亿次。App Store 每年的营收增幅达到了 25%，参与交易的用户数量增长了 18%，创出历史最好水平。应用开发者已累计从 App Store 获得了超过 100 亿美元分成。

"飞常准"是 App Store 上一个非常受欢迎的多元应用，针对的是经常坐飞机旅行的商旅人士。它可以为用户显示航班时刻表，用户可以输入自己即将乘坐或关注的航班，程序会获取网络上由航空公司、机场、空管部门提供的信息，汇总处理后显示给用户，用户可以看到航班当前的状态，是否会取消、晚点出发、晚点到达，甚至可以看到正在飞行的航班目前已飞到了哪里。用户还可以查询自己的登机口，查看航班对应飞机的座位图，以及若航班取消，是否有合适的替代航班。

5.4　SaaS 发展趋势

SaaS 模型在应用软件市场中已经呈现出飞速发展的趋势。在欧美等地的 IT 发达地区，SaaS 模式已经取得了良好的发展，用户也开始对它给予高度的认同。SaaS 在中国已开始逐步被用户接受，由于其强大的功能，得到了业界的高度关注。SaaS 模式在中国有很大的应用市场，数量众多的中小企业是一个庞大的消费群体。目前这些中小企业的信息化普及率不高的主要原因就是因为 IT 投入少、缺少专业的 IT 技术支持。因此，他们急需专业的技术人员来提升管理质量和降低运营成本，以提高企业的核心竞争力。SaaS 技术的出现，正好可以解决中小企业的这些需求。使用 SaaS，用户可以根据自己的应用需求来指定相应的服务，并且这些应用服务的技术支持和专业维护都是由提供 SaaS 服务的专业人员来承担，既可满足中小企业的技术要求，又可以降低其成本，故 SaaS 模式在中小企业中有很好的发展前景。

SaaS 模式既可以给客户大幅度降低的 IT 运维成本，也可以给软件提供商带来巨大的潜在市场。SaaS 模式的出现，使得那些之前因为成本太高而没有实施信息化的用户成为潜在的用户。另外，SaaS 模式也降低了软件提供商的开发成本和维护开销，提高了差异化的竞争优势，使得开发的新产品或服务进入市场的步伐加快，并且使软件提供商的营销成本大大降低。

SaaS 的发展将会出现普及化、平台化和集中化等趋势，主要包括以下几点。

（1）所有规模的企业都可以从 SaaS 发展中获利。一些大型企业为了提高竞争优势，将局部应用外包。在 SaaS 应用发展满足大企业的局部应用需求之后，这一模式将逐步普及到中小型企业。

（2）应用架构要求提供商能够提供元数据建模，让软件变得更加适合业务扩展。因此由模型驱动的 SaaS 平台是未来开发的必然方向，其目标是为了实现可定制、可配置、可管理和可模型化。

（3）无法完全取代传统的套装管理软件，应用领域存在一定局限。SaaS 更适合 CRM、HR、E-Mail、分销管理等软件，而一些涉及企业核心商业机密及对应用稳定性要求高的软件很难对 SaaS 有大量需求。

软件提供商一般比较擅长做应用，它对自己的应用非常了解，但是对底层资源的整合运用不一定熟悉。而 SaaS 则是通过把应用和平台分开，让做平台的专注做平台，做应用的专注做应用。云计算的这种方式使得 SaaS 企业可以专注于自己所了解的业务，为用户提供更好的软件和服务应用。所以，云计算把应用和资源两者分离后，使得 SaaS 企业能够更好地找到自己的生存空间，解决了 SaaS 企业的发展问题。

5.5　总结

云应用是指运行在云中、以软件即服务（SaaS）的形式提供给客户的应用，用户通过浏览器或者开放接口访问应用，按需付费。不需进行一次性投入，并通过使用整合的多种应用来提高效率、获得新创价值。

本章首先描述了 SaaS 生态系统及应用提供商可以选择的市场定位，回顾了 SaaS 的发展历程，总结了其在云计算时代的特征，再从平台和应用的角度对软件即服务层进行了深入剖析。对 SaaS 平台来讲，本章首先介绍了软件即服务层的架构，然后分析了 SaaS 平台的设计要点和关键技术，分别从大规模多租户、认证和安全、定价和计费、服务整合、开发和定制五个方面深入展开，并给出了一个 SaaS 平台系统的参考实现。从 SaaS 应用来讲，本章首先总结了云应用的特征，然后将云计算中的应用归纳为标准应用、客户应用和多元应用三大类，并针对每一类给出了典型案例。最后对 SaaS 的发展做了展望。

习　题

1. SaaS 的核心价值在哪里？
2. 与传统软件相比，软件即服务（SaaS）的优势和缺点分别是什么？
3. 请描述数据隔离的三种方式。
4. 请描述软件即服务的主要特征。
5. 请描述 SaaS 的发展历程经历的三大阶段。
6. 请描述实现 SaaS 的四大层次及各自的特点。
7. 请描述 SaaS 支撑平台的四大类型和各自特点。
8. 请对比采用虚拟化技术和多租户技术实现应用隔离的优势和缺点。
9. 请描述 SaaS 的关键技术及其实现要点。
10. 请描述 SaaS 服务的整合层次。
11. SaaS 应用有哪三大类？请举例说明。

PART 6

第 6 章
桌面云

大家知道云计算有三种服务模式：基础设施即服务（IaaS）、平台即服务（PaaS)和软件即服务（SaaS）。在前面三章，我们已经对这三种服务模式做了详细介绍。但是，随着云计算发展和应用的深入，在这三种服务模式的基础上，还衍生出来一些新的服务。桌面云（Desktop as a Service，桌面即服务）就是其中的一个。

桌面云以虚拟桌面技术为基础，为用户提供访问灵活、数据安全、管理便捷的远程桌面。虚拟桌面实际上由来已久，但是云计算技术的成熟促进了虚拟桌面的大力发展，也进一步扩大了虚拟桌面的业务领域和使用范围。随着云计算和移动设备的兴起，桌面虚拟化作为一种新型的桌面交付方式，将越来越受到企业的青睐。目前市场上主流的虚拟桌面方案提供商有VMware（威睿）、Citrix（思杰）和 Microsoft（Microsoft）。他们的方案在各个行业都有不少的用户。

本章首先对桌面云的基本概念和发展历史进行梳理，然后对虚拟桌面技术进行描述，再阐释桌面交付协议，最后对与桌面云相关的其他核心技术进行介绍。

6.1　概述

桌面云基于 IaaS，通过桌面管理和服务模块，为用户提供良好的桌面服务，使使用户可以通过 PC、笔记本电脑、平板电脑甚至手机在任何有网络接入的地方访问自己的桌面，包括用户的应用软件、配置和数据。从服务层次划分的角度分析，桌面云看似更接近 IaaS，例如桌面云主要是在 IaaS 的基础上通过桌面显示协议为用户提供的远程桌面服务。但实质上，桌面云是以 IaaS 为基础，向最终用户提供的一种"桌面应用"，而不是 IaaS 的计算和存储资源。也就是说，桌面云实际上是 IaaS 的一种经典应用。

美国国家标准与技术研究院（National Institute of Standards and Technology，NIST）给出的云计算定义为：云计算是一种无处不在、便捷且按需对一个共享的可配置计算资源（包括网络、服务器、存储、应用和服务）进行网络访问的模式，它能够通过最少量的管理以及与服务提供商的互动实现计算资源的迅速供给和释放。

桌面云是符合上述云计算定义的一种云，也就是把桌面作为一种共享的可配置计算资源以服务的方式提交给用户。IBM 对桌面云的定义为"可以通过瘦客户端或者其他任何与网络相连的设备来访问跨平台的应用程序，以及整个客户桌面"。

虚拟桌面是桌面云的核心技术，它可以为用户提供部署在云端的远程计算机桌面服务，即通过在云计算平台服务器上运行用户所需的操作系统和应用软件，采用桌面交付协议将操作系统桌面视图以图像的方式传送到用户端设备上显示。同时，用户端的输入通过网络传递至服务侧进行处理，并更新桌面视图内容，如图 6.1 所示。

从本质上看，桌面云实际上就是一种将计算机用户使用的个人计算机桌面与物理计算机相隔离的技术。计算机桌面由网络中的服务器提供而非用户本地计算机，所有程序的执行和数据的存取都在远程服务器中完成，用户可以通过网络访问运行在云端的虚拟桌面并获得与使用本地计算机桌面相近的体验。

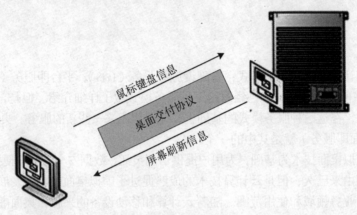

图 6.1　虚拟桌面的工作原理

桌面云除了依赖虚拟桌面技术以外，还需要使用桌面管理技术、桌面远程传送和显示技术以及应用流技术等的支持。另外，由于桌面云降低了对本地终端的要求，瘦终端作为一种新的终端形式，也应纳入桌面云的技术范畴。

桌面管理技术主要提供对桌面的部署和管理，接受用户终端的请求，为用户分配相应的"桌面"，并建立与终端之间的"桌面连接"。桌面管理技术还提供桌面映像文件管理、用户认证、用户配置数据管理等功能。

用于在不同网络环境中传输远程的虚拟桌面内容和设备数据的桌面交付协议是桌面云的核心技术，也是各个厂商竞争的主要领域，目前主要有商业化的 ICA、RDP、PCoIP 以及开源的 SPICE 等技术。

对于第二代虚拟桌面来讲，应用发布是确保用户桌面能够充分个性化的重要手段，其关键在于如何根据实际需要及时、有效地在系统桌面上发布应用软件，应用流（Streaming）是这一领域的关键技术。

在后面各节我们将对这些技术分别进行介绍。

6.2　业务价值和缺点

桌面云的业务价值很多，除了上面所提到的随时随地访问桌面以外还有下面一些重要的业务价值。

（1）集中化管理

在使用传统桌面的整体成本中，管理维护成本在其整个生命周期中占很大的一部分。管理成本包括操作系统安装配置、升级、修复的成本；硬件安装配置、升级、维修的成本；数据恢复、备份的成本；以及各种应用程序安装配置、升级、维修的成本。在传统桌面应用中，这些工作基本上都需要在每个桌面上做一次，工作量非常大。对于那些需要频繁替换，更新桌面的行业来说，工作量就更大了。例如对于大学实验室来讲，经常需要配置不同的操作系统和运行程序来满足不同实验课程的需要，对于上百台机器来说，这个工作量已经非常大了，而且这种工作还要经常重复进行。

在桌面云解决方案里，管理是集中化的，IT 工程师可以通过控制中心管理成千上万的虚拟桌面，所有的更新、打补丁都只需要更新一个"基础镜像"就可以了。对于上面所提到的大学实验室来讲，管理维护就非常简单了：只需要为每门课程实验配置自己的基础的镜像，然后进行不同实验的学生就可以分别连接到通过相应的基础镜像生成的虚拟桌面即可。而且如果要对实验环境做任何修改，只需要在这几个基础镜像上进行修改，只要重启虚拟桌面学生就可以看到所有的更新，这样就大大节约了管理成本。

（2）安全性高

安全是 IT 工作中一个非常重要的方面，一方面各单位对自己有安全要求，另一方面政府对安全也有些强制要求，一旦违反，后果非常严重。对于企业来说，数据、知识产权就是他们的生命，例如银行系统中的客户的信用卡账号，保险系统中的用户详细信息，软件企业中的源代码等。如何保护这些机密数据不外泄是许多公司 IT 部门经常要面临的一个挑战。为此他们采用了各种安全措施来保证数据不被非法使用，例如禁止使用 USB 设备，禁止使用外面的电子邮件等。对于政府部门来说，数据安全也是非常重要的，英国就曾发生过某政府官员的笔记本丢失的事故，结果保密文件被记者得到，这个官员不得不引咎辞职。

在桌面云解决方案里，首先，所有的数据以及运算都在服务器端进行，客户端只是显示其变化的影像而已，所以在不需要担心客户端来非法窃取资料。我们在电影里面看到的商业间谍拿着 U 盘疯狂复制公司商业机密的情况再也不会出现了。其次，IT 部门根据安全挑战制作出各种各样新规则，这些新规则可以迅速地作用于每个桌面。

（3）绿色环保

如何保护我们的有限资源，怎么才能消耗更少的能源，这是现在各国科学家在不断探索的问题。因为在我们地球上的资源是有限的，不加以保护的话很快会陷入无资源可用之困境。现在全世界都在想办法减少碳排放量，为之也采取了很多措施，如利用风能等更清洁的能源等。但是传统个人计算机的耗电量是非常大的。一般来说，每台传统个人计算机的功耗在 200W 左右，即使它处于空闲状态时耗电量也至少在 100W 左右。按照每天 10 个小时，每年 240 天工作来计算，每台计算机桌面的耗电量在 480 度左右，非常惊人。在此之外，为了冷却这些计算机使用产生的热量，我们还必须使用一定的空调设备，这些能量的消耗也是非常大的。

采用云桌面解决方案以后，每个瘦客户端的电量消耗在 16W 左右，只有原来传统个人桌面的 8%，所产生的热量也大大减少了。

（4）总拥有成本减少

IT 资产的成本包括很多方面，初期购买成本只是其中的一小部分，其他还包括整个生命周期里的管理、维护、能量消耗等方面的成本，硬件更新升级的成本。从上面的描述中我们可以看到相比传统个人桌面而言，桌面云在整个生命周期里的管理、维护、能量消耗等方面的成本大大降低了。从硬件成本来看，桌面云在初期硬件上的投资是比较大的，因为需要购买新的服务器来运行云服务，但是由于传统桌面的更新周期是 3 年，而服务器的更新周期是 5 年，所以硬件上的成本基本相当。但是由于软成本的大大降低，而且软成本在 TCO 中占有非常大的比重，所以采用云桌面方案总体 TCO（Total Cost Overhead，人均总成本）大大减少了。根据 Gartner 公司的预计，云桌面的 TCO 相比传统桌面可以减少 40%。

6.3　发展历史

在如今的 IT 领域，CIO 在寻找一种可以在任何地点，让员工安全地接入到企业个人桌面的方案。个人平板电脑、智能手机和上网本越来越多地被使用，如何安全地使用这些新的设备，推动了虚拟桌面基础架构（Virtual Desktop Infrastructure，VDI）的发展。除此之外，还有另外几个因素也促进着 VDI 的发展，包括企业数据安全性和合规性、管理现有传统桌面环境的复杂性和成本、不断增加的移动办公需求、国外 BYOD（Bring Your Own Device，用自己的设备工作）的兴起以及桌面的快速恢复能力等。

VDI 是基于桌面集中的方式来给网络用户提供桌面环境，这些用户使用设备上的远程显示协议（如 ICA、RDP 等）安全地访问他们的桌面。这些桌面资源被集中起来，允许用户在不同的地点访问，而不受影响。例如，在办公室打开一个 Word 应用，如果有事情临时出去了，在外地用平板电脑连接上虚拟桌面，则可以看到这个 Word 应用程序依然在桌面上，和离开办公室时的状态一致。这样可以使得系统管理员更好地控制和管理个人桌面，提高安全性。

虚拟桌面技术的发展与整个计算机产业的进步息息相关。集中化架构的想法早在大型机和终端客户机的年代就已经有了。在 20 世纪 80 年代前计算机出现的早期阶段，因为庞大的机器规格和高昂的制造代价，当时计算机的访问通常都是采用集中式处理方式，用户通过主机/哑终端模式使用计算资源。这种访问方式与虚拟桌面采用的远程访问模式很相似。但是，当时的计算机操作都是通过命令行实现用户与计算机的交互，还没有出现桌面的概念，网络技术也远未成熟，不能支持用户的方便接入。

在 20 世纪 70 年代末期至 20 世纪 90 年代，随着人们对计算机操作体验要求的提升，基于图形用户界面（GUI）的计算机桌面技术开始出现和兴起，施乐、苹果、Microsoft 等先后推出了具有 GUI 桌面的操作系统。同时，计算机开始向大众普及，虽然仍旧有很多场合需要用户远程共享服务器从而催生了早期的虚拟桌面技术，但是个人计算机的广泛应用使得人们逐渐放弃了此前对集中计算资源的远程访问模式，而逐渐转变为使用本地微型计算机。

进入 21 世纪后，在个人计算机的日益推广和广泛应用中存在的诸多问题开始显现，特别是系统运维复杂度的剧增，更使人们把目光重新聚焦于集中部署的计算资源交付方式上，这一需求与云计算的理念不谋而合，虚拟桌面技术也进入了新的黄金发展期。

从虚拟桌面技术的发展来看，其与传统计算机使用方式的重要区别之一是将远程服务器提供的桌面内容显示到用户的本地终端上，而这种远程显示能力最早可追溯到 20 世纪 80 年代推出的 UNIX X Window 系统提供的远程显示功能。X Window 是网络透明的窗口显示系统，由相关的计算机软件和网络协议组成，能够用于位图显示，为联网的计算机提供基本的图形用户接口。X Window 采用 C/S 服务模式：X Server 运行在拥有图像显示能力的计算机上，负责和各种各样的客户端程序通信；而 X Client 则负责对相应应用的 X11 请求进行解释，然后将其传送至 X Server 进行屏幕显示。换个角度说，X Server 相当于用户和 XClient 应用之间的传声筒，它从 X Client 处接收图像窗口的输出请求并将其显示给用户，同时接收用户输入（鼠标、键盘），然后将它们传送给 X Client 应用。X Window 的技术架构如图 6.2 所示。

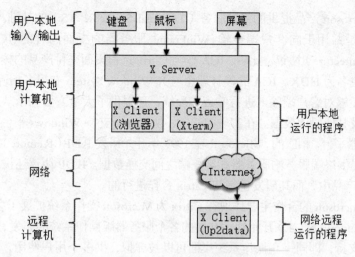

图 6.2 X11 的技术架构

需要注意的是，X Window 中的"客户端"和"服务器"等术语的定义是从程序的角度出发，而不是从用户的角度出发：本地的 X Server 运行在本地计算机上提供显示服务，所以它扮演了服务器；而 X Client 则运行在各种各样的远程计算机上，使用了 X Server 提供的显示服务，所以它是客户端。无论怎样，X Window 率先实现了应用执行和界面显示的分隔，使得应用能够跨网部署，从而支持应用的远程显示，成为后来计算机桌面远程交付技术的鼻祖。

X Window System 的出现给当时很多操作系统开发者以启迪。在 20 世纪 80 年代中期，Microsoft 和 IBM 开始着手开发 OS/2 操作系统。IBM OS/2 团队负责人 Ed Iacobucci 提出希望采用类 UNIX 架构，以使 OS/2 能够成为一个真正的支持多用户的内核，并将窗口图像显示系统进行扩展，使显示功能能够像 X11 一样运行在独立于应用的显示系统中。但是，IBM 和 Microsoft 对此并不感兴趣。于是，Ed Iacobucci 于 1989 年创建了 Citrus Systems，也就是现在在应用虚拟化、桌面虚拟化、服务器虚拟化和云计算领域拥有盛名的 Citrix Systems（思杰）。

Citrix 创建初期产品并不成功，公司甚至两次面临倒闭的危险。直到 1993 年，Citrix 从 Novell 收购了一款基于 DOS 操作系统和必要的内存管理技术设计的远程访问应用的产品。通过对该产品的改进，Citrix 推出了名为"WinView"的产品，不但将 OS/2 改造为支持多用户的操作系统，同时还包含了一份 Windows 3.1 的副本，它与 Novell Netware 产品合作，能够在一个系统上支持多个用户同时运行 DOS 和 Windows 应用，实现了对操作系统的多会话支持。更重要的是，WinView 还提供对用户通过网络共享远程系统的支持，使更多的用户能够访问集中部署的计算机系统，在当时计算机尚不普及而且价格高昂的情况下具有很好的经济效益。WinView 获得了极大的成功。1994 年，Citrix 在 WinView 中增加了对 TCP/IP 协议栈的支持，使得 Citrix 后续的产品均能够支持浏览器应用。这一举措帮助 Citrix 迎头赶上 20 世纪 90 年代兴起的互联网浪潮，也为其后续技术和产品的发展占据了先机。

虽然 WinView 具有很好的应用效果，但是由于 OS/2 本身的发展受限，进而阻碍了 Citrix 产品的进步。此时，随着 Windows 操作系统日益改善的图形界面体验，Microsoft 在 IT 行业异军突起，特别是 Windows 95/98 等产品的发布进一步确立了 Microsoft 在操作系统领域的霸主地位。于是，在 WinView 之后，Citrix 开始与 Microsoft 合作，并于 1995 年推出了 WinFrame。通过对 Windows NT 3.51 进行改造，Citrix 在 WinFrame 里实现了 MultiWin 引擎，使得多个用户能够在同一台 WinFrame 服务器上登录并执行应用。MultiWin 在后来许可给 Microsoft 使用，并成为 Microsoft 产品提供的终端服务（Terminal Services，TS）的基础。WinFrame 的一个核心技术就是并用于向客户端传输 WinFrame 服务器的桌面内容的 ICA（Independent Computing Architecture）协议。此后，ICA 作为 Citrix 远程桌面交付产品的核心技术不断成熟和完善，现已更名为 HDX。ICA 的设计理念与 X Window System 有很多相近的地方，例如，它使得服务器能够对客户端输入进行响应和反馈，还提供了大量方法用于从服务器向客户端传送图像数据及其他媒体数据。在实现中，ICA 协议除了支持 Windows 平台外，还支持一系列 UNIX 服务器平台。相应的，Microsoft 在 1997 年开始研发 RDP（Remote Desktop Protocol）协议，用于在提供终端服务的服务器和客户端之间交换数据。RDP 协议还被应用于 Microsoft 的 NetMeeting 产品中，而其研发也是与 Citrix 合作进行的。

Citrix 和 Microsoft 的合作主要体现在 Citrix 为 Microsoft 操作系统扩展了多用户支持能力。Microsoft 从 Windows NT 4.0 开始独立开展的各个服务器版操作系统的研发，其核心均在于对多用户访问的支持，即同一套操作系统桌面可以被虚拟，供多个用户使用，实现虚拟桌面的功能。Citrix 在 Microsoft Windows 产品基础上进行扩展而推出的名为"MetaFrame/ Presentation Server/XenApp"的产品则侧重于多用户远程访问同一个应用，即同一个应用被虚拟，供多个用户使用，实现应用虚拟化的功能。

而服务器虚拟化技术的日渐成熟催生了新型的虚拟桌面模式，即在集中部署的服务器上部署多台虚拟机，通过每台虚拟机为用户提供远程的桌面访问服务。该类解决方案被称为 VDI（Virtual Desktop Infrastructure）技术，是在 2006 年 4 月由 VMware 牵头组织的 VDI 联盟提出的。VDI 解决方案同样解决了传统个人计算机使用中的问题，发挥了虚拟桌面的优势，同时为虚拟化厂商进入虚拟桌面领域提供了机遇，使得桌面交付协议与服务器虚拟化技术的结合成为虚拟桌面产业的新的发展潮流。

Citrix 和 Microsoft 不甘落后，也开始了对 VDI 解决方案的研发。Citrix 于 2007 年高价收购了 XenSource，对开源的 Xen 虚拟化技术进行商业化开发，并很快形成了自己的服务器虚拟化平台 XenDesktop。Microsoft 则在 Windows 2008 中提供了 Hyper-V 虚拟化技术作为提供 VDI 虚拟桌面的底层平台。除了研发和完善服务器虚拟化技术，Citrix 和 Microsoft 也对其使用的虚拟桌面传输协议进行了全面的改进，以满足当前用户对虚拟桌面体验要求的提升，而不仅仅是关注应用程序的操作交互。Citrix 推出了 HDX 系列技术，大幅度改进了各种应用场景的用户体验，Microsoft 则提出了 RemoteFX 技术对此前的 RDP 协议进行增强。目前，Citrix 的 XenDesktop 虚拟桌面产品、Microsoft 整合在 Windows 2008 R2 中发布的 RDS 虚拟桌面产品已经在业界多有应用。同时，Citrix 虚拟桌面产品对于下层支撑的服务器虚拟化技术并无强依赖关系，其部署更具灵活性。

面对虚拟桌面市场的广阔前景，VMware 也发力介入，于 2007 年发布了业界第一款基于 VDI 技术的虚拟桌面产品——VDM 1.0（Virtual Desktop Manager 1.0），进而在 2008 年 1 月发布 VDM 2.0，并在同年 12 月发布了第三个正式版本，同时将产品名称改为 View。作为服务器虚拟化领域的领军者，VMware 优秀的虚拟化架构使其在虚拟桌面基础设施部署方面具有更高的集成度，同时在虚拟化管理方面独具优势，但其虚拟桌面的传输协议的性能和用户体验远落后于 ICA/HDX 或 RDP。研发方面，花费了很多精力用于选择合适的桌面传输协议。直到 2008 年，VMware 开始和 Teradici 合作开发软件实现的 PCoIP（PC over IP）协议，在现有的标准 IP 网络之上通过桌面内容压缩的方式为用户提供远程计算机桌面。该技术作为主打协议在 2009 年发布的 VMware View 4.0 虚拟桌面产品中被应用。

类似厂商还有 Red Hat。它于 2008 年 9 月收购了 Qumranet 及其拥有的 SPICE 桌面传输协议,进而开始研发以 KVM 技术为基础的服务器虚拟化平台上的虚拟桌面产品,并在 2010 年作为其企业级虚拟化解决方案的重要组成部分对外推出。值得注意的是, Red Hat 于 2009 年 12 月将 SPICE 协议开源,利用开源社区的力量改进和完善 SPICE 协议,同时也为广大开发者涉足虚拟桌面领域提供了便利。

从发展历史可以看出,真正的桌面虚拟化技术,是在服务器虚拟化技术成熟之后才出现的。第一代桌面虚拟化技术,真正意义上将远程桌面的远程访问能力与虚拟操作系统结合起来,使得桌面虚拟化的企业应用成为了可能。

首先,服务器虚拟化技术的成熟,以及服务器计算能力的增强,使得服务器可以提供多个桌面操作系统的计算能力。以当前 4 核双 CPU 的处理器 16GB 内存服务器为例,如果用户的 Windows XP 系统分配 256MB 内存,在平均水平下,一台服务器可以支撑 50～60 个桌面运行,则可以看到,如果将桌面集中使用虚拟桌面提供,那么 50～60 个桌面的采购成本将高于服务器的成本,而管理成本、安全因素还未被计算在内,所以服务器虚拟化技术的出现,使得企业大规模应用桌面虚拟化技术成为可能。

第一代技术实现了远程操作和虚拟技术的结合,降低的成本使得虚拟桌面技术的普及成为可能,但是影响普及的并不仅仅是采购成本,管理成本和效率在这个过程中也是非常重要的一环。桌面虚拟化将用户操作环境与系统实际运行环境拆分,不必同时在一个位置,这样既满足了用户的灵活使用,同时也帮助 IT 部门实现了集中控制,从而解决了这一问题。但是如果只是将 1000 个员工的 PC 变成 1000 个虚拟机,那么 IT 管理员还需要对每一个虚拟机进行管理,管理压力可能并没有实际降低。

为了提高管理性,第二代桌面虚拟化技术进一步将桌面系统的运行环境与安装环境拆分、应用与桌面拆分、应用与配置文件拆分,从而大大降低了管理复杂度与成本,提高了管理效率。

我们简单来计算一下:如果一个企业有 200 个用户,如果不进行拆分,那么 IT 管理员需要管理 200 个镜像(包含其中安装的应用与配置文件)。而如果进行操作系统安装与应用还有配置文件的拆分,假设有 20 个应用,则使用应用虚拟化技术,不用在桌面安装应用,动态地将应用组装到桌面上,则管理员只需要管理 20 个应用;而配置文件也可以使用 Windows 内置的功能,和文件数据都保存在文件服务器上,这些信息不需要管理员管理,管理员只需要管理一台文件服务器就行;而应用和配置文件的拆分,使得 200 个人用的操作系统都是没有差别的 Windows XP,则管理员只需要管理一个镜像,而用这个镜像生成 200 个运行的虚拟操作系统。总的来讲, IT 管理员只需要管理 20 个应用、1 台文件服务器和 1 个镜像,管理复杂性大大下降。

这种拆分也大大降低了对存储的需求量(少了 199 个 Windows XP 系统的存储),降低了采购和维护成本。更重要的是,从管理效率上,管理员只需要对一个镜像或者一个应用进行打补丁,或者升级,所有的用户都会获得最新更新后的结果,从而提高了系统的安全性和稳定性,工作量也大大下降。

目前 Citrix、VMware 和 Microsoft 的虚拟桌面均达到了第二代的水平,而一些利用开源软件开发的桌面云产品还属于第一代水平。

6.4 桌面云架构

桌面云将个人计算机桌面环境通过云计算模式从物理机器分离出来,成为一种可以对外提供的桌面服务。同时，个人桌面环境所需的计算、存储资源集中于中央服务器上，以取代客户端的本地计算、存储资源；中央服务器的计算、存储资源同时也是共享的、可伸缩的，让不同个人桌面环境资源按需分配、交付，达到提升资源利用率，降低整体拥有成本的目的。

桌面云的核心技术是桌面虚拟化基础架构（Virtual Desktop Infrastructure, VDI）。它不是给每个用户都配置一台运行 Windows 的桌面 PC，而是在数据中心部署桌面虚拟化服务器来运行个人操作系统，通过特定的传输协议将用户在终端设备上键盘和鼠标的动作传输给服务器，并在服务器接收指令后将运行的屏幕变化传输到瘦终端设备。通过这种管理架构，用户可以获得改进的服务，并拥有充分的灵活性。例如，在办公室或出差时可以使用不同的客户端使用存放在数据中心的虚拟机展开工作，IT 管理人员通过虚拟化架构能够简化桌面管理，提高数据的安全性，降低运维成本。

桌面云不能简单地理解为是一个产品，而应该是一种基础设施，其组成架构较为复杂，通常可以分为终端设备层、网络接入层、桌面云控制层、虚拟化平台层、硬件资源层和应用层 6 个部分，如图 6.3 所示。

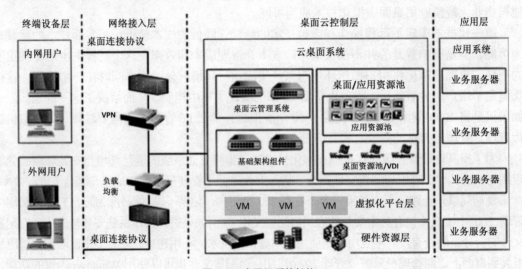

图 6.3　桌面云系统架构

（1）终端设备层

虚拟桌面终端主要负责给用户显示虚拟桌面视图，并通过外设接收用户侧的输入，再将其发送到服务侧。虚拟桌面客户端的主要功能是进行桌面交付协议的解析，主要分为瘦终端和软终端两大类。瘦终端主要是指根据实际需求定制的硬件终端及相关外设，一般来说具备体积小、功耗低等特点，多采用嵌入式操作系统，可以提供比普通 PC 更加安全可靠的使用环境，以及更低的功耗，更高的安全性。软终端则指以客户端软件或者浏览器插件的形式存在的应用软件，可以安装和部署在用户侧的 PC、智能手机、平板电脑等硬件设备上。

移动设备凭借便携性、灵活性等特点受到很多用户的青睐。通过移动设备随时随地上网并连接到自己的虚拟桌面系统，给那些有移动办公需求的用户提供了极大的便利。云桌面系统同样接受移动设备的接入。在安装相应的软终端端软件后，移动设备也可以连接并且使用云桌面系统中的虚拟桌面。

通过特定的云桌面系统客户端程序，PC 用户同样可以连接到云桌面系统并使用其中的虚拟桌面。凭借云桌面系统中虚拟桌面系统的虚拟硬件的可配置性，用户可以借助远程的虚拟桌面系统完成不适合在自己的物理计算机上完成的工作。例如当前正在使用的物理计算机不具备高运算能力，用户可以提高远程虚拟桌面系统的 CPU 和内存配置，并在远程桌面系统中完成此工作。对于已经过时面临淘汰的 PC，可对这些 PC 进行特定的配置，使其成为云桌面系统的软终端，可以连接到云桌面系统中的虚拟桌面系统，达到修旧利废的目的。

终端设备层对终端设备类型的广泛兼容性保障了企业办公终端的自由性，终端用户可根据不同的场景选择不同的终端方式，真正实现 BYOD 移动办公。

（2）网络接入层

网络接入层将远程桌面输出到显示器，以及将键盘、鼠标以及语音等输入传递到虚拟桌面。桌面云提供了各种接入方式供用户连接。桌面云用户可以通过有线、无线、VPN 网络接入，这些网络既可以是局域网，也可以是广域网，连接的时候即可以使用普通的连接方式，也可以使用安全连接方式。在网络接入层里，网络设备除了提供基础的网络接入承载功能外，还提供了对接入终端的准入控制、负载均衡和带宽保障等。

终端在访问桌面云时，网络中需要传递的仅仅是鼠标、键盘点击和屏幕刷新的数据。瘦客户端将用户的输入传给服务器的同时负责接收和呈现服务器传回的输出。这些安全会话实际上是基于虚拟桌面交付协议进行的。

虚拟桌面交付协议主要负责传输用户侧和虚拟桌面的交互信息，包括虚拟桌面视图、用户输入、虚拟桌面控制信令等。虚拟桌面交付协议的功能和性能是影响用户体验的关键，它需要支持用户在不同的网络环境（比如局域网、广域网、4G 网等）下对虚拟桌面的访问，针对不同的网络情况进行传输优化。另外，虚拟桌面交付协议还需要考虑对不同桌面内容传输和终端外设操控的支持，为不同的桌面内容和场景提供专用的传输通道并对其进行优化。所以，虚拟桌面提交协议需要提供高分辨率会话、多媒体流远程处理、多显示支持、动态对象压缩、USB 重定向、驱动器映射等功能。在用户通过网络访问远程的虚拟桌面时，虚拟桌面交付协议还要考虑访问连接的安全性，提供必要的安全访问机制，设置专用的安全网关或者采用 SSL 的虚拟专网连接等，通过防火墙和流量技术确保虚拟桌面访问的安全性。

（3）桌面云控制层

桌面云控制层负责整个桌面云系统的调度，例如新虚拟桌面的注册以及将虚拟桌面的请求指向可用的系统。用户通过与控制器交互进行身份认证，最终获得授权使用的桌面。虚拟桌面提供统一的 Web 登录界面服务以及与后方基础架构的通信能力，其自身也提供高可用性和负载均衡的能力。

桌面云控制层以企业作为独立的管理单元为企业管理员提供桌面管理的能力。管理单元则由桌面云的系统级管理员统一管理。在每个管理单元中企业管理员可以对企业中的终端用户使用的虚拟桌面进行方便的管理，可以对虚拟桌面的操作系统类型、内存大小、处理器数量、网卡数量和硬盘容量进行设置，并且在用户的虚拟桌面出现问题时能够快速地进行问题定位和修复。还可以查看和管理物理和虚拟化环境内的所有组件和资源，如物理的主机、存储和网络以及虚拟的模版、镜像、虚拟机，同时能简单通过此单一控制台对虚拟化资源进行综合管理，如实现虚拟桌面的全生命周期管理和控制、高级检索、资源调度、电源管理、负载均衡以及高可用和在线迁移等功能。

除此以外，桌面云控制层为了能够支持更大规模、更高的可用性和可靠性，通常还需要具备负载均衡、高可用性、高安全性等功能。

桌面云系统应具有负载均衡功能。如在大量的用户桌面请求下，系统能够根据 IT 资源的利用情况,将用户的服务请求分散到不同的服务器上进行处理,以保证 IT 资源的利用率和最佳的用户体验。

高可用（HA）是系统保持正常运行，减少系统宕机时间的能力。桌面云系统主要通过避免单点故障和支持故障切换等方式实现高可用性。在整个架构中，会话层、资源层和系统管理层的服务器、存储和网络设备都应该具有一定的冗余能力，不会因为硬件或软件的单点故障而中断整个系统的正常工作。

安全要求包括网络安全要求和系统安全要求。网络安全要求是对云桌面系统应用中与网络相关的安全功能的要求，包括传输加密、访问控制、安全连接等。系统安全要求是对云桌面系统软件、物理服务器、数据保护、日志审计、防病毒等方面的要求。

（4）虚拟化平台层

虚拟化平台是云计算平台的核心，也是虚拟桌面的核心，承担着虚拟桌面的"主机"功能。对于云计算平台上的服务器，通常都是将相同或者相似类型的服务器组合在一起作为资源分配的母体，即所谓的服务器资源池。在服务器资源池上，通过安装虚拟化软件，让计算资源能以一种虚拟服务器的方式被不同的应用使用。这里所提到的虚拟服务器，是一种逻辑概念。对不同处理器架构的服务器以及不同的虚拟化平台软件，其实现的具体方式不同。在 x86 系列的芯片上，主要是以常规意义上的 VMware 虚拟机、Citrix 的 Xen 虚拟机或者开源的 KVM 虚拟机的形式存在。

虚拟化平台可以实现动态的硬件资源分配和回收。在创建虚拟桌面的时候，企业级别管理员可以提供虚拟机对物理服务器的类型要求，比如必须支持图形卡虚拟化，虚拟化平台会自动在满足条件的服务器上分配资源给新建的虚拟桌面。当虚拟桌面被管理员销毁时，虚拟化平台会自动回收其占用的服务器资源。虚拟化平台采用 HA 技术还可以为虚拟桌面提供无缝的后台迁移功能，以提高桌面云系统的可靠性。采用 HA 技术后，如果虚拟桌面所在的服务器出现故障，虚拟化平台会快速地在其他服务器上重新启动虚拟桌面。虚拟桌面的终端用户只会感觉到极短的延迟，而不会影响用户的使用体验。

（5）硬件平台层

硬件平台层由多台服务器、存储和网络设备组成，为了保证桌面云系统正常工作，硬件基础设施组件应该同时满三个要求：高性能、大规模、低开销。

服务器技术是桌面云系统中最为成熟的技术之一，因为中央处理器和内存原件的更新换代速度很快。这些资源使得服务器成为桌面云系统的核心硬件部件，对于桌面云部署来说，合理规划服务器的规模尤其重要。直到两三年之前，如果不花费很大开销，服务器还不能容纳 30～50 个桌面云会话。但是现在，可以在一台两路服务器上安装超过 24 个高性能核心和至少上 TB 的内存。这种性能上的提升为桌面云系统提供了很大的扩展空间，而且是在使用更少的服务器的情况下。服务器技术已经相当成熟，随着时间的推移，单台服务器上将可承载更多的桌面云会话。

在桌面云平台中，由于存储系统对保证数据访问是至关重要的，存储系统的性能和可靠性是基本考虑要素。同时，在桌面云平台中，存储子系统需要具有高度的虚拟化、自动化和自我修复的能力。存储子系统的虚拟化兼容不同厂家的存储系统产品，从而实现高度扩展性，能在跨厂家环境下提供高性能的存储服务，并能跨厂家存储完成如快照、远程容灾复制等重要功能。自动化和自我修复能力使得存储维护管理水平达到云计算运维的高度，存储系统可以根据自身状态进行自动化的资源调节或数据重分布，实现性能最大化以及数据的最高级保护，保证了存储云服务的高性能和高可靠性。

（6）应用层

应用层主要用于向虚拟桌面部署和发布各类用户所需的软件应用，从而节约系统资源，提高应用灵活性。应用流技术是虚拟桌面应用层的一个重要方面，它使得传统个人计算机应用不经修改就可以直接用于虚拟桌面场景中，消除了应用软件对底层操作系统的依赖。利用应用流技术，软件不再需要在虚拟桌面上安装，同时其升级管理可以集中进行，实现了动态的应用交付。

6.5 虚拟桌面架构（VDI）技术

基于 VDI 架构的虚拟桌面解决方案的原理就是在服务器侧为每个用户准备专用的虚拟机并在其中部署用户所需的操作系统和各种应用，然后通过桌面显示协议将完整的虚拟机桌面交付给远程用户使用。因此，VDI 架构的基础是服务器虚拟化。VDI 的基本架构可以用图 6.4 来描绘。

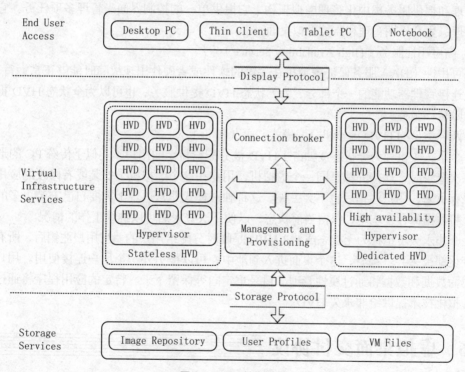

图 6.4 VDI 基本架构

（1）用户访问层（End User Access Layer）

用户访问层是用户进入 VDI 的入口。用户通过支持 VDI 访问协议的各种设备，如计算机、瘦客户端、上网本和手持移动设备等来访问。

（2）虚拟架构服务层（Virtual Infrastructure Service Layer）

虚拟架构服务层为用户提供安全、规范和高可用的桌面环境。用户访问层通过特定的显示协议和该层通信，如 VMware 使用的是 RDP 和 PCoIP，Citrix 使用 ICA/HDX，RedHat 使用 SPICE 等。

（3）存储服务层（Storage Service Layer）

存储服务层存储用户的个人数据、属性、镜像和实际的虚拟桌面镜像。虚拟架构服务调用存储协议来访问数据。VDI 里面常用到的存储协议有 NFS（Network File System）、CIFS（Common Internet File System）、iSCSI 和 Fibre Channel 等。

虚拟架构服务层需要提供的功能较多，实现也比较复杂，主要有以下组件和功能。

● Hypervisor

Hypervisor 为虚拟桌面的虚拟机提供虚拟化运行环境。这些虚拟机就称为用户虚拟桌面。

● 用户虚拟桌面（Hosted Virtual Desktop）

虚拟机里面运行的桌面操作系统和应用就是一个用户虚拟桌面。

● 连接管理器（Connection Broker）

用户的访问设备通过连接管理器来请求虚拟桌面。它管理访问授权，确保只有合法的用户才能够访问 VDI。一旦用户被授权，连接管理器就将把用户请求定向到分配的虚拟桌面。如果虚拟桌面不可用，那么连接管理器将从管理和提供服务中申请一个可用的虚拟桌面。

● 管理和提供服务（Management and Provisioning Service）

管理和提供服务集中化管理虚拟架构，它提供单一的控制界面来管理多项任务。它提供镜像管理、生命周期管理和监控虚拟桌面。

● 高可用性服务（High Availability Service）

高可用性（HA）服务保证虚拟机在关键的软件或者硬件出现故障时能够正常运行。HA可以是连接管理器功能的一个部分，为无状态 HVD 提供服务，也可以为全状态 HVD 提供单独的故障转移服务。

有两种类型的 HVD 虚拟机分配模式：永久和非永久。

一个永久（也称为全状态或独占）HVD 被分配给特定的用户（类似于传统 PC 的形式）。用户每次登录时，连接的都是同一个虚拟机，用户在这个虚拟机上安装或者修改的应用和数据将保存下来，用户注销后也不会丢失。这种独占模式非常适合于需要自己安装更多的应用程序，将数据保存在本地，保留当前状态，以便下次登录后可以继续工作的情况。

一个非永久（也称为无状态或池）HVD 是临时分配给用户的。当用户注销后，所有对镜像的变化都被丢弃。接着，这个桌面进入到池中，可以被另外一个用户连接使用。用户的个性化桌面数据和数据将通过属性管理、目录重定向等保留下来。特定的应用程序将通过应用程序虚拟化技术提供给非永久 HVD。

6.6 虚拟桌面交付协议

随着云计算的不断发展，虚拟桌面解决方案 VDI 日益成熟，桌面虚拟化成为典型的云计算应用。虚拟桌面技术能够有效地解决传统个人计算机使用过程中存在的多种问题，降低企业的运维成本，受到业界的广泛关注。如果只是把台式机上运行的操作系统转变为服务器上运行的虚拟机，而用户无法访问，当然是不会被任何人接受的。所以虚拟桌面的核心与关键，不是后台服务器虚拟化技术，将桌面虚拟化，而是让用户通过各种手段，在任何时间、任何地点，通过任何可联网设备都能够访问到自己的桌面，即虚拟桌面交付协议。

本节首先介绍虚拟桌面交付协议的基本概念，再对业界的几个典型桌面虚拟化交付协议进行描述，然后从虚拟桌面交付协议方面总结当前桌面虚拟化技术的发展现状以及基本特征，并分析当前虚拟桌面交付协议的不足之处。最后，提出虚拟桌面交付协议的发展趋势。

6.6.1　概述

虚拟桌面交付协议工作在 OSI 七层网络协议架构中的表示层，和其他表示层协议一样，其主要工作是作为上层的应用程序和底层网络之间的翻译层。虚拟桌面交付协议的关键任务是对远程操作系统桌面输出以及对客户端设备输入的编码和解码。

当前虚拟桌面交付协议的主流实现方案通常都是采用多通道（Multi-Channel）架构，即协议中针对虚拟桌面应用场景中的图像、键盘/鼠标输入、设备通信、文件系统访问、音频、视频等不同内容设置专门的、彼此隔离的虚拟通道传输相关数据。在此基础上，虚拟桌面交付协议的技术难点在于如何能够提供尽可能地的降低不良网络条件对传输造成的性能影响。当前常用的解决方法是基于会话压缩技术、数据冗余消除技术等。

虚拟桌面交付协议的另一个关键功能就是重定向（Redirection），它主要是针对用户终端连接的外部设备的使用。这些设备需要通过协议设置的虚拟通道进行重定向，使得用户能够利用远程虚拟桌面操控本地设备。另外，如果用户终端具有足够的能力来运行本地媒体播放器，那么远程虚拟桌面上呈现的视频文件可以被重定向到用户本地进行播放，而不是采用在远程将视频渲染成图片然后逐张传递给用户终端的方式，从而可以大大降低服务器侧的压力，优化了用户体验。

虚拟桌面显示协议在当前的网络带宽环境下成为 VDI 的性能瓶颈，是各厂商竞争的焦点。经过多年的发展，当前各主流虚拟桌面提供商已经研发了自己的虚拟桌面交付协议。不同的协议在应用效果、用户体验 QoE 方面各有特色。使用的远程访问协议主要有四种：第一种是早期由 Citrix 开发的，后来被 Microsoft 购买并集成在 Windows 中的 RDP 协议，这种协议被 Microsoft 桌面虚拟化产品使用；第二种是 Citrix 自己开发的独有的 ICA/HDX 协议，Citrix 将这种协议使用到其应用虚拟化产品与桌面虚拟化产品中；第三种是加拿大的 Teradici 公司开发的 PCoIP 协议，使用到 VMware 的桌面虚拟化产品中，用于提供高质量的虚拟桌面用户体验；第四种是由 Red Hat 开发，现在已经开源的 SPICE 协议。

6.6.2　RDP 协议

RDP 协议是 Microsoft 虚拟桌面产品中采用的交付协议。在其应用过程中，在服务器侧用于生成远程桌面屏幕显示内容的图像设备接口 GDI 指令被 RDP 驱动截获，在服务器侧进行渲染，然后以光栅图像（位图）的形式传送到用户终端上输出。同时，用户终端上安装的 RDP 协议的客户端把用户通过鼠标、键盘等设备输入的信息通过 RDP 重定向到服务器侧，进而在服务器侧使用相应的驱动进行处理。

RDP 协议是在国际电信联盟 ITU-T T.120 协议族的基础上进行的扩展，通过建立多个独立的虚拟通道，承载不同的数据传输和设备通信，其总体架构如图 6.5 所示。

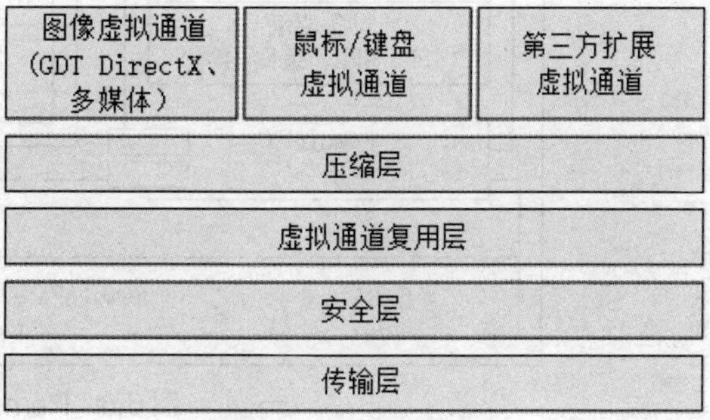

RDP 协议为不同的桌面内容和外设数据的传输提供专用的通道，并且可以支持最多64000 个虚拟通道的通信。RDP 协议在设计中具有分层结构，具体如下。

传输层：也叫传送层，用于处理数据传

图 6.5　RDP 协议架构

输，管理连接过程。其中，连接建立和连接断开的相关请求由 RDP 协议的客户端发出，而一旦服务器侧同意将连接断开，客户端将不会收到任何通知。因此，需要建立必要的异常处理机制。基于传输层，RDP 协议能够提供多播（Multicast）服务，支持点到点和点到多点的连接，这对一些有多个用户终端存在的应用场景（例如远程集中控制）非常有用。

安全层：由加密和签名算法以及服务组成。安全层使得未经认证的用户不能够对 RDP 连接进行监控，同时也防止了传输的数据流被篡改。RDP 协议采用 RC4 算法进行加密操作，同时采用 MD5 和 SHA-1 组合算法进行签名操作。此外，安全层还负责对用户认证信息和相关许可证信息的传输管理。

虚拟通道复用层：多个虚拟通道可以复用同一个 RDP 连接。虚拟通道具有可扩展性，每个虚拟通道内部可以增加新的内部属性。同时，虚拟通道也可以开放给第三方使用，补充其他增值属性，比如第三方可以增加终端外设的重定向机制等。虚拟通道的实现由 RDP 协议客户端插件、服务器侧组件两部分组成，它们通过 Terminal Services API 建立虚拟通道联系。每个虚拟通道都可以设置优先级、提供缓存设置等，以确保相关 RDP 连接的服务质量。

压缩层：利用压缩算法（比如 Microsoft 的点对点压缩协议）针对各个虚拟通道的数据进行压缩操作，通过压缩可以节约 30%~80%的带宽。

使用 RDP 协议分层模型，虚拟桌面的相关数据将被直接绑定并发送至特定通道，接着进行数据加密、数据划分，然后进行与下层网络协议相匹配的数据包封装，再通过寻址发送到接收端。而在用户终端侧，则是按照相反的过程对接收到的数据包进行处理，从而获得 RDP 协议传输的数据。

RDP 协议虚拟通道的扩展接口已经被公开给业界使用。通过该接口，现有应用能够被增强，新的应用能够被开发，从而改进客户端设备和远程桌面之间的通信和会话能力，完善虚拟桌面的用户体验。

但是，用户对虚拟桌面体验的要求在不断提高，Microsoft 在 Windows Server 2008 R2 的远程桌面服务（Remote Desktop Service，RDS）产品中提出了 RemoteFX 技术，对 RDP 协议进行增强。RemoteFX 技术通过提供虚拟 3D 显示适配器、智能编码/解码和 USB 重定向等技术为用户提供良好的桌面体验，已经应用在 Microsoft 的 VDI 和 SBC 虚拟桌面解决方案中。VDI 解决方案对 RemoteFX 的应用能全面体现 RemoteFX 的技术特征，RemoteFX 的技术架构如图 6.6 所示。

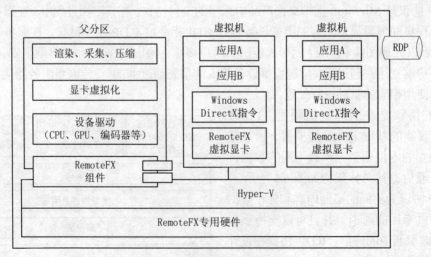

图 6.6 RemoteFX 技术架构

RemoteFX 是与 RDP6.1 以及之后版本的 RDP 协议整合使用的，其中 RDP 协议为 RemoteFX 提供加密、认证、管理和设备支持等功能。RemoteFX 需要与 Microsoft 的服务器虚拟化技术 Hyper-V 集成，其图像处理组件分别运行在 Hyper-V 的父分区和子分区。父分区包括 RemoteFX 的管理组件，用于管理图像的处理过程，例如图像的渲染、捕捉和压缩等。在子分区中运行的主要有虚拟 GPU。

GPU 虚拟化是 RemoteFX 增强技术的核心，当虚拟机中的应用通过 DirectX 或 GDI 调用图像处理操作时，相关命令将传递给虚拟 GPU，然后由虚拟 GPU 将命令从子分区传递给 Hyper-V 的父分区并在物理 GPU 上高效处理。GPU 虚拟化将 GPU 的能力提供给每一个虚拟桌面使用，使得每台虚拟机都具有独立的虚拟 GPU 资源，从而可以获得各种各样的图形加速能力，进而执行各种高保真视频、2D/3D 图形图像以及富媒体的处理操作。

6.6.3 ICA/HDX 协议

Citrix 的 ICA（Independent Computing Architecture，独立计算体架构）协议是最老牌的虚拟桌面交付协议之一，在 Citrix 的应用虚拟化以及后期的虚拟桌面解决方案中被开发和使用。

1. 历史

在 1992 年以前的 ICA1.0 版本是基于串行连接开放的，后来添加了 IPX 和 NetBIOS 的支持。1992 年 Citrix 发布了第一个拥有图形界面的 ICA 2.0 版本，并将 Citrix WinCredible 技术集成到 ICA 协议当中以支持多用户。并且支持多个操作系统：OS/2、DOS、Windows 3.1 以及 TCP/IP。

Citrix WinCredible 技术是 Citrix 公司基于 Microsoft 公司的 Windows 3.1 推出的使桌面系统让多个用户进行访问的技术解决方案，极大地扩展了 Windows 3.1 的优势，实现高性能远程访问 Windows。 WinCredible 技术是一个完整的基于 Windows 系统的扩展技术，支持多个并发用户通过本地局域网或串行连接或远程通过拨号调制解调器访问服务器。WinCredible 可用于配置 Windows 远程访问服务器、局域网上的 Windows 应用程序服务器、广域网络视窗应用性能增强器，并为多个 Windows 用户构建一个低成本的启动系统。

1995 年 8 月 Citrix 发布的 WinFrame 产品，在基于 Window NT 的架构上构建远程访问 Windows 服务器。相应的远程访问协议 ICA 就升级到了 3.0 版本。在 3.0 当中，集成了 ThinWire 1.0、打印、客户端驱动器映射、音频、剪贴板等功能，并支持更多的网络协议和接入方式：TCP/IP、IPX、SPX、NetBEUI、Serial、Modems 等。

1996 年 8 月 Citrix 发布了世界上第一个 Windows 应用程序的网页浏览器客户端。Microsoft 在 1997 宣布，Windows 服务器 NT 系统，多用户访问支持启用 Terminal Server 协议。1998 年 6 月 Citrix 发布 MetaFrame 的 1.0 用于 Windows NT Server 4.0 终端服务器版本。

MetaFrame 是 Citrix 公司的一款远程集中访问企业信息中心的产品，并和 Microsoft 的终端服务（Terminal Service）紧密集成，是在 Microsoft 的终端服务技术的基础上开发出来的。Citrix MetaFrame 提供一种最简洁的解决方案，可以在企业的信息中心，集中管理所有的企业应用，让员工或用户在任何地点都可以安全、快捷地进行访问。这就是后来大名鼎鼎的 XenApp 的前身。

之后由于虚拟化技术的出现，桌面虚拟化技术崭露头角，Citrix 在原先 ICA 协议的基础之上，修改 ICA 协议的显示技术，增加一些适宜的功能提供给 XenDesktop 桌面虚拟化使用，在内部称之为 PortICA，区别于 XenApp 原先的 ICA 协议。在 XenDesktop 4.0 版本的时候，Citrix 将那些区别于原先 ICA 协议的功能模块单独提取出来，统一封装在 HDX 当中，统一命名为 HDX，即高清用户体验。

在最新版本的 Citrix 产品中，Citrix 将 XenApp 和 XenDesktop 进行了融合，将原先 XenApp 和 XenDesktop 4.0 的 IMA 架构集成到了 XenDesktop 新版本的 FMA 架构中。FMA 架构最早出现在 Citrix XenDesktop 5.x 系列的产品中，这种架构区别于传统 IMA 架构，更加易于管理和便捷。此时的 ICA 协议和 HDX 进行了整合，Citrix 将其统称为 ICA/HDX 协议。

2．工作原理

ICA 协议为桌面内容和外设数据在服务器和用户终端之间的传输提供了多种独立的虚拟通道，每个通道可以采用不同的交互时序、压缩算法、安全设置等。这种通道架构具有极强的灵活性和可扩展性，并被后续的虚拟桌面交付协议普遍采用。

ICA 虚拟通道是在服务器和用户终端之间建立双向连接，可用于传输声音、图像、打印数据、外设驱动等信息。ICA 虚拟通道实现原理如图 6.7 所示。

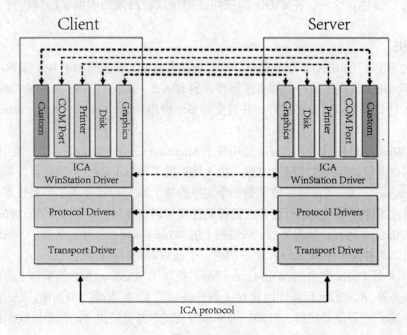

图 6.7　ICA 协议虚拟通道架构

虚拟通道是由一个客户端的虚拟驱动与服务器端的驱动程序进行通信的。在客户端，虚拟通道对应于虚拟驱动程序，各自提供特定的功能。同样的，在服务器端也有相对于客户端的服务器端驱动程序来负责一一对应，并实现双向之间的数据通信。

大家知道操作系统分为用户模式和内核模式。在 ICA 虚拟通道中，有些虚拟通道工作于用户模式，有些虚拟通道工作于内核模式。一些虚拟通道，例如 SpeedBrowse、EUEM、语音话筒、双音频、剪贴板、多媒体、无缝会话共享、SpeedScreen 等，由 Wfshell.exe 加载，这些虚拟通道就是工作在操作系统的用户模式。其他的虚拟通道工作在操作系统的内核模式，需要使用时则加载至内核模式，例如 CDM.sys 和 vdtw30.sys。

所有客户虚拟通道上层通过 WinStation 驱动进行数据的传输，如果安装了 ICA 客户端，在服务器端和客户端上，都有相应的 WinStation 驱动，在服务端上内置到了 Wdica.sys 中，在

客户端中内置到 wfica32.exe。图 6.8 显示了虚拟
通道的客户端与服务器的连接方式。

　　下面是客户端与服务器使用虚拟通道进行
数据交换的过程概述。

　　（1）客户端连接到 Citrix 后端的服务器进行
服务的获取，比如启动一个应用程序。

　　（2）服务器端应用程序启动时，获得一个虚
拟通道句柄，该虚拟通道需要将应用程序的启动
显示图形界面信息推送到前端的客户端。因此应
用层的应用程序根据命令向虚拟机上的显示驱
动层调取显示功能时，ICA 的虚拟通道驱动程序
会截取相应的显示调取和数据信息，并将其发送
到 WinStation 驱动的缓冲区中。

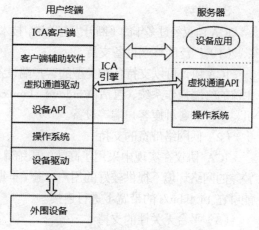

图 6.8　ICA 协议虚拟通道实现原理

　　（3）在数据和命令到达 WinStation 驱动之后，WinStation 驱动的处理模式有两种，轮询
模式和直接模式。

- 轮询模式：如果客户端的虚拟驱动有数据要发送到服务器，该数据的优先级来说就需
  要再等待一下，等待 WinStation 驱动依照轮询的方式执行或者读取。即如果是客户端
  发往服务器的数据，数据包将会进入缓存中并排队，等待 WinStation 驱动读取排队队
  列，直到 WinStation 驱动读取它。
- 直接模式：如果服务器应用程序有数据要发送到客户端，数据被立即发送到客户端。
  当有虚拟通道驱动转发过来的数据存放于 WinStation 驱动缓存区中时，WinStation 驱
  动会根据高虚拟通道的优先级，将数据转发给压缩或者加密驱动程序进行相应的操
  作。待加密和压缩完成后将其转发至帧协议驱动，将数据包封装成数据帧，并通过相
  应的连接 TCP/IP 协议栈，由 TCP/IP 立即将其传递到客户端。

　　（4）客户端接收到数据包之后，在客户端上安装的 ICA 接受模块就会对数据进行反解析，
解码出相应的数据与命令，然后通过客户端 OS 向特定的驱动调用相应接口实现对应的功能。

　　（5）当服务器通过虚拟通道将应用程序显示推送完成并使用完成后，关闭虚拟通道，并
释放所有分配的资源。

　　在虚拟桌面应用中，那些需要使用用户终端外设的应用程序因为其部署在服务器侧，已
经不能直接调用终端本地系统的相关 I/O 接口，因此需要借助服务器侧的虚拟通道 API 提供
的相关功能调用。所以，根据实现桌面和应用虚拟化的不同需求，可能需要替换服务器侧使
用的相关函数或者改写应用程序。虚拟通道 API 提供的功能调用将把需要读写的数据通过虚
拟通道从服务器侧传递到终端侧。该传递过程采用的协议可以被定制，例如确定数据类型、
数据包大小等，也可以设置一些数据流控制机制。

　　在终端侧与虚拟通道对接的是 ICA 引擎中包含的虚拟通道驱动。它实际上就是一个工作
在用户状态的动态链接库程序，主要负责将从虚拟通道传来的功能需求和相关数据结构替换
为终端本地操作系统提供的设备访问 API，并在本地操作系统的管理下访问外设，实现远程
的虚拟桌面对终端本地外设的驱动。

　　对于某些大型的或者操作复杂的应用程序，还可以将其部分功能剥离出来作为客户端辅
助软件单独安装，而不经过虚拟通道传输，从而提升 ICA 虚拟通道的工作效率。

3．优势

ICA 协议经过多年的不断开发与改进，技术成熟度很高，应用场景也相当广泛，具有以下优势。

（1）广泛的终端设备支持

ICA 协议可以支持各种类型的客户端设备。Citrix 为其开发的客户端软件全面覆盖了当前主流的终端操作系统，包括 Windows、Linux、Android 和 iOS，所以它能够很好地用于智能手机、平板和各种瘦客户端等设备。

（2）低网络带宽的支持

ICA 协议在实现中采用了高效的压缩算法，能够有效地降低网络传输带宽需求，支持在较差的网络环境下提供较好的用户体验。早期的 ICA 协议平均占用 10～20kbit/s 的网络带宽，能够在 14.4kbit/s 的带宽下进行连接。

（3）平台无关性的支持

ICA 协议本身具有平台独立的特性，与交付虚拟桌面的底层服务器虚拟化软件和虚拟机中部署的虚拟桌面操作系统无关。

（4）协议无关性的支持

ICA 协议可以工作于各种标准的网络协议上，包括 TCP/IP、NetBIOS 和 IPX/SPX，通过标准的通信协议如 PPP、ISDN 以及帧中继、ATM 以及无线通信协议都可以进行连接工作。

4．HDX 协议

在 ICA 协议的基础上，Citrix 在 2009 年发布了 HDX（High Definition eXperience）技术，对 ICA 协议进行了改进和增强。其目标是针对桌面领域的多媒体、语音、视频和 3D 图形等内容为虚拟桌面提供更好的高清使用体验。

HDX 将先进的优化技术与 ICA 协议结合，形成了 HDX 网络优化技术，但仅仅是基于网络协议的优化是远远不够的，终端用户体验涉及多方面的技术。HDX 技术覆盖了从数据中心到客户端设备的各种 Citrix 现有产品的体验，增加了针对多媒体、语音、视频和 3D 图形的改善功能。其 HDX 数据中心优化技术旨在利用服务器的处理能力和可扩展性，无论端点设备的能力高低，均可实现卓越的图形和多媒体性能。HDX 终端设备优化技术则旨在利用端点设备的计算能力，以最有效的方式改善终端用户体验。

HDX 的整体架构及其组成部分之间的关联关系如图 6.9 所示。

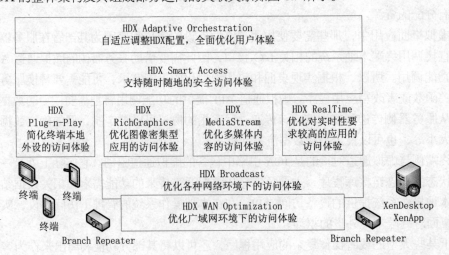

图 6.9　HDX 技术架构

HDX 核心技术共有 8 个类别，它们协同工作，在各种用户情境下提供最佳使用体验。

（1）HDX Plug-*n*-Play

全面实现虚拟环境下的终端本地外设的简化连接及设备兼容，包括 USB 设备、多显示器、打印机、扫描仪、智能卡和用户自行安装的其他外设等。

（2）HDX RichGraphics

充分利用服务器侧软件、硬件资源的处理能力，提供高分辨率图像的处理，优化图形密集型的 2D、3D 及富媒体应用的显示性能。

（3）HDX MediaStream

与 HDX Adaptive Orchestration 相配合，将经过压缩处理的多种格式的音频和视频发送到用户终端在本地进行播放，提升多媒体的传输性能和播放效果。

（4）HDX RealTime

主要用于改善用户访问的实时性，支持双向音频，支持局域网内的网络摄像机，支持基于虚拟桌面的视频会议。

（5）HDX Broadcast

针对不同的网络环境，如 LAN、WAN、Internet 等，利用压缩、缓存等技术提供对远程桌面和应用高可靠性、高性能的访问。

（6）HDX WAN Optimization

针对分支机构、移动用户对虚拟桌面和应用的使用需求，优化广域网的访问性能和带宽消耗，提供自适应的加速能和流量传输的 QoS 保证。

（7）HDX Smart Access

支持用户在任何地点、任何设备上安全地访问虚拟桌面，支持 SSO（Single-Sign-On，单点登录）。

（8）HDX Adaptive Orchestration

自适应主动协调技术，可以感知数据中心、网络和设备的基础能力，并动态优化端到端交付系统的性能，以适应各种独特的用户场景。针对影响用户体验的各种因素，如性能、安全、终端能力、网络状况等，进行全面权衡并驱动相关技术的配置和调整，提供优化的用户体验和访问开销。

在 HDX 技术中，HDX Adaptive Orchestration 和 HDX Smart Access 是其他技术都需要的支撑技术。特别是 HDX Adaptive Orchestration，能够通过自动判定应用场景的整体环境指导其他相关技术的配置，是确保 HDX 能够为用户提供最优体验的关键。HDX Plug-n-Play 与终端无关，使不同类型的终端本地外设都能够顺利地被远程虚拟桌面和应用驱动。HDX RichGraphics、HDX MediaStream、HDXRealTime 则针对不同的桌面传输内容进行优化，通过不同的解决方案满足不同的应用场景（特别是音频、视频等富媒体内容播放）的需求。HDX Broadcast 和 HDX WAN Optimization 则在网络传输层面上针对不同的网络情况对终端访问服务器侧的虚拟桌面和应用时产生的桌面数据传输和网络资源占用进行优化。其中，借助 Branch Repeater 设备，HDX WAN Optimization 技术能够有效地满足分支机构场景中的虚拟桌面访问需求。通过灵活地部署和应用各项 HDX 技术，能够全面、有效地优化虚拟桌面服务的交付效果，在各种网络条件下，特别是具有低带宽、高延迟特征的广域网环境下，为用户提供更好的体验。

6.6.4　PCoIP 协议

PCoIP 协议是 Teradici 在现有的标准 IP 网络的基础上研发的以显示压缩方式连接远程虚拟桌面的协议。它支持高分辨率、全帧速的图像显示和媒体播放，同时还支持多屏幕显示设备、完整的 USB 外设和高质量的音频等，在局域网和广域网中都有较好的效果。

从 2008 年起，VMware 开始与 Teradici 合作，并在其虚拟桌面产品 VMware View 中实现了利用服务器侧的通用处理器进行的基于软件的 PCoIP 协议处理。2012 年 1 月，Teradici 发布了 PCoIP 协议的专用板卡来降低服务器通用处理器的负载，实现性能加速，改进虚拟桌面的显示效果和应用体验。

PCoIP 的最大特点就是，将用户的会话以图像的方式进行压缩传输，对于用户的操作，只传输变化部分，保证在低带宽下也能高效的使用。同时，PCoIP 提供多台显示器及 2560×1600 分辨率和最多 4 台 32 位显示器的支持，此外它还支持把字体设置成清晰模式。

在服务器侧为用户提供基于 VDI 技术的虚拟桌面服务的虚拟机中，存在软件和硬件两种 PCoIP 协议处理方式。其中，硬件处理方式是在 VMware 服务器虚拟化平台对专用的 PCoIP 板卡进行虚拟化后由各个虚拟机所共享，该板卡的主要功能之一就是处理图像的编码工作。

在用户终端侧，有多种类型的设备可以用于访问虚拟桌面，其中有很多设备是整合了 PCoIP 客户端处理能力的专用虚拟桌面访问设备。PCoIP 协议在 VMware 虚拟桌面产品 View 中的应用情况如图 6.10 所示。

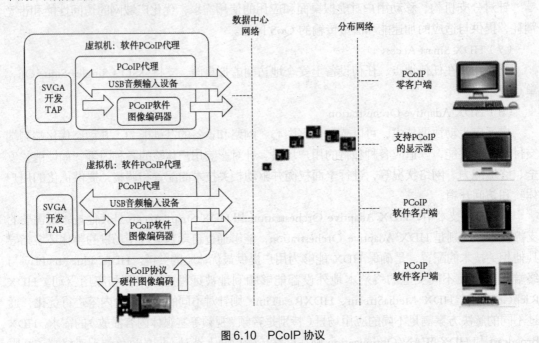

图 6.10　PCoIP 协议

应用于 VMware 虚拟桌面产品的 PCoIP 协议的主要特征如下。

（1）服务器侧渲染

PCoIP 协议是典型的主机端渲染协议，兼容性较好。而且在不同连接线路速度下 PCoIP 显示图像的效果也不同。在低速线路下，PCoIP 会先传输一份感觉上无损的图像到客户端，随着线路速度逐渐提高，渐渐将高清晰度的图形显示出来。PCoIP 不但支持 VMware 软件的解决方案，而且还能在装载了 Teradici 主机卡的刀片 PC 和机架式工作站上通过硬件编码、解码的方式存在。

在传统的个人计算机中，应用、操作系统和图像设备驱动都是紧密耦合在一起的，所有的图像渲染工作都是在个人计算机本地完成。在远程桌面显示过程中，如果仍旧采用在客户端本地渲染方式，那么为了渲染一幅图像，每一条从服务器发出的指令和从客户端返回的响应都需要穿过整个网络，等待时间可能导致性能的下降。

如果在服务器侧渲染，那么服务器将提供与传统个人计算机相同的环境供应用程序运行。一旦图像在服务器侧渲染完毕，PCoIP 协议将以广播的方式将加密后的像素，而不是数据，通过网络传送到客户端。这使得客户端可以是无状态的、只进行解密操作的设备。这种设备称作真正的零客户端，其优势在于低维护量、高安全性、低开支等。因为客户端只需负责对像素进行解码和显示，而不关心任何应用内容，所以服务器和客户端之间不存在应用依赖关系或者其他不兼容问题。另外，服务器侧渲染也降低了此前提及的由客户端侧渲染导致的延迟。

（2）只传输像素，而不是传输数据文件

PCoIP 协议将用户的会话以图像的方式进行压缩传输，对于用户的操作，只传输变化部分，保证在低带宽下也能高效地使用。PCoIP 协议只传输像素，而不是传输数据文件，因此可以在实时协议的基础上保证响应速度快、交互性强的用户体验。

（3）多样化编码、解码

个人计算机上显示的图像元素的类型并不相同，因此不应对所有的元素都使用相同的编码解码方案。PCoIP 协议会对图像进行分析并进行元素分集，例如对图形、文本、图表、视频等内容进行区分，然后使用合适的编码、解码算法对相关像素进行压缩。智能图像分集和优化图像解码有利于实现更有效的传输和解码，并节省带宽资源。同时，在像素处于稳定状态时，PCoIP 编码器可以对其进行无损处理，以确保完美的图像画质。

（4）PCoIP 协议是基于 UDP 的底层传输

不同于其他的协议（例如 RDP 或者 ICA/HDX），PCoIP 不是居于 TCP 底层传输而是基于 UDP 的底层传输。使用 TCP 需要经过 3 次握手，整个数据包中的校验包的长度大于 UDP，这样会带来一些问题使其不适应于有较高的网络延时以及丢包的广域网环境。PCoIP 协议底层采用 TCP 协议和 UDP 协议，其中 TCP 协议主要用于会话建立和控制，而 UDP 则用于优化传输多媒体内容和流化内容。UDP 可以最大程度地利用网络带宽，确保视频的流畅播放。正因为 UDP 协议简单、效率高，一般常见用于传输 VoIP、视频等实时性要求高的内容。使用 UDP 协议进行内容传输的方式和 VoIP 及 IPTV 相同，能够大大降低对带宽的需求，并提供优化的交互体验。

（5）动态适应网络状态

PCoIP 协议具有便捷的图像质量设置用于管理传输数据对带宽的使用，该功能还可以通过 PCoIP 协议的自适应编码器自动调整图像的质量以应对传输过程中出现的网络拥塞等问题。PCoIP 协议可以动态调整带宽以充分利用网络资源。

总之，PCoIP 协议是一种高效率的数据交换协议，采用了数据压缩、加密和连接优化技术，用户在非常低的网络带宽下均能使用，而实际运行的桌面位于后台的数据中心高速网络内，因此终端用户在低带宽链路就可以享受到局域网内的运行速度。

6.6.5　SPICE 协议

SPICE（Simple Protocol for Independent Computing Environment）协议最早由 Qumranet

开发,同时 Qumranet 还创建了 KVM 虚拟化技术。Red Hat 收购 Qumranet 之后,继续在 KVM 虚拟化的基础上采用 SPICE 作为桌面交付协议为用户提供 VDI 解决方案。SPICE 是一个具有三层架构的协议。

(1) QXL 驱动

部署在服务器侧提供虚拟桌面服务的虚拟机中,用于接收操作系统和应用程序的图形命令,并将其转换为 KVM 的 QXL 图形设备命令。

(2) SPICE 客户端

部署在用户终端上的软件,负责显示虚拟桌面,同时接收终端外设的输入。

(3) QXL 设备

部署在 KVM 服务器虚拟化的 Hypervisor 中,用于处理各虚拟机发来的图形图像操作。

SPICE 协议最大的特点是其架构中增加的位于 Hypervisor 中的 QXL 设备,本质上是 KVM 虚拟化平台中通过软件实现的 PCI 显示设备,利用循环队列等数据结构供虚拟化平台上的多个虚拟机共享以实现设备的虚拟化。但是这种架构使得 SPICE 协议紧密地依赖于服务器虚拟化软/硬件基础设施,SPICE 必须与 KVM 虚拟化环境绑定,这有利于虚拟桌面的灵活部署。

SPICE 协议的设计理念是充分利用用户终端的计算能力。因此,SPICE 协议能够自动判断和调整图像处理的位置,如果用户终端能够处理复杂的图像操作,就尽可能地传输图像处理命令而不是渲染后的图像内容,这样可以大大减少网络上传输的数据量。从而使 SPICE 协议能够在局域网和广域网中都有良好的应用效果。

SPICE 协议的传输内容主要包括两种命令流:一种是图形命令数据流,另一种是代理命令数据流。图形命令数据流是从服务器侧流向用户终端侧,主要是将服务器侧需要显示的图形图像信息传送到用户终端;代理命令数据流从用户终端流到服务器侧,主要传输虚拟机中部署的代理模块接收到的用户在终端进行的键盘、鼠标等的操作信息。

SPICE 协议的图形命令数据流的传输过程如图 6.11 所示。

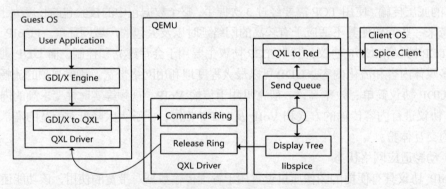

图 6.11 SPICE 协议图形命令数据流

图 6.11 显示了 SPICE 的基本架构,以及虚拟机操作系统到之间传送的客户端操作系统的命令数据流。具体的图形命令数据流的传输流程如下。

(1) 虚拟机操作系统上一个用户应用请求操作系统的图形引擎发出请求,希望进行一个渲染操作。

(2) 图形引擎把相关图像处理命令请求传送给部署在虚拟操作系统中的 QXL 驱动。QXL 驱动会把操作系统命令转换为 QXL 命令格式。

(3) QXL 驱动推送 QXL 命令到 QXL 设备的命令循环队列缓冲中,然后由 libspice 库将其从队列中取出，放入图形命令树中。

（4）图形命令树包含一组操作命令，这些命令的执行会产生显示内容。图形命令树主要负责对 QXL 命令进行组织和优化，例如消除那些显示效果会被其他指令覆盖的命令，同时还负责对视频流的侦测。

（5）经过图形命令树优化的 QXL 命令被放入发送队列。该命令队列由 libspice 库维护，将被发送给客户端并更新其显示内容。

（6）当命令从 libspice 的发送队列发送给客户端时，首先通过 QXL 到 Red 的转换器，形成 SPICE 协议消息，然后被转送到 SPICE 客户端进行处理。同时，这个命令会从发送队列和图形命令树上移除。但是，该命令仍可能被当 libspice 库保留用于后续可能出现的"重画"操作。当不再需要一个命令时，它被推送到 QXL 设备的释放循环队列，并在 QXL 驱动的控制下释放相应的命令资源。

（7）当客户端从 libspice 接收到一个命令时，客户端在本地进行命令处理，更新显示内容。

上面我们描述了 SPICE 协议的图形命令流的传输过程，也就是从服务器侧流向客户终端侧的命令流。下面我们描述 SPICE 协议的代理命令数据流，也就是从用户客户端侧流向服务器侧的数据流。

SPICE 协议代理命令数据流的传输如图 6.12 所示。

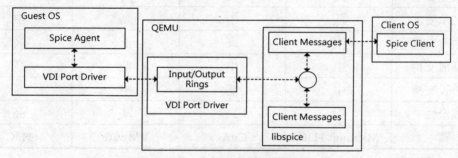

图 6.12　SPICE 协议代理命令流

SPICE 在实现中设计了部署在虚拟机操作系统中的软件代理模块，并为其准备了专门的 VDI PORT 设备进行通信。代理模块的主要功能是供 SPICE 服务器和客户端执行一些需要在虚拟机操作系统环境中实现的命令，如虚拟机操作系统界面的显示配置等。

在图 6.12 中的 SPICE 客户端和服务器与虚拟机中的 SPICE 代理模块通过 VDI PORT 设备及其驱动进行通信的过程中，共存在 3 种消息类型：客户端消息、服务器消息和代理消息。例如，对虚拟机操作系统显示进行设置是客户端消息；鼠标移动是服务器消息；对配置过程的确认是代理消息。

部署在虚拟机操作系统上的驱动程序通过 VDI PORT 设备的输入/输出循环队列与设备进行通信。其中客户端和服务器产生的消息都被放入相同的写队列，然后被写入 VDI PORT 设备的输出循环队列。同时，从 VDI PORT 设备的输入循环队列中读出的消息被放入读缓存中，然后根据消息端口信息决定该消息是交由 SPICE 服务器处理还是转发到 SPICE 客户端处理。当前，VDI PORT 设备的驱动已经有 Linux 和 Windows 版本。因此，SPICE 协议可以支持用户与部署了 Linux 和 Windows 操作系统的虚拟桌面进行交互和访问。

SPICE 协议也支持多通道设置，利用不同的通道传输不同的内容。SPICE 协议的客户端和服务器端通过通道进行通信，每一个通道类型对应着特定的数据类型。

- Main（主通道）：用于控制传输和配置指令，以及与代理模块通信。
- DisplayChannel（显示通道）：用于处理图形化命令，以及图像和数据流。
- InputsChannel（输入通道）：用于传输用户终端的键盘和鼠标事件。
- CursorChannel（光标通道）：用于传输指针设备的位置、能见度和光标形状。
- PlaybackChannel（播放通道）：用于从服务器接收，然后视频、音频到客户端播放。
- RecordChannel（录音通道）：用于捕捉和记录客户端的音频输入。

这些通道中的内容都可以通过相应的图形命令数据或代理命令数据流进行传输。每个通道使用专门的 TCP 端口，这个端口可以是安全的或者不安全的。在客户端，每一个通道会有一个专门的线程来处理，所以可以为每一个通道设置单独的优先级并独立进行加密，支持不同的 QoS。

6.6.6　对比分析

虚拟桌面交付协议的效率决定了使用虚拟桌面的用户体验，而用户体验是决定桌面产品生命力的关键。上文所述的几种主流桌面连接协议的比较如表 6.1 所示。

表 6.1　虚拟桌面交付协议对比

	RDP	ICA	PCoIP	SPICE
传输带宽要求	高	低	高	中
图像展示要求	低	中	高	中
双向语音支持	中	高	低	高
视频播放支持	中	中	低	高
用户外设支持	中	高	中	高
传输安全性	中	高	高	高
支持厂商	Microsoft H3C	Citrix	VMware	H3C

传输带宽要求的高低直接影响了远程服务访问的流畅性。ICA 采用具有极高处理性能和数据压缩比的压缩算法，极大地降低了对网络带宽的需求。

图像展示体验反映了虚拟桌面视图的图像数据的组织形式和传输顺序。其中 PCoIP 采用分层渐进的方式在用户侧显示桌面图像，即首先传送给用户一个完整但是比较模糊的图像，在此基础上逐步精化，相比其他厂商采用的分行扫描等方式，具有更好的视觉体验。

双向音频支持需要协议能够同时传输上下行的用户音频数据（例如语音聊天），而当前的 PCoIP 对于用户侧语音上传的支持尚存缺陷。

视频播放是检测传输协议的重要指标之一，因为虚拟桌面视图内容以图片方式进行传输，所以视频播放时的每一帧画面在解码后都将转为图片从而导致数据量的剧增。为了避免网络拥塞，ICA 采用压缩协议缩减数据规模，但会造成画面质量损失，而 SPICE 则能够感知用户侧设备的处理能力，自适应地将视频解码工作放在用户侧进行。

用户外设支持能够考查显示协议是否具备有效支持服务器侧与各类用户侧外设实现交互的能力，主流桌面连接协议对外设的支持兼容性有一定的差别：ICA 和 PCoIP 对外设的支持比较齐备（例如支持串口、并口等设备），而 RDP 当前对外设的支持效果一般。基于 SPICE 协议的外设重定向技术能够很好地兼容特殊的外设，如 Ukey、串口、并口设备。在保证兼容性的同时，还针对性地做了大量的外设使用性能优化。

从远程显示协议底层所使用的协议来分析，RDP/RemoteFX、ICA/HDX、PCoIP 以及

SPICE 均属于七层协议，基于两个 OSI 4 层协议：UDP 和 TCP。TCP 将数据拆分为数据包并在终端进行重新组装，而 UDP 并不按顺序传输数据包。TCP 更加可靠，因为在数据交付之前一直保持连接。另外，如果出现错误，TCP 会再次发送受影响的数据。UDP 并不保证终端能够接收到所有的数据包，但这意味着在交付非轻量级媒体信息（如视频）时，UDP 速度更快。远程连接协议在交付图形密集型应用时存在限制。良好的性能需要大量的带宽，这可能会阻塞网络。另外，如果想降低 CPU 的使用率，那么协议将会阻塞带宽并降低最终用户的性能。

从官方的文档与实际测试来看，在通常情况下，ICA 协议要优于 RDP 和 PCoIP 协议，需要 30～40kbit/s 的带宽，而 RDP 则需要 60kbit/s，这些都不包括看视频、玩游戏以及 3D 制图状态下的带宽占用率。正是由于这个原因，虚拟桌面的用户体验有比较大的差别。一般情况下，在 LAN 环境下，一般的应用 RDP 和 ICA 都能正常运行，只不过是 RDP 协议造成网络占用较多，但对于性能还不至于产生很大的影响；在广域网甚至互联网上，RDP 协议基本不可用；而在视频观看、Flash 播放、3D 设计等应用上，即使局域网，RDP 的性能也会受到较大影响，ICA 的用户体验会很流畅。而且根据 Citrix 官方刚刚推出的 HDX 介绍，这方面的新技术会得到更快的推进。而 Microsoft 和 VMware 也意识到了这一差别，Microsoft 转而加大 RDP 协议的研发与优化，VMware 也和加拿大的 Teradici 公司合作使用其开发的 PCoIP 协议，用于提供高质量的虚拟桌面用户体验。最新的 VMware View 5.0 产品提高了 PCoIP 协议的性能，并将带宽占用率降低了 75%。

特别需要强调的是这三家厂商后台的服务器虚拟化技术，Microsoft 采用的是 Hyper-V，VMware 使用的是自己的 vSphere，Citrix 可以使用 XenServer、Hyper-V 和 vSphere。

6.6.7 小结

虚拟桌面交付协议的主要工作是传输虚拟桌面上显示的内容。根据传输方式的不同，虚拟桌面交付协议可以分为桌面位图传输和图形指令传输两大类型。在介绍这两大类型的区别之前，我们先来分析一下个人计算机桌面显示内容的生成和传输。

个人计算机的操作系统桌面和应用软件界面在计算机显示器上展示的原理如图 6.13 所示。首先，应用程序在需要显示数据的时候，通过调用操作系统的图像 API 向操作系统发出图像处理指令。然后，操作系统将该图像处理指令转换为硬件指令并在 CPU 或者显示芯片上进行处理，生成代表所要显示数据的位图信息。最后，相应的位图信息通过视频线传送到显示器上进行显示。

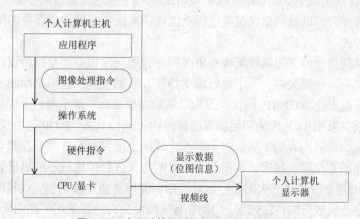

图 6.13　个人计算机操作系统桌面交付原理

对应于虚拟桌面应用场景来讲,最终的位图信息是要显示在用户终端的显示器上。但是,执行图像处理命令的位置既可以在服务器侧完成,也可以在用户终端完成,从而形成了桌面位图传输和图像指令传输两大类型的虚拟桌面交付协议。

在桌面位图传输方式中,所有的图形应用程序指令都在服务器侧执行并完成,经过渲染后的桌面内容被以图片的方式通过网络传送到用户终端上。大量的图像密集型计算工作都在服务器侧完成,降低了对用户终端侧处理能力的要求。这种传输方式的优势是方便灵活,可以应用于各种类型的客户端场合,比如零客户端、智能手机等;但是,这种传输方式对网络带宽要求比较高,不适合于富媒体应用。

在图形指令传输模式中,与桌面显示内容相关的图形应用程序指令将被发送到用户终端上执行,由用户终端完成桌面内容的渲染并将其显示到终端显示器上。需要从服务器侧通过网络传递到用户终端的只是基本的图形处理指令,具有较低的数据量,对网络带宽要求低,因此能够获得更好的用户体验。但是,该传输模式对用户终端的处理能力要求高,所以不适合于处理能力低的用户终端,比如零客户端、智能手机等。

因为网络带宽的限制,早期的桌面交付协议的设计和实现采用了图形指令传输方式,例如 X11、早期版本的 ICA 和 RDP 等。而随着网络技术的发展,虚拟桌面数据传输对访问带宽的压力不断降低,采用桌面位图传输技术的桌面交付协议日渐成为主流(例如 PCoIP、RemoteFX、后期的 ICA 等)。这类协议能够充分利用虚拟桌面数据中心在资源方面的优势降低用户终端的压力,使用户可以通过具有不同计算能力的多种类型的终端随时随地接入虚拟桌面服务。但是,不同的协议在具体实现时也有区别:Microsoft 提出的经过 RemoteFX 增强的 RDP 协议需要在服务器侧提供专门的 GPU 硬件并将其虚拟化为多个虚拟 GPU 供每个桌面使用,以完成每个桌面的渲染工作;VMware PCoIP 协议通过服务器侧的通用处理器进行相关图像显示指令和数据的处理,虽然增加了服务器的计算压力,但是降低了虚拟桌面对底层操作系统的依赖程度。

一类更先进的虚拟桌面协议交付方式是自动调整传输方式的协议。该传输方式能够对传输内容或者用户终端能力进行识别和判断,然后选择桌面显示图像的处理位置(服务器侧或终端侧)。HDX 和 SPICE 就是这类协议的典型代表。SPICE 协议在服务器侧部署的 KVM 虚拟化管理软件中,增加了专门的虚拟桌面协议设备,同时可以判断用户终端的能力。如果用户终端的性能足以应对桌面显示内容的处理,那么相关的图形处理指令将被传输到用户终端执行。HDX 协议则是由 HDX Adaptive Orchestration 模块根据服务器的性能、网络安全因素、用户终端的处理能力,以及网络状况等进行全面权衡来决定是采用桌面位图传输方式,还是图形指令传输方式。

除了虚拟桌面交付协议的实现架构有所区别外,不同虚拟桌面交付协议在传输层协议方面的选择也有差别。一般来讲,为了更好地支持在互联网上提供虚拟桌面服务,现有的虚拟桌面交付协议普遍支持 TCP/IP 协议。因为早期的虚拟桌面产品主要用于局域网内部的会话型操作,所以通常采用 TCP 作为四层协议进行传输(例如 ICA、RDP 等协议)。但是,随着网络的普及和桌面服务内容的丰富,对于以在广域网上提供具有音频、视频等富媒体内容为目的的虚拟桌面的需求越来越多,因而使用 TCP 协议进行传输就不能满足要求。这是因为 TCP 协议在连接建立时需要三次握手,同时数据包要等待前序数据包完成校验后才能发出,这些协议限制会造成较低的传输效率。为此,有些桌面交付协议采用了面向无连接的 UDP 协议作为下层传输协议,例如 VMware 采用的是 PCoIP 协议。

使用 TCP 协议和 UDP 协议的虚拟桌面交付协议的好坏完全取决于实际的应用场景。如果应用场景需要可靠传输，例如文档下载，那么就需要采用 TCP 作为四层传输协议。如果应用场景是进行流式音频/视频文件的播放，那么在传输过程中丢失一两个数据包将不会对播放质量造成很大影响，而播放的流畅程度才是用户关心的重点，因此可以考虑采用 UDP 协议。各虚拟桌面厂商也对此进行了有针对性的调整。例如，Citrix XenDesktop 对于实时性要求强的数据交互采用 UDP 协议传输，Microsoft 在其 RDP 协议中提供了支持 UDP 传输协议扩展的虚拟通道。

总之，虚拟桌面交付协议是桌面云的核心技术，不同的桌面交付协议在实现架构和传输层协议选择方面各不相同，可以使用于不同的应用场景。Citrix 的 HDX 交付协议无论是在实现的架构上，还是传输层协议上均可以根据应用场景自动、灵活选择，提供了一个可以适用于多种场合的解决方案。

6.7 应用发布

应用发布是桌面云的另一个核心技术。能否动态地为用户发布应用到基本虚拟桌面从而形成个性化用户桌面是区分虚拟桌面系统是属于第一代还是第二代的重要标志。

第一代虚拟桌面技术与传统个人计算机使用方式的最大不同是将前端个人计算机资源移植到服务器侧；服务器上的虚拟桌面操作系统上要安装各种应用，桌面与应用绑定在一起，每个用户都有独立维护的虚拟桌面，大量维护和存储依然存在。尽管第一代虚拟桌面颠覆了传统个人计算机的提交方式，确实可以帮助解决传统个人计算机的一些问题，但是第一代虚拟桌面技术也存在存储容量大以及应用和操作系统绑定的弊端，由此产生了减少存储、应用和操作系统逻辑分离的需求。

第二代虚拟桌面技术将应用、用户配置和操作系统分离；只存放和维护一个操作系统的镜像；应用独立于桌面操作系统运行，动态发布给用户；使用漫游配置技术，独立管理用户配置文件。与第一代技术相比，第二代虚拟桌面技术多了三个组件：用户配置管理器、应用发布服务器和操作系统供应服务器。这三个组件保障了应用、用户配置和操作系统独立存储和动态组合，满足了前端用户的使用需求，又降低了存储成本、管理成本和投资成本，如图 6.14 所示。

图 6.14　动态虚拟桌面形成过程

Citrix 的 XenDesktop 2.0 以后的版本就是第二代虚拟桌面技术的代表。其主要特点可以概括为"以一当十、动态组合"。以一当十着眼于存储改善，只需安装一个桌面操作系统，制作为标准模式的虚拟磁盘后，可以同时有几十个甚至上百个虚拟桌面从该虚拟磁盘启动；动态组合是指将应用、操作系统和用户配置分离，分三个位置存储，当虚拟桌面启动时将应用、操作系统和用户配置动态组合，降低了应用软件的维护、安装和管理成本。

所以，应用软件发布是确保用户桌面能够被充分个性化的重要手段，其关键在于如何根据实际需要及时、有效地在操作系统桌面上发布应用软件。应用流（Application Streaming）和应用虚拟化（Application Virtualization）是这一领域的两大关键技术。

6.7.1　应用流

应用流（Application Streaming）技术是一个集中的按需软件传送模式，其主要功能就是将应用程序及其运行环境打包成不需要安装即可运行的单一可执行程序，实现瘦客户端和应用程序的快速部署及管理，从而降低应用程序交付的成本或复杂性。

应用流技术需要专门的应用流服务器将传统的应用进行打包和存储。其中，应用打包是指将应用做成一个应用映像文件。在打包过程中，打包程序需要监测和记录应用软件在安装和执行过程中与操作系统之间的交互行为，并对哪些操作系统部件会被应用所依赖和使用进行分析（如动态链接库的版本等）。根据这些信息，打包软件会生成一个虚拟应用的映像，与应用相关的资源如 exe、dll、ocx、注册表项等，以及程序运行时需要的资源都包含在这个映像中，从而实现应用与操作系统的隔离。当用户需要启动某个应用时，可以自动从应用流服务器上将虚拟应用映像下载到客户端，不需要安装就可以执行。其工作原理如图 6.15 所示。

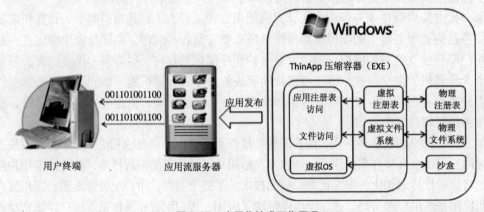

图 6.15　应用化技术工作原理

应用流能够实现应用的中心化管理，从而将使用与管理分开。所以，第二代虚拟桌面技术可以使用应用流技术实现给虚拟桌面动态发布应用，即在服务器侧不采用传统的软件安装方式部署供用户使用的应用软件，而采用应用流技术将用户需要的应用部署到虚拟桌面上。

应用流技术的一个致命缺点就是并非所有的应用程序都可以流化。例如，那些与底层驱动密切相关的软件（如杀毒软件、虚拟光驱等）就难以实现流化。当前业界推出的应用流产品主要有 VMware ThinApp。

6.7.2　应用虚拟化

应用虚拟化（Virtual Application）技术提供了一种使应用无须在本地计算机进行安装，就可被使用的能力，并且可以为用户提供有着与本地应用相近的用户体验。应用虚拟化实现了应用与操作系统的隔离，实现了瘦客户端和应用程序的快速部署及管理，从而降低了应用程序交付的成本或复杂性。

应用虚拟化的原理是基于应用/服务器计算架构，采用类似虚拟终端的技术，把应用程序的人机交互逻辑（应用程序界面、键盘及鼠标的操作、音频输入输出、读卡器、打印输出等）

与计算逻辑隔离开来。在用户访问被应用虚拟化后的应用时，用户客户端只需要把人机交互逻辑传送到服务器端，服务器端为用户开设独立的会话空间，应用程序的计算逻辑在这个会话空间中运行，把变化后的人机交互逻辑传送给客户端，并且在客户端相应设备展示出来，从而使用户获得如同运行本地应用程序一样的访问感受。其工作原理如图 6.16 所示。

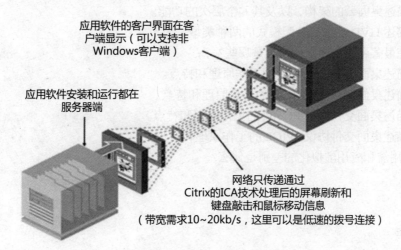

图 6.16　应用虚拟化工作原理

　　应用虚拟化技术的一个缺点就是不能够进行离线使用，这是因为实际的应用是安装在应用服务器侧，用户只能通过网络使用应用。Citrix 是应用虚拟化的创始者，其开发的 XenApp 产品是应用虚拟化的最优秀产品。Citrix 从 XenDesktop 2.0 版本开始的虚拟桌面产品就使用 XenApp 开创了第二代虚拟桌面产品。

6.8　总结

　　虚拟桌面技术具有较长的演进历史，远程桌面显示、多用户操作系统、服务器虚拟化、应用虚拟化等关键技术成为推进其发展的动力。随着云计算的兴起，虚拟桌面具有的集中管理、统一维护等优势成为其获得进一步应用和推广的动力。当前，桌面虚拟化的主要研发焦点有两个：一个是以提升用户体验为目标；另一个是以降低服务器侧的资源成本和简化虚拟桌面镜像管理为目标。

　　为了提升虚拟桌面的用户体验，各个厂商一直在改进虚拟桌面交付协议技术，其关键在于针对不同网络环境（特别是广域网协议）的自适应调整、针对不同用户终端外设的兼容性适配以及针对不同用户体验需求的数据传输优化等。为了能够降低服务器侧的资源成本以及简化虚拟桌面镜像的管理，以动态应用发布技术为核心的第二代虚拟桌面系统的研发将成为虚拟桌面厂商竞争的焦点。

　　相比其他云计算技术和服务，桌面云具有其特有的复杂性，它全面覆盖了云计算资源池、虚拟桌面提供和管理、虚拟桌面交付协议、应用虚拟化等方面的关键技术，具有相当高的技术门槛。当前的虚拟桌面解决方案已经得到了相当广泛的应用。随着虚拟桌面交付协议性能的不断提升，以及动态桌面生成技术的迅速发展，虚拟桌面将会逐渐成为个人计算机使用的"常态"。

习 题

1. 请简述桌面云的优势和缺点。
2. 第二代桌面云与第一代桌面云的主要差别是什么？其主要优势是什么？
3. 请描述桌面云的架构，以及其 6 个层次的功能。
4. 请描述 HVD 虚拟机分配模式的两种类型。
5. 现在最著名的桌面交付协议是哪些？
6. 请简述桌面交付协议 ICA 的工作原理和特点。
7. 请简述桌面交付协议 RDA 的工作原理和特点。
8. 请描述桌面交付协议 PCoIC 的工作原理和特点。
9. 请描述桌面交付协议 SPICE 的工作原理和特点。
10. 应用流和应用虚拟化的差别是什么？

PART 7

第 7 章 云存储

近年来，随着云计算的兴起，云存储成为信息存储领域的一个研究热点。与传统的存储设备相比，云存储不仅仅是一个硬件，而且是一个由网络设备、存储设备、服务器、应用软件、公用访问接口、接入网和客户端程序等多个部分组成的系统。

云存储提供的是存储服务，存储服务通过网络将本地数据存放在存储服务提供商提供的在线存储空间。需要存储服务的用户不再需要建立自己的数据中心，只需要向服务提供商申请存储服务，从而避免了存储平台的重复建设，节约了昂贵的软硬件基础设施投资。

在本章，我们介绍云存储的基本概念、云存储的结构模型、架构体系和核心关键技术，并在最后介绍目前比较流行的几种云存储服务平台。

7.1 概述

云存储（Cloud Storage）的概念与云计算类似，它是指通过集群应用、网络技术或分布式文件系统等功能，将网络中大量各种不同类型的存储设备通过应用软件集合起来协同工作，共同对外提供数据存储和业务访问功能的一个系统。用户使用云存储，并不是使用某一个存储设备，而是使用整个云存储系统带来的一种数据访问服务。云存储的核心是应用软件与存储设备相结合，通过应用软件来实现存储设备向存储服务的转变，是一个以数据存储和管理为核心的云计算系统。

当云计算系统运算和处理的核心是大量数据的存储和管理时，云计算系统中就需要配置大量的存储设备，那么云计算系统就转变成为一个云存储系统，所以云存储是一个以数据存储和管理为核心的云计算系统。

云存储系统具有以下通用特征。

（1）易管理

少量管理员可以处理上千节点和 PB 级存储，更高效地支撑大量上层应用对存储资源的快速部署需求。云存储的一个重点是成本，成本可分为两个大的类别：物理存储系统本身的成本和存储系统的管理成本。尽管管理成本是隐式的，但却是总体成本的一个长期组成部分。为此，云存储必须能在很大程度上进行自我管理。引入新存储的能力和在出现错误时查找和自我修复的能力很重要。在未来，诸如自主计算这样的概念将在云存储架构中起到关键的作用。

（2）高可扩展性

云存储系统可支持海量数据处理，资源可以实现按需扩展。扩展存储需求，可改善用户成本，但是会增加云存储提供商的复杂性。云存储系统的可扩展性包含从多个方面。在内部，一个云存储架构必须能够扩展。服务器和存储必须能够在不影响用户的情况下重新调整大小，所以自主计算（通过现有的计算机技术来替代人类部分工作，使计算机系统能够自调优、自配置、自保护、自修复，以技术管理技术方式提高计算机系统的效率降低管理成本）是云存储架构所必需的。

云存储架构不仅要为存储本身提供可扩展性（功能扩展），而且必须为存储带宽提供可扩展性（负载扩展）。云存储的另一个关键特性是数据的地理分布（地理可扩展性），支持经由一组云存储数据中心（通过迁移）使数据最接近于用户。对于只读数据，也可以使用 CDN（Content Delivery Network，内容传递网络）进行复制和分布。

（3）低成本

云存储系统应具备高性价比的特点，低成本体现在两方面，更低的建设成本和更低的运维成本。这包括购置存储的成本、驱动存储的成本、修复存储的成本（当驱动器出现故障时）以及管理存储的成本。

提高存储效率是降低存储成本的重要途径。一个存储系统更高效，其原则是使用最小的存储代价来存储更多的数据量。一个常见的解决方案就是数据简缩，即通过减少源数据来降低物理空间需求。实现这一点的两种方法包括：压缩，即通过使用不同的表示编码数据来缩减数据；重复数据删除，即移除可能存在的相同的数据副本。虽然两种方法都有用，但压缩方法涉及处理（重新编码数据进出基础架构），而重复数据删除方法涉及计算数据签名以搜索副本。

（4）多租户

云存储架构的一个关键特征是多租户。这只是表示存储由多个用户使用。多租户应用于云存储堆栈的多个层，在应用层，用户之间的相互隔离是通过存储命名空间来实现的；在存储层可以为特定用户或用户类隔离物理存储。多租户甚至适用于连接用户与存储的网络基础架构，向特定用户保证服务质量和优化带宽。

（5）无接入限制

云存储与传统存储之间最显著的差异之一是其访问方法。相比传统存储，云存储强调对用户存储的灵活支持，服务域内的存储资源可以随处接入，随时访问。

大部分提供商实现多个访问方法，但是 Web 服务 API 是常见的。许多 API 是基于 REST 原则实现的，即在 HTTP 之上开发（使用 HTTP 进行传输）的一种基于对象的方案。REST API 是无状态的，因此可以简单而有效地实现 API。许多云存储提供商实现 REST API，包括 Amazon S3 和 Windows Azure。

云存储这个概念一经提出，就得到了众多厂商的支持和关注。Amazon 公司推出"简单存储服务"（Simple Storage Service，S3）技术支持数据持久性存储；Google 推出在线存储服务 GDrive；内容分发网络服务提供商 CDNetworks 和云存储平台服务商 Nirvanix 结成战略伙伴关系，提供云存储和内容传送服务集成平台；EMC 公司收购 Berkeley Data Systems，取得该公司的 Mozy 在线服务软件，并开展 SaaS 业务；Microsoft 公司推出 Windows Azure，并在美国各地建立庞大的数据中心；IBM 也将云计算标准作为全球备份中心扩展方案的一部分。

7.2 结构模型

云存储系统与传统存储系统相比，具有如下不同：第一，从功能需求来看，云存储系统面向多种类型的网络在线存储服务，而传统存储系统则面向如高性能计算、事务处理等应用；第二，从性能需求来看，云存储服务首先需要考虑的是数据的安全、可靠、效率等指标，而且由于用户规模大、服务范围广、网络环境复杂多变等特点，实现高质量的云存储服务必将面临更大的技术挑战；第三，从数据管理来看，云存储系统不仅要提供类似于 POSIX 的传统文件访问，还要能够支持海量数据管理并提供公共服务支撑功能，以方便云存储系统后台数据的维护。

与传统的存储设备相比，云存储不仅仅是一个硬件，而是一个由网络设备、存储设备、服务器、应用软件、公用访问接口、接入网和客户端程序等多个部分组成的复杂系统。各部分以存储设备为核心，通过应用软件来对外提供数据存储和业务访问服务。云存储的结构模型如图 7.1 所示，自上而下分为访问层、应用接口层、基础管理层、存储层。

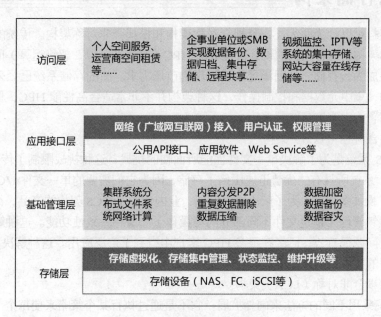

图 7.1　云存储结构模型

（1）存储层

存储层是云存储最基础的部分。存储设备可以是 FC 光纤通道存储设备，可以是 NAS 和 iSCSI 等 IP 存储设备，也可以是 SCSI 或 SAS 等 DAS 存储设备。云存储中的存储设备往往数量庞大且分布在不同地域，彼此之间通过广域网、互联网或者 FC 光纤通道网络连接在一起。

存储设备之上是一个统一存储设备管理系统，可以实现存储设备的逻辑虚拟化管理、多链路冗余管理以及硬件设备的状态监控和故障维护。

（2）基础管理层

基础管理层是云存储最核心的部分，也是云存储中最难以实现的部分。基础管理层通过集群、分布式文件系统和网格计算等技术，实现云存储中多个存储设备之间的协同工作，使多个的存储设备可以对外提供同一种服务，并提供更大更强更好的数据访问性能。

CDN 内容分发系统、数据加密技术保证云存储中的数据不会被未授权的用户所访问，同时，通过各种数据备份和容灾技术和措施可以保证云存储中的数据不会丢失，保证云存储自身的安全和稳定。

（3）应用接口层

应用接口层是云存储最灵活多变的部分。不同的云存储运营单位可以根据实际业务类型，开发不同的应用服务接口，提供不同的应用服务。比如视频监控应用平台、IPTV 和视频点播应用平台、网络硬盘引用平台，远程数据备份应用平台等。

（4）访问层

任何一个授权用户都可以通过标准的公用应用接口来登录云存储系统，享受云存储服务。云存储运营单位不同，云存储提供的访问类型和访问手段也不同。

7.3　云存储架构

云存储架构可以分为两大类：紧耦合对称架构和松耦合非对称架构。传统的存储系统利用紧耦合对称架构，这种架构的设计旨在解决 HPC（高性能计算、超级运算）问题，现在其正在向外扩展成为云存储，从而满足快速呈现的市场需求。新的存储系统已经采用了松弛耦合非对称架构，集中元数据和控制操作，这种架构并不非常适合高性能 HPC，但是这种设计旨在解决云部署的大容量存储需求。

（1）紧耦合对称（TCS）架构

构建 TCS 系统是为了解决单一文件性能所面临的挑战，这种挑战限制了传统 NAS 系统的发展。HPC 系统所具有的优势迅速压倒了存储，因为它们需要的单一文件 I/O 操作要比单一设备的 I/O 操作多得多。为了解决这一问题，业内创建了 TCS 架构的产品，很多节点同时伴随着分布式锁管理（锁定文件不同部分的写操作）和缓存一致性功能。这种解决方案对于单文件吞吐量问题很有效，已经在很多 HPC 客户中得到了广泛应用。这种解决方案很先进，需要一定程度的技术经验才能安装和使用。

（2）松弛耦合非对称（LCA）架构

LCA 系统采用不同的方法来向外扩展。它不是通过执行某个策略来使每个节点知道每个行动所执行的操作，而是利用一个数据路径之外的中央元数据控制服务器。集中控制提供了很多好处，允许进行新层次的扩展。

存储节点可以将重点放在提供读写服务的要求上，而不需要来自网络节点的确认信息。

- 节点可以利用不同的商品硬件 CPU 和存储配置，而且仍然在云存储中发挥作用。
- 用户可以通过利用硬件性能或虚拟化实例来调整云存储。
- 消除节点之间共享的大量状态开销也可以消除用户计算机互联的需要，如光纤通道或 infiniband，从而进一步降低成本。
- 异构硬件的混合和匹配使用户能够在需要的时候在当前经济规模的基础上扩大存储，同时还能提供永久的数据可用性。
- 拥有集中元数据意味着，存储节可以旋转地进行深层次应用程序归档，而且在控制节点上，元数据经常都是可用的。

7.4　云存储类型及其适合的应用

云存储是为解决传统存储无法解决的问题而产生的，并不是要完全取代传统的存储。存储方案的选择，要根据数据的形态、数据量及数据读写的方式来做规划。每个存储方案都有它的优点与缺点，用户需要根据自己的应用场景选择合适的云存储类型。

我们可以把云存储分成三类：块存储（Block Storage）、文件存储（File Storage）和对象存储（Object Storage）。

7.4.1　块存储

块存储会把单笔的数据写到不同的硬盘，借以得到较大的单笔读写带宽，适合用在数据库或者需要单笔数据快速读写的应用。它的优点是对单笔数据读写很快，缺点是成本较高，并且无法解决真正海量文件的存储。块存储系统主要适合于下面两种应用场合。

（1）快速更改的单一文件系统

快速更改单一文件的例子包括数据库、共用的电子表单。在这些例子中，多个人共享一个文件，文件需要经常性的、频繁的更改。为了达到这样的目的，系统必须具备很大的内存、很快的硬盘及快照等功能，市场上有很多这样的产品可以选择。

（2）针对单一文件大量写的高性能计算（HPC）

某些高性能计算有成百上千个使用端，同时读写同一个单一的文件，为了提高读写效能，这些文件被分布到很多个节点，这些节点需要紧密地协作，才能保证数据的完整性，这些应用由集群软件负责处理复杂的数据传输。例如石油探勘及财务数据模拟。

DAS 和 SAN 两种存储方式都是块存储类型。

（1）DAS（Direct Attached Storage）

DAS 是直接连接于主机服务器的一种储存方式，每一台主机服务器有独立的存储设备，每台主机服务器的存储设备无法互通，需要跨主机存取资料时，必须经过相对复杂的设定，若主机服务器分属不同的操作系统，要存取彼此的资料，更是复杂，有些系统甚至不能存取。通常用在单一网络环境下且数据交换量不大，性能要求不高的环境下，可以说是一种应用较为早的技术实现。

（2）SAN（Storage Area Network）

SAN 是一种用高速（光纤）网络连接专业主机服务器的一种储存方式，此系统会位于主机群的后端，它使用高速 I/O 连接方式，如 SCSI、ESCON 及 Fibre-Channels。一般而言，SAN 应用在对网络速度要求高、对数据的可靠性和安全性要求高、对数据共享的性能要求高的应用环境中，特点是代价高、性能好。例如电信、银行的大数据关键应用。它采用 SCSI 块 I/O 的命令集，通过在磁盘或 FC（Fiber Channel）级的数据访问提供高性能的随机 I/O 和数据吞吐率，它具有高带宽、低延迟的优势，在高性能计算中占有一席之地，但是由于 SAN 系统的价格较高，且可扩展性较差，已不能满足成千上万个 CPU 规模的系统。

7.4.2　文件存储

文件存储是基于文件级别的存储，它是把一个文件放在一个硬盘上，即使文件太大拆分时，也放在同一个硬盘上。它的缺点是对单一文件的读写会受到单一硬盘效能的限制，优点是对一个多文件、多人使用的系统，总带宽可以随着存储节点的增加而扩展，它的架构可以无限制地扩容，并且成本低廉。文件存储系统主要适合于如下应用场合。

（1）文件较大，总读取带宽要求较高。例如，网站、IPTV。

（2）多个文件同时写入。例如，监控系统。

（3）长时间存放的文件。例如，文件备份、存放或搜寻。

这些应用有一些共通的特性。

（1）文件的并发读取。

（2）文件及文件系统本身较大。

（3）文件使用期较长。

（4）对成本控制要求较高。

通常，NAS（Network Attached Storage）产品都是文件级存储，是一套网络存储设备，通常是直接连在网络上并提供资料存取服务。一套 NAS 存储设备就如同一个提供数据文件服务的系统，特点是性价比高。例如教育、政府、企业等数据存储应用。

NAS 采用 NFS 或 CIFS 命令集访问数据，以文件为传输协议，通过 TCP/IP 实现网络化存储，可扩展性好、价格便宜、用户易管理，如目前在集群计算中应用较多的 NFS 文件系统，但由于 NAS 的协议开销高、带宽低、延迟大，不利于在高性能集群中应用。

7.4.3 对象存储

对象存储比传统的文件系统存储在规模上要大得多，这是由于前者比后者着实要简单得多。与文件系统不同，对象存储系统并非将文件组织成一个目录层次结构，而是在一个扁平化的容器组织中存储文件（在 Amazon 的 S3 系统中被称作"桶"），并使用唯一的 ID（在 S3 中被称作"关键字"）来检索它们。其结果是对象存储系统相比文件系统需要更少的元数据来存储和访问文件，并且它们还减少了因存储元数据而产生的管理文件元数据的开销。这意味着对象存储能够通过增加节点而近乎无限制地扩展规模。

对象存储系统是针对 Linux 集群对存储系统高性能和数据共享的需求而研究的全新的存储架构。对象存储系统有效地结合了 SAN 和 NAS 系统的优点，支持直接访问磁盘以提高性能；通过共享的文件和元数据以简化管理。Amazon 的 S3 和 OpenStack 的 Swift 存储系统就是典型的对象存储系统。

对象存储系统的功能通常是最少的，用户仅仅能够存储、检索、复制和删除文件，还可以控制哪些用户可以进行哪些操作。如果用户想要搜索或是拥有一个其他应用程序可以借鉴的对象元数据中央存储库，那么就需要进行二次开发。Amazon 的 S3 和其他对象存储系统提供 REST API，使得程序员能够使用这些容器和对象。

对象存储系统的 HTTP 接口允许全球各地的用户快速、方便地访问文件。例如，OpenStack 的 Swift 系统中的每一个文件都有一个唯一的基于账号名、容器名和对象名的 URL。因为使用 HTTP 接口进行访问，相比于从 NAS 中访问一个文件，用户将需要等待更长的时间来访问对象存储中的对象。

对象存储的另一大缺点是只支持数据的最终一致性。每当用户更新一个文件，直到这一更改被传播到所有副本以后，用户才能获取到最新版本。这就使得对象存储不适用于频繁更改的数据。所以对象存储系统非常适合那些不常变化的数据，比如备份、档案、视频和音频文件以及虚拟机映像等。

对象存储和文件系统在接口上的本质区别是对象存储不支持随机位置读写操作，即一个文件 PUT 到对象存储里以后，如果要读取，只能 GET 整个文件，如果要修改一个对象，只能重新 PUT 一个新的到对象存储里，覆盖之前的对象或者形成一个新的版本。

如果结合平时使用云盘的经验，就不难理解这个特点了。用户会上传文件到云盘或者从云盘下载文件。如果要修改一个文件，会把文件下载下来，修改以后重新上传，替换之前的版本。实际上几乎所有的互联网应用，都是用这种存储方式读写数据的，比如微信，在朋友圈里发照片是上传图像、收取别人发的照片是下载图像，也可以从朋友圈中删除以前发送的内容；微博也是如此，通过微博 API 我们可以了解到，微博客户端的每一张图片都是通过 REST 风格的 HTTP 请求从服务端获取的，而用户要发微博的话，也是通过 HTTP 请求将数据包括图片传上去的。

对象存储系统的出现主要是为了满足数据归档和云服务两大需求，下面我们对这两种场景进行进一步的细化，介绍一下对象存储的主要应用场景。

（1）存储资源池（空间租赁）

使用对象存储构建类似 Amazon S3 的存储空间租赁服务，向个人、企业或应用提供按需扩展的弹性存储服务。用户向资源池运营商按需购买存储资源后，通过基于 Web 协议访问和使用存储资源，而无需采购和运维存储设备。多租户模型将不同用户的数据隔离开来，确保用户的数据安全。

（2）网盘应用

在海量存储资源池基础上，使用图形用户界面（GUI）实现对象存储资源的封装，向用户提供类似百度云的网盘业务。用户可通过 PC 客户端、手机客户端、Web 页面完成数据的上传、下载、管理与分享。在网盘帮助下个人和家庭用户能够实现数据安全、持久的保存和不同终端之间的数据同步；企业客户通过网盘应用可实现更高效的信息分享、协同办公和非结构化数据管理，同时企业网盘还可用于实现低成本的 Windows 远程备份，确保企业数据安全。

（3）集中备份

在大型企业或科研机构中，对象存储通过与 Comvault Simpana、Symantec NBU 等主流备份软件结合，可向用户提供更具成本效益、更低 TCO 的集中备份方案。相对原有的磁带库或虚拟磁带库等备份方案：重复数据删除特性能够帮助用户减少设备采购，智能管理特性使得备份系统无需即时维护，从而降低 CAPEX 和 OPEX；分布式并行读写带来的巨大吞吐量和在线/近线的存储模式有效降低 RTO 和 RPO。

（4）归档和分级存储

对象存储通过与归档软件、分级存储软件结合，将在线系统中的数据无缝归档/分级存储到对象存储，释放在线系统存储资源。对象存储提供几乎可无限扩展的容量，智能管理能力，帮助用户降低海量数据归档的 TCO；对象归档采用主动归档模式使得归档数据能够被按需访问，而无需长时间的等待和延迟。

7.4.4　小结

以上我们简单介绍了云存储的类型及适合的应用。总之云存储是希望借由服务器便宜的成本及弹性的架构，解决传统存储不能满足的问题，客户可以根据数据的形态，选择合适的存储方案。

对象存储打破了原来文件系统一统天下的局面，给用户带来了更多的选择，但这并不意味着对象存储系统可以取代文件系统。对于一些场景，比如虚拟机活动镜像的存储，或者说虚拟机硬盘文件的存储，还有大数据处理等场景，对象存储就无法胜任。而文件系统在这些领域有突出的表现，比如 VMware 的 VMFS（VMware FileSystem）在虚拟机镜像存储方面表现很出色，Google 文件系统 GFS 及其开源实现 HDFS 被广泛用于支撑基于 MapReduce 模型的大数据处理，而且能够很好地支持百 GB 级、TB 级甚至更大文件的存储。

由此看来文件系统将来的发展趋势更多的是专用文件系统，而不再是像以前那样一套文件系统适用于所有场景，更有一些部分要让位于对象存储或者其他存储形态。

从另一个角度来看，对象存储系统更适合于互联网和类似互联网的应用场景，这不仅仅是因为 REST 风格的 HTTP 的接口，而且还因为大多数对象存储系统在设计上能够非常方便地进行横向扩展以适应大量用户高并发访问的场景。还有，对象存储系统适合存储海量 10KB 级到 GB 级对象/文件的存储。小于 10KB 的数据更适用于 K/V 数据库，而大于 10GB 的文件最好将其分割为多个对象并行写入对象存储系统中，多数对象存储系统都有单个对象大小上限的限制。所以，如果一个应用具有上述两种特点，就可以考虑使用对象存储系统。

7.5 关键技术

7.5.1 存储虚拟化

通过存储虚拟化方法，把不同厂商、不同型号、不同通信技术、不同类型的存储设备互联起来，将系统中各种异构的存储设备映射为一个统一的存储资源池。存储虚拟化技术能够对存储资源进行统一分配管理，又可以屏蔽存储实体间的物理位置以及异构特性，实现了资源对用户的透明性，降低了构建、管理和维护资源的成本，从而提升云存储系统的资源利用率。

1. 主要存储虚拟化技术

存储虚拟化技术虽然在不同设备与厂商之间略有区别，但从总体来说，可概括为基于主机虚拟化、基于存储设备虚拟化和基于存储网络虚拟化三种技术。

基于主机的虚拟化存储的实现，其核心技术是通过增加一个运行在操作系统下的逻辑卷管理软件将磁盘上的物理块号映射成逻辑卷号，并以此实现把多个物理磁盘阵列映射成一个统一的虚拟的逻辑存储空间（逻辑块），实现存储虚拟化的控制和管理。从技术实施层面看，基于主机的虚拟化存储不需要额外的硬件支持，便于部署，只通过软件即可实现对不同存储资源的存储管理。但是，虚拟化控制软件也导致了此项技术的主要缺点：首先，软件的部署和应用影响了主机性能；其次，各种与存储相关的应用通过同一个主机，存在越权访问的数据安全隐患；最后，通过软件控制不同厂家的存储设备存在额外的资源开销，进而降低系统的可操作性与灵活性。

基于存储设备虚拟化技术依赖于提供相关功能的存储设备的阵列控制器模块，常见于高端存储设备，其主要应用针对异构的 SAN 存储构架。此类技术的主要优点是不占主机资源，技术成熟度高，容易实施；缺点是核心存储设备必须具有此类功能，且消耗存储控制器的资源，同时由于异构厂家磁盘阵列设备的控制功能被主控设备的存储控制器接管导致其高级存储功能将不能使用。

基于存储网络虚拟化的技术的核心是在存储区域网中增加虚拟化引擎实现存储资源的集中管理，其具体实施一般是通过具有虚拟化支持能力的路由器或交换机实现。在此基础上，存储网络虚拟化又可以分为带内虚拟化与带外虚拟化两类。二者主要的区别在于：带内虚拟化使用同一数据通道传送存储数据和控制信号；而带外虚拟化使用不同的通道传送数据和命令信息。基于存储网络的存储虚拟化技术架构合理，不占用主机和设备资源；但是其存储阵列中设备的兼容性需要严格验证，与基于设备的虚拟化技术一样，由于网络中存储设备的控制功能被虚拟化引擎所接管，导致存储设备自带的高级存储功能将不能使用。

2．存储虚拟化技术对比

表 7.1 对三种存储虚拟化技术的技术优点与缺点、适应场景等进行了分析对比。

表 7.1　存储虚拟化技术对比

实现层面	主　机	网　络	设　备
优点	支持异构的存储系统；不占用磁盘控制器资源	与主机无关，不占用主机资源；能够支持异构主机、异构存储设备；对不同存储设备构建统一管理平台，可扩展性好	与主机无关，不占用主机资源；数据管理功能丰富；技术成熟度高
缺点	占用主机资源，降低应用性能；存在操作系统和应用的兼容性问题；主机数量越多，管理成本越高	占用交换机资源；面临带内、带外的选择；存储设备兼容性需要严格验证；原有的磁盘阵列的高级存储功能将不能使用	受制于存储控制器接口资源，虚拟化能力较弱；异构厂家存储设备的高级存储功能将不能使用
主要用途	使服务器的存储空间可以跨越多个异构磁盘阵列，常用于在不同磁盘阵列之间做数据镜像保护	异构存储系统整合和统一数据管理（灾备）	异构存储系统整合和统一数据管理（灾备）
适用场景	主机已采用 SF 卷管理，需要新接多台存储设备；存储系统中包含异构阵列设备；业务持续能力与数据吞吐要求较高	系统包括不同品牌和型号的主机与存储设备；对数据无缝迁移及数据格式转换有较高时间性保证	系统中包括自带虚拟化功能的高端存储设备与若干需要利旧的中低端存储
不适用场景	主机数量大，采用 SF 会涉及高昂的费用，待迁入系统数据量过大，如果只能采取存储级迁移方式，数据格式转换将耗费大量的时间和人力	对业务持续能力和稳定性要求苛刻	需要新购机头时，费用较高；存在更高端的存储设备

7.5.2　分布式存储技术

分布式存储是通过网络使用服务商提供的各个存储设备上的存储空间，并将这些分散的存储资源构成一个虚拟的存储设备，数据分散的存储在各个存储设备上。

1．概述

分布式存储面临的数据需求比较复杂，大致可以分为三类。

非结构化数据：包括所有格式的办公文档、文本、图片、图像、音频和视频信息。

结构化数据：一般存储在关系数据库中，可以用二维关系表结构来表示。结构化数据的模式和内容是分开的，数据的模式需要预先定义。

半结构化数据：介于非结构化数据和结构化数据之间，HTML 文档就属于半结构化数据。它一般是自描述的，与结构化数据最大的区别在于，半结构化数据的模式结构和内容混在一起，没有明显的区分，也不需要预先定义数据的模式结构。

不同的分布式存储系统适合处理不同类型的数据，分布式存储系统可以分为四类：分布式块存储系统、分布式文件系统、分布式对象存储系统和分布式表存储系统。

2．分布式块存储系统

块存储就是服务器直接通过读写存储空间中的一个或一段地址来存取数据。由于采用直接读写磁盘空间来访问数据，相对于其他数据读取方式，块存储的读取效率最高，一些大型数据库应用只能运行在块存储设备上。分布式块存储系统以标准的 Intel/Linux 硬件组件作为基本存储单元，组件之间通过千兆以太网采用任意点对点拓扑技术相互连接，共同工作，构成大型网格存储，网格内采用分布式算法管理存储资源。此类技术比较典型的代表是 IBM XIV 存储系统，其核心数据组件为基于 Intel 内核的磁盘系统，卷数据分布到所有磁盘上，从而具有良好的并行处理能力；放弃 RAID 技术，采用冗余数据块方式进行数据保护，统一采用 SATA 盘，从而降低了存储成本。

3．分布式文件系统

文件存储系统可提供通用的文件访问接口，如 POSIX、NFS、CIFS、FTP 等，实现文件与目录操作、文件访问、文件访问控制等功能。目前的分布式文件系统存储的实现有软硬件一体和软硬件分离两种方式。主要通过 NAS 虚拟化，或者基于 x86 硬件集群和分布式文件系统集成在一起，以实现海量非结构化数据处理能力。

软硬件一体方式的实现基于 x86 硬件，利用专有的、定制设计的硬件组件，与分布式文件系统集成在一起，以实现目标设计的性能和可靠性目标；产品代表 Isilon 和 IBM SONAS GPFS。

软硬件分离方式的实现基于开源分布式文件系统对外提供弹性存储资源，软硬件分离方式，可采用标准 PC 服务器硬件；典型开源分布式文件系统有 GFS、HDFS。

4．分布式对象存储系统

对象存储系统是针对 Linux 集群对存储系统高性能和数据共享的需求而研究的全新的存储架构。对象存储引入对象元数据来描述对象特征，对象元数据具有丰富的语义；引入容器概念作为存储对象的集合。对象存储系统底层基于分布式存储系统来实现数据的存取，其存储方式对外部应用透明。这样的存储系统架构具有高可扩展性，支持数据的并发读写，一般不支持数据的随机写操作。最典型的应用实例就是 Amazon 的 S3。对象存储技术相对简单，对底层硬件要求不高，存储系统可靠性和容错通过软件实现，同时其访问接口简单，适合处理海量、小数据的非结构化数据，如：邮箱、网盘、相册、音频视频存储等。

5．分布式表存储系统

表结构存储是一种结构化数据存储，与传统数据库相比，它提供的表空间访问功能受限，但更强调系统的可扩展性。提供表存储的云存储系统的特征就是同时提供高并发的数据访问性能和可伸缩的存储和计算架构。

分布式表格系统用于存储关系较为复杂的半结构化数据，与分布式对象存储系统相比，分布式表格系统不仅仅支持简单的 CRUD 操作，而且支持扫描某个主键范围。分布式表格系统以表格为单位组织数据，每个表格包括很多行，通过主键标识一行，支持根据主键的 CRUD 功能以及范围查找功能。

分布式表格系统借鉴了很多关系数据库的技术，例如支持某种程度上的事务，比如单行事务，某个实体组（Entity Group）下的多行事务。典型的系统包括 Google Bigtable 以及 Megastore、Microsoft Azure Table Storage、Amazon DynamoDB、和 Apache HBase 等。与分布式数据库相比，分布式表格系统主要支持针对单张表格的操作，不支持一些特别复杂的操作，比如多表关联、多表联接，嵌套子查询；另外，在分布式表格系统中，同一个表格的多个数据行也不要求包含相同类型的列，适合半结构化数据。分布式表格系统是一种很好的权衡，这类系统可以做到超大规模，而且支持较多的功能，但实现往往比较复杂，而且有一定的使用门槛。

提供表存储的云存储系统有两类接口访问方式。一类是标准的 SQL 数据库接口，另一类是 MapReduce 的数据仓库应用处理接口。前者目前以开源技术为主，尚未有成熟的商业软件，比如 Apache Hive，后者已有商业软件和成功的商业应用案例，比如 Google BigTable 和 Apache HBase。

6. 小结

如今分布式存储系统已经得到了快速的发展，其技术已经较为成熟。先进的分布式存储系统必须具备下面几个特性：高性能、高可靠性、高可扩展性、透明性以及自治性。

（1）高性能：对于分布式系统中的每一个用户都要尽量减小网络的延迟和因网络拥塞、网络断开、节点退出等问题造成的影响；

（2）高可靠性：高可靠性是大多数系统设计时重点考虑的问题。分布式环境通常都有高可靠性需求，用户将文件保存到分布式存储系统的基本要求是数据可靠；

（3）高可扩展性：分布式存储系统需要能够适应节点规模和数据规模的扩大；

（4）透明性：需要让用户在访问网络中其他节点中的数据时能感到像是访问自己本机的数据一样；

（5）自治性：分布式存储系统需要拥有一定的自我维护和恢复功能。

7.5.3 数据容错

数据容错技术是云存储研究领域的一项关键技术，良好的容错技术不但能够提高系统的可用性和可靠性，而且能够提高数据的访问效率。数据容错技术一般都是通过增加数据冗余来实现的，以保证即使在部分数据失效以后也能够通过访问冗余数据满足需求。冗余提高了容错性，但是也增加了存储资源的消耗。因此，在保证系统容错性的同时，要尽可能地提高存储资源的利用率，以降低成本。

目前，常用的容错技术主要有基于复制（Replication）的容错技术和基于纠删码（Erasure Code）的容错技术两种。基于复制的容错技术简单直观，易于实现和部署，但是需要为每个数据对象创建若干同样大小的副本存储空间开销很大；基于纠删码的容错技术则能够把多个数据块的信息融合到较少的冗余信息中，因此能够有效地节省存储空间，但是对数据的读写操作要分别进行编码和解码操作，需要一些计算开销。当数据失效以后，基于复制的容错技术只需要从其他副本下载同样大小的数据即可进行修复；基于纠删码的技术则需要下载的数据量一般远大于失效数据大小，修复成本较高。

1．基于复制的容错技术

基于复制的容错技术对一个数据对象创建多个相同的数据副本，并把得到的多个副本散布到不同的存储节点上。当若干数据对象失效以后，可以通过访问其他有效的副本获取数据。基于复制的容错技术主要关注两方面的研究。

（1）数据组织结构：数据组织结构主要研究大量数据对象及其副本的管理方式。

（2）数据复制策略：数据复制策略主要研究副本的创建时机、副本的数量、副本的放置等问题。

一种被广泛采用的副本放置策略是通过集中式的存储目录来定位数据对象的存储位置。这种方法可以利用存储目录中存放的存储节点信息，将数据对象的多个副本放置在不同机架上，这样可大大提高系统的数据可靠性。Google 文件系统（Google File System，GFS）、Hadoop 分布式文件系统（Hadoop Distributed File System，HDFS）等著名的分布式文件系统都采用了这种数据布局方式。然而，基于集中式存储目录的数据放置策略存在以下两个缺陷。

（1）随着存储目录的增长，查找数据对象所需的开销也会越来越大。

（2）为提高数据对象的定位速度，一般情况下都会将存储目录存放在服务器内存中，对于 PB 级的云存储系统来说，文件的数量可能达到上亿级，这导致存储目录将会占用上百 GB 的内存。因此，当数据对象数量达到上亿级别时，基于集中式存储目录的数据放置方法在存储开销和数据定位的时间开销上都是难以接受的，此外，还会大大限制系统的扩展性。

另一种副本放置策略是基于哈希算法的副本布局方法，它完全摒弃了记录数据对象映射信息的做法。基于哈希算法的副本布局方法需要满足以下要求。

（1）均衡性：根据节点权重为存储节点分配数据对象。

（2）动态自适应性：当系统中的节点数量发生变化时，需迁移的数据量应该尽量少。

（3）低性能开销：尽可能提高存储效率。

（4）高效性：确定副本位置所需的时间开销尽可能小，理想情况下为 O（1）。

2．基于纠删码的容错技术

基于复制的容错技术存储开销巨大，要提供冗余度为 k 的容错能力，就必须另外创建 k 个副本，存储空间的开销也增大了 k 倍。基于编码的容错技术通过对多个数据对象进行编码产生编码数据对象，进而降低完全复制带来的巨大的存储开销。RAID 技术中使用最广泛的 RAID5 通过把数据条带化（Stripping）分布到不同的存储设备上以提高效率，并采用一个校验数据块使之能够容忍一个数据块的失效。但是随着节点规模和数据规模的不断扩大，只容忍一个数据块的失效已经无法满足应用的存储需求。纠删码（Erasure Coding）技术是一类源于信道传输的编码技术，因为能够容忍多个数据帧的丢失，被引入到分布式存储领域，使得基于纠删码的容错技术成为能够容忍多个数据块同时失效的、最常用的基于编码的容错技术。

7.5.4　数据备份

在以数据为中心的时代，数据的重要性毋庸置疑，数据备份技术非常重要。数据备份技术是将数据本身或者其中的部分在某一时间的状态以特定的格式保存下来，以备原数据出现错误、被误删除、恶意加密等各种原因不可用时，可快速准确地将数据进行恢复的技术。数据备份是容灾的基础，是为防止突发事故而采取的一种数据保护措施，根本目的是数据资源重新利用和保护，核心的工作是数据恢复。

典型的用户备份流程是这样的：每天都要在凌晨进行一次增量备份，然后每周末凌晨进行全备份。采用这种方法，一旦出现了数据灾难，用户可以恢复到某天（注意是以天为单位的）的数据，因此在最坏的情况下，可能丢失整整一天的数据。但是，如果缩小备份时间单位，会影响用户的正常使用，这是因为每次进行备份的数据量都很大的情况下，备份时间窗口很大，需要繁忙的业务系统停机很长时间才能做到。

因此，为了确保数据的更高安全性，用户必须对在线系统实行在线实时复制，尽可能多地采用快照等磁盘管理技术维持数据的高可用性，这样势必需要增加很大一部分投资。

连续数据保护（CDP）是一种连续捕获和保存数据变化，并将变化后的数据独立于初始数据进行保存的方法，而且该方法可以实现过去任意一个时间点的数据恢复。CDP系统可能基于块、文件或应用，并且为数量无限的可变恢复点提供精细的可恢复对象。

因此，所有的CDP解决方案都应当具备以下几个基本的特性：数据的改变受到连续的捕获和跟踪；所有的数据改变都存储在一个与主存储地点不同的独立地点中；恢复点目标是任意的，而且不需要在实际恢复之前事先定义。

所以，CDP可以提供更快的数据检索、更强的数据保护和更高的业务连续性能力，而与传统的备份解决方案相比，CDP的总体成本和复杂性都要低。

尽管一些厂商推出了CDP产品，然而从它们的功能上分析，还做不到真正连续的数据保护，比如有的产品备份时间间隔为一小时，那么在这一小时内仍然存在数据丢失的风险，因此，严格地讲，它们还不是完全意义上的CDP产品，目前我们只能称之为类似CDP产品。

7.5.5 数据缩减技术

为应对数据存储的急剧膨胀，企业需要不断购置大量的存储设备来满足不断增长的存储需求。权威调查机构的研究发现，企业购买了大量的存储设备，但是利用率往往不足50%，存储投资回报率水平较低。数据量的急剧增长为存储技术提出了新的问题和要求，怎样低成本高效快速地解决无限增长的信息的存储和计算问题摆在科学家的面前。通过云存储技术不仅解决了存储中的高安全性、可靠性、可扩展、易管理等存储的基本要求，同时也利用云存储中的数据缩减技术，满足海量信息爆炸式增长趋势，一定程度上节约企业存储成本，提高效率。

1．自动精简配置

自动精简配置是一种存储管理的特性，核心原理是"欺骗"操作系统，让操作系统认为存储设备中有很大的存储空间，而实际的物理存储空间则没有那么大。传统配置技术为了避免重新配置可能造成的业务中断，常常会过度配置容量。在这种情况下，一旦存储分配给某个应用，就不可能重新分配给另一个应用，由此就造成了已分配的容量没有得到充分利用，导致了资源的极大浪费。而精简配置技术带给用户的益处是大大提高了存储资源的利用率，提高了配置管理效率，实现高自动化的数据存储。

自动精简配置技术是利用虚拟化方法减少物理存储空间的分配，最大限度提升存储空间利用率。这种技术节约的存储成本可能会非常巨大，并且使存储的利用率超90%。通过"欺骗"操作系统，造成的好像存储空间有足够大，而实际物理存储空间并没有那么大。自动精简配置技术的应用会减少已分配但未使用的存储容量的浪费，在分配存储空间时，需要多少存储空间系统则按需分配。自动精简配置技术优化了存储空间的利用率，扩展了存储管理功能，虽然实际分配的物理容量小，但可以为操作系统提供超大容量的虚拟存储空间。随着数据存储的信息量越来越多，实际存储空间也可以及时扩展，无需用户手动处理。利用自动精简配置技术，用户不需要了解存储空间分配的细节，这种技术就能帮助用户在不降低性能的情况下，大幅度提高存储空间利用效率；需求变化时，无需更改存储容量设置，通过虚拟化技术集成存储，减少超量配置，降低总功耗。

自动精简配置这项技术最初由 3Par 公司开发，目前支持自动精简配置的厂商正在快速增加。这项技术已经成为选择存储系统的关键标准之一。但是并不是所有的自动精简配置的实施都是相同的。随着自动精简配置的存储越来越多，物理存储的耗尽成为自动精简配置环境中经常出现的风险。因此，告警、通知和存储分析成为必要的功能，并且对比传统环境，其在自动精简配置的环境中扮演了更主要的角色。

2．自动存储分层

自动存储分层（Automated Storage Tier，AST）技术（见图 7.2）能够在同一阵列的不同类型介质间迁移数据，主要用来帮助数据中心最大程度地降低成本和复杂性。在过去，进行数据移动主要依靠手工操作，由管理员来判断这个卷的数据访问压力的大小，迁移的时候也只能一个整卷一起迁移。

自动存储分层管理系统的基本业务是能够将使用不频繁的数据安全地迁移到较低的存储层中并削减存储成本，而把频繁使用的数据迁移到更高性能的存储层中。自动存储分层（AST）在于两个目标：降低成本和提高性能。

自动存储分层技术的特点是其分层的自动化和智能化。一个磁盘阵列能够把活动数据保留在快速、昂贵的存储上，把不活跃的数据迁移到廉价的低速层上，以限制存储的花费总量。

自动存储分层的重要性随着固态存储在当前磁盘阵列中的采用而提升，并随着云存储的来临而补充企业内部部署的存储。自动存储分层使用户数据保留在合适的存储层级，因此减少了存储需求的总量并实质上减少了成本，提升了性能。数据从一层迁移到另一层的粒度越精细，可以使用的昂贵存储的效率就越高。子卷级的分层意味着数据是按照块来分配而不是整个卷。

如何控制数据在层间移动的内部工作规则决定了需要把自动分层放在正确的位置的复杂程度。一些系统，是根据预先定义的什么时候移动数据和移动到哪一层。相反，Net App 公司和 Oracle 公司倡导存储系统应该足够智能，能重复数据删除，能自动的保留数据在其合适的层，而不需要用户定义的策略。

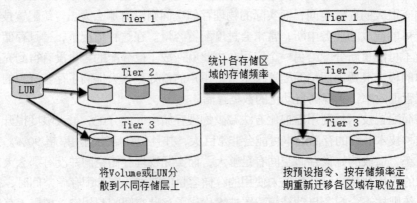

图 7.2　自动存储分层技术

目前最常见的"Sub-LUN"式自动分层存储技术，基本上可视为是三个功能的综合。

（1）存储虚拟化

将分散在不同存储层的磁盘区块，组合成虚拟的 Volume 或 LUN。也就是将 Volume 或 LUN 的区块分散到不同存储层上。

（2）存取行为的追踪统计与分析

持续追踪与统计每个磁盘区块的存取频率，并透过定期分析，识别出存取频率高的"热"区块，与存取频率低的"冷"区块。

（3）数据迁移

以存取频率为基础，定期执行数据搬移，将热点区块数据搬移到高速存储层，较不活跃的冷区块数据则搬移到低速存储层。

比较自动分层存储技术时，需注意的功能与参数包括支持的存储层级数目、针对各存储层 I/O 负载与效能的监控功能等，不过最重要的两个标准分别是"精细度"与"运算周期"。

"精细度"是指系统以多大的磁盘单位，来执行存取行为收集分析与数据迁移操作，这将决定最终所能达到的存储配置最优化效果，以及执行重新配置时所需迁移的数据量。

理论上越精细、越小越好，不过副作用是越精细，将会增加追踪统计操作给控制器带来的负担。假设 1 个 100GB 的 LUN，若采用 1GB 的精细度，系统只需追踪与分析 100 个数据区块，若采用更精细的 10MB 精细度，那就得追踪分析 1 万个数据区块，操作量高出 100 倍，同时对应于数据区块的元数据量也随之大幅增加。

"运算周期"则是指系统多久执行一次存取行为统计分析与数据迁移操作，这会影响系统能多快的反映磁盘存取行为的变化，运算周期越短、越密集，系统将能更快的依照最新的磁盘存取特性，重新配置数据在不同磁盘层集中的分布。

反之，若运算周期间隔太长，很可能磁盘存取状态已发生重大变化，但整个系统仍必须慢吞吞地等到下次统计分析与数据迁移时间到来，才能重新分派磁盘资源。不过若运算周期太密集，也会造成统计分析与数据迁移操作占用过多 I/O 资源的副作用。

3. 重复数据删除

物理存储设备在使用一段时间后必然会出现大量重复的数据。"重复删除"技术（De-duplication）作为一种数据缩减技术可对存储容量进行优化。它通过删除数据集中重复的数据，只保留其中一份，从而消除冗余数据。使用重复删除技术可以将数据缩减到原来的 1/20～1/50。由于大幅度减少了对物理存储空间的信息量，进而减少传输过程中的网络带宽、节约设备成本、降低能耗。

重复数据删除技术原理是按照消重的粒度可以分为文件级和数据块级。可以同时使用 2 种以上的 Hash 算法计算数据指纹，以获得非常小的数据碰撞发生概率。具有相同指纹的数据块即可认为是相同的数据块，存储系统中仅需要保留一份。这样，一个物理文件在存储系统中就只对应一个逻辑表示。

重复数据删除技术主要分为两类。

（1）相同数据的检测技术

相同数据主要包括相同文件及相同数据块两个层次。完全文件检测（Whole File Detection，WFD）技术主要通过 Hash 技术进行数据挖掘；细粒度的相同数据块主要通过固定分块（Fixed-Sized Partition，FSP）检测技术、可变分块（Content-Defined Chunking，CDC）检测技术、滑动块（Sliding Block）技术进行重复数据的查找与删除。

（2）相似数据的检测与编码技术

利用数据自身的相似性特点，通过 Shingle 技术、Bloom Filter 技术和模式匹配技术挖掘出相同数据检测技术不能识别的重复数据；对相似数据采用 Delta 技术进行编码并最小化压缩相似数据，以进一步缩减存储空间和网络带宽的占用。

Net App 公司为其所有的系统提供重复数据删除选项，并且可以针对每个卷进行激活。Net App 公司的重复数据删除并不是实时执行的。相反，它是使用预先设置的进程执行的，一般是在闲暇时间执行，通过扫描把重复的 4KB 数据块替换为相应的指针。与 Net App 公司相似，Oracle 公司在其 Sun ZFS Storage7000 系列系统中也具备块级别重复数据删除的功能。与 Net App 公司不同的是，去重是在其写入磁盘时实时执行的。

重复数据删除会对数据可靠性产生影响。因为上述这些技术使得共享数据块的文件之间产生了依赖性，几个关键数据块的丢失或错误可能导致多个文件的丢失和错误发生，因此它同时又会降低存储系统的可靠性。

4．数据压缩

数据压缩技术是提高数据存储效率最古老、最有效的方法之一。为了节省信息的存储空间和提高信息的传输效率，必须对大量的实际数据进行有效的压缩。数据压缩作为对解决海量信息存储和传输的支持技术受到人们极大的重视。数据压缩就是将收到的数据通过存储算法存储到更小的空间中去。随着目前 CPU 处理能力的大幅提高，应用实时压缩技术来节省数据占用空间成为现实。这项新技术就是最新研发出的在线压缩（RACE），它与传统压缩技术不同。对 RACE 技术，当数据在首次写入时即被压缩，以帮助系统控制大量数据在主存中杂乱无章地存储的情形，特别是多任务工作时更加明显。该技术还可以在数据写入到存储系统前压缩数据，进一步提高了存储系统中的磁盘和缓存的性能和效率。

压缩算法分为无损压缩和有损压缩。相对于有损压缩来说，无损压缩的占用空间大，压缩比不高，但是它有效地保存了原始信息，没有任何信号丢失。但是随着限制无损格式的种种因素逐渐被消除，使得无损压缩格式具有广阔的应用前景。数据压缩中使用的 LZS 算法基于 LZ77 实现，主要由 2 部分构成：滑窗（Sliding Window）和自适应编码（Adaptive Coding），如图 7.3 所示。压缩处理时，在滑窗中查找与待处理数据相同的块，并用该块在滑窗中的偏移值及块长度替代待处理数据，从而实现压缩编码。如果滑窗中有与待处理数据块相同的字段，或偏移值及长度数据超过被替代数据块的长度，则不进行替代处理。LZS 算法的实现非常简洁，处理比较简单，能够适应各种高速应用。数据压缩的应用可以显著降低待处理和存储的数据量，一般情况下可实现 2:1～3:1 的压缩比。

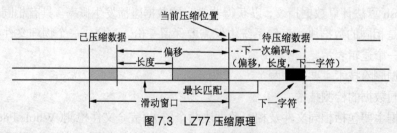

图 7.3　LZ77 压缩原理

压缩和去重是互补性的技术，提供去重的厂商通常也提供压缩。而对于虚拟服务器卷、电子邮件附件、文件和备份环境来说，去重通常更加有效，压缩对于随机数据效果更好，例如数据库。换句话说，在数据重复性比较高的地方，去重比压缩有效。

5．内容分发网络技术

云存储是构建于互联网之上的，如何降低网络延迟、提高数据传输率是关系到云存储性能的关键问题。尽管有一些通过本地高速缓存、广域网优化等技术来解决问题的研究工作，但离实际的应用需求还有一定的距离。内容分发网络（Content Distribute Network，CDN）是一种新型网络构建模式，主要是针对现有的互联网进行改造。基本思想是尽量避开互联网上由于网络带宽小、网点分布不均、用户访问量大等影响数据传输速度和稳定性的弊端，使数据传输的更快、更稳定。通过在网络各处放置节点服务器，在现有互联网的基础之上构成一层智能虚拟网络，实时的根据网络流量、各节点的连接和负载情况、响应时间、到用户的距离等信息将用户的请求重新导向离用户最近的服务节点上。目的是使用户可就近取得所需内容，解决互联网网络拥挤的状况，提高用户访问网站的速度。CDN 部署结构如图 7.4 所示。

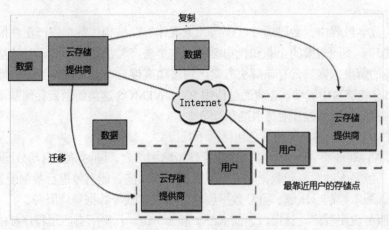

图 7.4　CDN 部署结构

CDN 的关键技术是用户访问调度和内容缓存管理，通过对分散在多个物理节点中的分布式服务设备进行统一调度、统一管理，使用户总能在离自己"最近"的服务设备上找到需要的内容。

7.6　典型的云存储服务

云存储的概念一经提出，就得到了众多厂商的支持和关注。目前，业内企业针对云存储推出了很多种不同种类的云服务，Microsoft、EMC、Amazon、和 Google 等就是代表，下面将简要介绍这几个企业的云服务平台产品。

7.6.1　EMC ATMOS

EMC ATOMS 是第一套容量高达数千兆兆字节（PetaByte，简称 PB）的信息管理解决方案。ATMOS 能通过全球云存储环境，协助客户将大量非结构化数据进行自动管理。凭借其全球集中化管理与自动化信息配置功能，可以使 Web 2.0 用户、互联网服务提供商、媒体与娱乐公司等安全地构建和实现云端信息管理服务。

Web 2.0 用户正在创造越来越多的丰富应用，文件、影像、照片、音乐等信息可在全球范围内共享。Web 2.0 用户对信息管理服务提出了新需求，这正是"云优化存储"（Cloud Optimized Storage，简称 COS）面世的主要原因，COS 也将成为今后全球信息基础架构的代名词。

　　EMC ATMOS 的领先优势在于信息配送与处理的能力，采用基于策略的管理系统来创建不同层级的云存储。例如，将常用的重要数据定义为"重要"，该类数据可进行多份复制，并存储于多个不同地点；而不常用的数据，复制份数与存储地方相对较少；不再使用的数据在压缩后，复制备份保存在更少的地方。同时，ATMOS 可以为非付费用户和付费用户创建不同的服务级别，付费用户创建副本更多，保存在全球范围内的多个站点，并确保更高的可靠性和更快的读取速度。

　　EMC ATMOS 内置数据压缩、重复数据删除功能，以及多客户共享与网络服务应用程序设计接口（API）功能。服务供应商通过 EMC ATMOS 实现安全在线服务或其他模式的应用。媒体和娱乐公司也可以运用同样的功能来保存、发布、管理全球数字媒体资产。EMC ATMOS 是企业向客户提供优质服务的必备竞争利器，因为他们只要花费低廉的成本就能拥有 PB 级云存储环境。

　　在如今的数字世界中，数码照片、影像、流媒体等非结构化数字资产正在快速增长，其价值也不断提升。不同规模的企业和机构希望对这类资产善加运用，而云存储基础架构正是一套效率卓越的解决方案。云存储解决方案运用多项高度分布式资源作为单一地区数据处理中心，使得信息能够自由流动，企业通过使用 EMC ATMOS 这类新型云存储基础架构解决方案进行运用，将能够大大提升业务潜能和竞争力。

　　EMC ATMOS 的主要功能与特色包括以下几点。

- EMC ATMOS 将强大的存储容量与管理策略相结合，随时随地自动分配数据。
- 结合功能强大的对象元数据与策略型数据管理功能，能有效进行数据配置服务。
- 复制、版本控制、压缩、重复数据删除、磁盘休眠等数据管理服务。
- 网络服务应用程序设计接口包括 REST 和 SOAP，几乎所有应用程序都能轻松整合。
- 内含自动管理和修复功能，以及统一命名空间与浏览器管理工具。这些功能可大幅减少管理时间，实现任何地点轻松控制和管理。
- 多客户共享支持功能，可让同一基础架构执行多种应用程序，并被安全地分隔，这项功能最适合需要云存储解决方案的大型企业。

　　EMC ATMOS 云存储基础架构解决方案内含一套价格经济的高密度存储系统。目前 ATMOS 推出三个版本，系统容量分别为 120TB、240TB 以及 360TB。

7.6.2　Amazon 云存储服务

　　Amazon 云服务的名称是 Amazon WebServices（AWS）。除了弹性计算云（Elastic Compute Cloud，EC2）之外，Amazon 还提供了两类云存储服务，简单存储服务（Simple Storage Service，S3）和弹性块存储服务（Elastic Block Storage，EBS）。

1. Amazon S3

　　Amazon S3 是一个公有云服务，Web 开发人员能够存储各种数据资源（如图片、视频、音乐和文档等），以便在应用程序中使用。使用 S3 时，它就像一个位于互联网的机器，有一个包含数字资产的硬盘驱动。实际上，它涉及位于多个地理位置的许多机器，其中包含数据资源或者数据资源的某些部分。Amazon 还处理所有复杂的服务请求，可以存储数据并检索数据。用户只需要付少量的费用（大约每月 15 美分/GB）就可以在 Amazon 的服务器上存储数据，1 美元即可通过 Amazon 服务器传输数据。

　　Amazon 的 S3 服务提供了 RESTful API，用户能够使用任何支持 HTTP 通信的语言访问

S3。JetS3t 项目是一个开源 Java 库，可以抽象出使用 S3 的 REST API 的细节，将 API 公开为常见的 Java 方法和类。JetS3t 使 S3 和 Java 语言的工作变得更加简单，从根本上提高了效率。

理论上，S3 是一个全球存储区域网络（SAN），它表现为一个超大的硬盘，用户可以在其中存储和检索数据资源。但是，从技术上讲，Amazon S3 采用的是对象存储架构。通过 S3 存储和检索的资源被称为对象。对象存储在存储桶（Bucket）中。用户可以用硬盘进行类比：对象就像是文件，存储桶就像是文件夹（或目录）。与硬盘一样，对象和存储桶也可以通过统一资源标识符（Uniform Resource Identifier，URI）查找。

S3 还提供了指定存储桶和对象的所有者和权限的能力，就像对待硬盘的文件和文件夹一样。在 S3 中定义对象或存储桶时，用户可以指定一个访问控制策略。

2．Amazon EBS

Amazon Elastic Block Store（EBS）为 Amazon EC2 实例提供块级存储容量。Amazon EBS 提供可用性高、可靠性强且可预测的存储卷，并可以与一个正在运行 Amazon EC2 实例相连接且在实例中显示的为一个设备。Amazon EBS 卷能独立于实例的生命周期而存在。Amazon EBS 特别适合需要建立数据库、文件系统或可访问原始数据块级存储的应用程序。

存储卷的行为就像是一个原始的、未格式化的块设备，且具有用户提供的设备名称和一个块设备接口。用户可以在 Amazon EBS 卷上构建一个文件系统，或者按照用户的需要按块设备的方式使用它们，就像是使用一个硬盘一样。

Amazon EBS 卷可以是 1GB 到 1TB 的大小，可以被挂接到相同可用区域内的任何一个 Amazon EC2 上。挂载之后，EBS 卷就会像任何硬盘或者块设备一样作为一个挂载的设备出现。实例和卷之间的交互就如同它和一个本地设备一样，用一个文件系统格式化卷或者在其上直接安装应用软件。

一个卷一次只能挂载到一个实例之上，但是多个卷却可以挂载到同一个实例上。这意味着用户可以挂载多个卷并且条带化这些数据，这样就可以增加 I/O 和吞吐量性能。这对于数据库类型的应用特别有用，这些应用同时也频繁地通过数据集来完成大量的随机读写操作。如果实例失效或者实例与卷分离，这个卷仍然可以被挂载到这个有效区域内的其他实例上。

Amazon EBS 卷还可以作为 Amazon EC2 实例的一个引导分区，这就允许用户可以增加引导分区的大小到 1TB，保护用户的引导分区数据超过实例的生命期，并且一键捆绑用户的 AMI。用户同样可以停止并通过 Amazon EBS 卷的引导（当卷保持着状态时）来重启实例，此时系统具有很快的启动时间。

快照还可以用来实例化多个新的卷，通过有效区域扩展卷的规模或者移动多个卷。当生成一个新的卷时，这里有一个选项可以通过现有的 Amazon S3 快照来生成它。在这种方案中，一个新的卷作为一个原始卷的精确副本开始。通过选择性的指定一个不同的卷大小或者不同的可用区域，这个功能可以被用于增加一个现有卷大小的方法或者在一个新的可用区域内生成一个复制卷的方式。

Amazon EBS 卷是设计为高可用和高可靠的。Amazon EBS 卷数据是通过在一个有效区域内的多个服务器复制的，这可以防止数据由于任何单点失效引起的丢失。因为 Amazon EBS 服务器是在单个有效区域内复制的，在相同的有效区域内，存在多个 Amazon EBS 卷的镜像数据将不会有效地改善卷持久性。但是，对于那些需要更有效的持久性，Amazon EBS 提供生成任意时间点一致性卷快照的功能，它被存储在 Amazon S3，并且可以提供持久的恢复功能。Amazon EBS 快照是增量备份，这意味着只有当设备上的块在最近的快照有了改变时才会被保存。如果用户有一个 100GB 数据的设备，但是最近的一个快照只有 5GB 的数据改变了，只有 5GB 增加的快照数据被存储到 Amazon S3。快照是被递增的保存着，当要删除一个快照时，只有任意其他快照都不需要的数据会被删除。因此不管之前的快照是否删除了，所有有效的快照将会包含所有的需要用来恢复这个卷的数据。

7.6.3　Google 的云存储服务

从 2003 年开始，Google 连续几年在计算机系统研究领域的最顶级会议与杂志上发表论文，揭示其内部的分布式数据处理方法，向外界展示其使用的云计算核心技术。从其发表的论文来看，Google 使用的云计算基础架构模式包括四个相互独立又紧密结合在一起的系统。包括 Google 建立在集群之上的文件系统（Google File System，GFS）、针对 Google 应用程序的特点提出的 Map/Reduce 编程模式、分布式的锁机制 Chubby 以及 Google 开发的模型简化的大规模分布式数据库 BigTable。这里我们对 Google 的云存储服务加以介绍。

1．Google 文件系统

为了满足 Google 迅速增长的数据处理需求，Google 设计并实现了 Google 文件系统（Google File System，GFS）。GFS 与过去的分布式文件系统拥有许多相同的目标，例如性能、可伸缩性、可靠性以及可用性。然而，它的设计还受到 Google 应用负载和技术环境的影响。主要体现在以下四个方面。

（1）集群中的节点失效是一种常态，而不是一种异常。由于参与运算与处理的节点数目非常庞大，通常会使用上千个节点进行共同计算，因此，每时每刻总会有节点处在失效状态，需要通过软件程序模块，监视系统的动态运行状况，侦测错误，并且将容错以及自动恢复系统集成在系统中。

（2）Google 系统中的文件大小与通常文件系统中的文件大小概念不一样，文件大小通常以 G 字节计。另外文件系统中的文件含义与通常文件不同，一个大文件可能包含大量数目的通常意义上的小文件。所以，设计预期和参数，例如 I/O 操作和块尺寸都要重新考虑。

（3）Google 文件系统中的文件读写模式和传统的文件系统不同。在 Google 应用（如搜索）中对大部分文件的修改，不是覆盖原有数据，而是在文件尾追加新数据。对文件的随机写是几乎不存在的。对于这类巨大文件的访问模式，客户端对数据块缓存失去了意义，追加操作成为性能优化和原子性保证的焦点。

（4）文件系统的某些具体操作不再透明，而且需要应用程序的协助完成，应用程序和文件系统 API 的协同设计提高了整个系统的灵活性。例如，放松了对 GFS 一致性模型的要求，这样不用加重应用程序的负担，就大大简化了文件系统的设计。还引入了原子性的追加操作，这样多个客户端同时进行追加的时候，就不需要额外的同步操作了。

总之，GFS 是为 Google 应用程序本身而设计的。据称，Google 已经部署了许多 GFS 集群。有的集群拥有超过 1000 个存储节点，超过 300T 的硬盘空间，被不同机器上的数百个客户端连续不断地频繁访问着。

2．Google BigTable

Google BigTable 是构建于 GFS 之上的分布式数据库系统。很多应用程序对于数据的组织还是非常有规则的。一般来说，数据库对于处理格式化的数据还是非常方便的，但是由于关系数据库很强的一致性要求，很难将其扩展到很大的规模。为了处理 Google 内部大量的格式化以及半格式化数据，Google 构建了弱一致性要求的大规模数据库系统 BigTable。

BigTable 是非关系型数据库，是一个稀疏的、分布式的、持久化存储的多维度排序 Map。BigTable 的设计目的是快速且可靠地处理 PB 级别的数据，并且能够部署到上千台机器上。BigTable 看起来像一个数据库，采用了很多数据库的实现策略。但是 BigTable 并不支持完整的关系型数据模型；而是为客户端提供了一种简单的数据模型，客户端可以动态地控制数据的布局和格式，并且利用底层数据存储的局部性特征。BigTable 将数据统统看成无意义的字节串，将结构化和非结构化数据写入 BigTable 时，客户端需要首先将数据串行化。

BigTable 已经实现了适用性广泛、可扩展、高性能和高可用性几个设计目标。

Bigtable 是一个为管理大规模结构化数据而设计的分布式存储系统，可以扩展到 PB 级数据和上千台服务器。很多 Google 的项目使用 BigTable 存储数据，这些应用对 BigTable 提出了不同的挑战，比如数据规模的要求、延迟的要求。BigTable 能满足这些多变的要求，为这些产品成功地提供了灵活、高性能的存储解决方案。BigTable 已经在超过 60 个 Google 的产品和项目上得到了应用，包括 Google Analytics、Google Finance、Orkut、Personalized Search、Writely 和 Google Earth。这些产品对 BigTable 提出了迥异的需求，有的需要高吞吐量的批处理，有的则需要及时响应数据给最终用户。它们使用的 BigTable 集群的配置也有很大的差异，有的集群只有几台服务器，而有的则需要上千台服务器、存储几百 TB 的数据。

7.7　总结

本章我们对云存储做了一个比较全面的介绍。首先对云存储的定义和特点进行了讨论，然后阐述了云存储的结构模型，并对云存储的两种架构体系 TCS 和 LCS 做了简单描述。云存储包含分布式块存储、分布式文件系统、分布式对象存储和分布式表存储四种类型。我们在对这四种类型概念进行介绍的基础上，描述了各自的特点和适用的应用场景。

云存储是一个相当复杂的系统，它的实现涉及许多技术，包括存储虚拟化、数据容错、数据备份、数据压缩、和内容分发网络等技术。我们对这些技术逐一进行了描述和讨论。最后，我们介绍了几个典型的云存储服务，包括 EMC ATMOS 云存储服务、Amazon 的 S3 对象存储服务和 EBS 块存储服务，以及 Google 的分布式文件系统 GFS 和分布式表存储服务 BigTable。这些典型应用覆盖了四种云存储类型。

习　题

1. 描述云存储系统和传统文件系统的不同和特征。
2. 什么是耦合对称架构？什么是松耦合非对称架构？
3. 简述块存储、文件存储和对象存储各自特点和适用场景。
4. 描述存储虚拟化中有哪些关键技术，以及各个技术的特点和思路。
5. 基于复制的容错技术和基于纠删码的容错技术各自有什么优缺点？
6. 思考数据压缩技术和数据去重技术各自的特性，各自的适用场景。
7. 请分别描述四种分布式存储系统各自的特点和适用场景。
8. 综合思考目前云存储发展面临哪些问题。

PART 8　第 8 章
典型的云计算平台

本章首先对 Amazon、Google、Salesforce、Microsoft 等公司的云计算平台进行介绍，然后对开源 IaaS 平台 OpenStack、Cloudstack、Eucalyptus 以及开源 PaaS 平台 OpenShift、Cloud Foundry 进行介绍。

8.1　Amazon 云计算平台

Amazon 公司成立于 1995 年，是一家业务遍布全球的电子商务企业，也是美国最大的在线零售商。在运营网上交易平台的过程中，Amazon 公司积累了丰富的大规模 IT 基础设施管理和维护经验。为了利用这些经验更好地为用户服务同时增加公司的收入，Amazon 公司推出了一系列云计算 Web 服务。

Amazon 公司构建了一个云计算平台，并以 Web 服务的方式将云计算产品提供给用户。Amazon Web Services（AWS）于 2006 年推出，以 Web 服务的形式向企业提供 IT 基础设施服务，也就是现在的云计算服务。通过 AWS 的基础设施层服务和丰富的平台层服务，用户可以在 Amazon 公司的云计算平台上构建各种企业级应用和个人应用。用户在获得可靠的、可伸缩的、低成本的信息服务的同时，也可以从复杂的数据中心管理和维护工作中解脱出来。Amazon 公司的云计算真正实现了按使用付费的收费模式，AWS 用户只需为自己实际使用的资源付费。

本节首先对 Amazon 提供的云计算服务进行简单介绍，再对其中几个底层的核心服务做进一步的详细介绍。

8.1.1　AWS 产品

Amazon 公司构建了一个云计算平台，并以 Web 服务的方式将云计算产品提供给用户。用户在获得可靠的、可伸缩的、低成本的 IT 服务的同时，也可以从复杂的数据中心管理和维护工作中解脱出来。2005 年 11 月 2 日，Amazon 正式发布了他们的首个 Web 服务：Amazon Mechanical Turk。在其后的十多年中，Amazon 陆续推出了 30 多种丰富多样的 Web 服务，拥有遍布 190 多个国家的数十万用户，已经为 Netflix、Spotify 等大公司提供服务，能够与微软云端 Azure 平台一较高下。Amazon Web Services 在 2015 年第四季度为 Amazon 注入 24 亿美元营收，相较于 2014 年同期成长 71%，成为云计算业务事实上的领先者。

Amazon Web Services（AWS）是 Amazon Web 服务的总称。如表 8.1 所示，Amazon Web Services 共包括了 12 个门类共 33 种云计算产品与服务。通过 AWS 的 IT 基础设施层服务和丰富的平台层服务，用户可以在 Amazon 公司的云计算平台上构建各种企业级应用和个人应用。

表 8.1　Amazon AWS 产品分类

产品分类	产品名称
计算	Amazon Elastic Computer Cloud（EC2）
	Amazon Clastic MapReduce
	Amazon Scaling
	Amazon Elastic Load Balancing
内容交付	Amazon CloudFront
数据库	Amazon SimpleDB
	Amazon DynamoDB
	Amazon ElastiCache
	Amazon Relational Database Services（RDS）
应用服务	Amazon CloudSearch
	Amazon Simple Workflow Service（SWF）
	Amazon Simple Queue Service（SQS）
	Amazon Simple Notification Service（SNS）
	Amazon Simple Email Service（SES）
市场服务	Amazon Marketplace
部署与管理	AWS Identity and Access Management
	Amazon CloudWatch
	Amazon Elastic Beanstalk
	AWS CloudFormation
网络通信	Amazon Virtual Private Cloud（VPC）
	Amazon Route 53
	AWS Direct Connect
支付	Amazon Flexible Payments Service（FPS）
	Amazon DevPay
存储	Amazon Simple Storage Service（S3）
	Amazon Glacier
	Amazon Elastic Block Storage（EBS）
	Amazon Import/Export
	AWS Storage Gateway
支持	AWS Support
Web 流量	Alexa Web Information Service
	Alexa Top Sites
人力服务	Amazon Mechanical Turk

1．计算服务

AWS 共提供了以下 4 类计算类服务。

（1）Amazon Elastic Compute Cloud（EC2）：弹性计算云

EC2 提供了一种基于 Xen 的可信及可伸缩的虚拟计算环境，用户可根据业务需要租用不同配置的虚拟机，并在其上运行标准或自定义的镜像文件。

（2）Amazon Elastic MapReduce（EMR）：弹性 MapReduce

Amazon EMR 使用 Hadoop 作为其分布式处理的引擎，通过在 EC2 和 S3 上架构 Hadoop 框架来提供大数据处理服务，即在 EC2 实例集群上运行 MapReduce 任务，并将用户的处理程序、源数据及处理结果存储在 S3 上，也可选择保存在 Amazon DynamoDB 中。Amazon EMR 允许用户使用 Java/C++/Perl/Ruby/Python/PHP/R 等语言编写自己的处理程序。

（3）Amazon Auto Scaling：自动扩缩

Auto Scaling 与 Amazon EC2 配合使用，它允许用户自定义条件以根据业务的性能情况自动无缝地增加/减少所租用的 Amazon EC2 实例。Auto Scaling 是基于 Amazon CloudWatch 的计量结果来实现的。Amazon EC2 用户可以直接通过 API 或命令行工具使用 Auto Scaling 服务。

（4）Amazon Elastic Load Balancing：弹性负载均衡

Amazon Elastic Load Balancing 可以在一个或多个可用区中的 Amazon EC2 实例之间自动分配入口流量。Elastic Load Balancing 可以检测 EC2 实例的健康情况，一旦发现某个实例有问题，即可在其恢复正常之前自动地将流量重定向到其他健康的实例上。

2．内容交付

Amazon CloudFront 是用于内容分发的 Web Service，与其他 AWS 一起提供了一种简便的方式，使开发者和商业应用能够低延迟、高数据传输率地将内容分发给最终用户。Amazon CloudFront 可使用遍布全球的节点服务器来分发整个网站，包括动态、静态和流内容。对内容的请求将被自动路由到离用户最近的节点服务器，因此，内容的分发可能具有最优的性能。经过优化，Amazon CloudFront 可与 Amazon S3、EC2、ELB 及 Amazon Route 53 协同工作，Amazon CloudFront 也可和任何存储有用户原始文件的非 AWS 的源服务器无缝集成。

3．数据库服务

AWS 提供了几种不同类型的数据库服务，既有传统的关系型数据库，也有用来存储半结构化数据的 NoSQL 数据库。用户可以根据实际应用的需要选择合适类型的数据库。

（1）Amazon Relational Database Services（RDS）：关系数据库服务

Amazon 关系型数据库服务是一个 Web Service，使得云环境下建立、操作、扩展关系型数据库变得容易，在管理耗时的数据库任务的同时，提供了成本经济和容量可变的能力，使用户可以关注自己的应用和业务本身。

Amazon RDS 提供了访问 MySQL、Oracle 或 Microsoft SQL Server 数据库引擎的能力，这意味着基于现有数据库的代码、应用和工具可以用于 RDS 之上。RDS 自动为数据库软件打补丁、备份用户数据库、存储备份文件，并可在适当时候恢复数据库。用户可使用一个 API 调用来扩展与关系型数据库实例相关联的计算资源或存储容量，而且用备份来加强产品数据库的可用性和可靠性也更为容易。

（2）Amazon DynamoDB：DynamoDB 数据库服务

Amazon DynamoDB 为完全受管的 NoSQL 数据库服务，提供了快速且可预期的性能与无缝扩展的能力。用户可通过 AWS 管理控制台启动 DynamoDB 数据库表，向上或向下热扩展表所需的资源，并可清晰地查看资源使用率与性能情况。DynamoDB 将数据存储在 SSD 上，并自动将表中数据和访问流量分布到多个服务器上，因此可以存储任意数量的数据并应对各级别的请求流量。DynamoDB 的数据会被自动备份到同一地区中的三个可用区上，因而具有天生的数据高可用性和持久性。

用户可使用 DynamoDB API 或 AWS 管理控制台来创建表并指定数据请求容量，使用 API 来读写数据，使用 AWS 管理控制台中的 CloudWatch 来监控 DynamoDB 表的状态与性能。

（3）Amazon SimpleDB：简单数据库服务

Amazon SimpleDB 是具有高可用性及灵活性的非关系型数据库服务，开发人员只需通过 Web Service 存储并查询数据项，其他的事情都由 SimpleDB 管理。SimpleDB 自动将用户数据备份到多个物理分布的地点，以实现高可用性。用户可以随时更改数据模型，数据可以自动重建索引。

DynamoDB 和 SimpleDB 都是非关系型数据库服务，但是两者之间在性能方面还是有很大区别的。DynamoDB 关注于提供无缝的扩展性和快速且可预知的性能，用户数据会被自动分布到多台服务器上以满足扩展的需求。DynamoDB 表中存储的数据没有数量限制，随着数据量的增长，用户可以扩展请求和存储容量来应对。SimpleDB 适合于对负载的扩展需求不高，但需要灵活性查询的情况。SimpleDB 自动为所有项属性建立索引，较之 DynamoDB 能提供更多的查询功能。SimpleDB 的表有 10GB 的大小限制，如果需要超过此限制，可以手动分区数据，并存到额外的 SimpleDB 表中。

（4）Amazon ElastiCache：弹性缓存服务

Amazon ElastiCache 服务使得在云中部署、操作、扩展内存缓存变得容易。它提高了 Web 应用的性能，允许用户从快速、受管、内存的缓存系统中获取信息，而非完全依赖于基于磁盘的数据库。ElastiCache 与 Memcached 协议兼容，因此，现有 Memcached 环境中的代码、应用和工具可以无缝地用于 ElastiCache。

4．部署与管理类

为了方便用户部署应用到云端，以及对云端的应用和资源进行管理，AWS 提供了一系列的部署与管理服务。

（1）Identity and Access Management（IAM）：身份与访问管理服务

AWS 身份与访问管理服务提供了对 AWS 服务和资源的安全访问控制，使用 IAM 可在 AWS 中创建并管理用户、角色、权限与安全凭证，即使不在 AWS 之内，IAM 也可赋予受管用户对 AWS 资源的访问权限。因为 IAM 和其他 AWS 服务实现了无缝集成，所以如果使用 AWS，IAM 可以提供更多的安全、灵活性和控制能力。

IAM 可在用户公司账户和 AWS 服务之间建立联合身份，这样，就可使用客户公司现有的用户身份信息对 AWS 资源授予安全直接的访问，而无需为这些用户创建新的 AWS 身份。

（2）Amazon CloudWatch：云监控

Amazon CloudWatch 监控 AWS 云资源(如 EC2 和 RDS DB 实例)及 AWS 上运行的应用，开发人员和系统管理员可使用 CloudWatch 来收集、跟踪计量数据（包括用户自定义的），对资源使用率、应用性能或操作情况有全面的了解，从而保证应用与业务的平滑运行。用户可通过编程方式获取监控数据、查看图表、设置警报来帮助定位错误、显示趋势，并根据云环境的具体情况自动采取相应的操作。

（3）AWS Elastic Beanstalk：应用程序管理

AWS Elastic Beanstalk 使用户可以方便快速地在 AWS 云上部署并管理应用。用户上传应用后，Elastic Beanstalk 会自动处理部署细节，如资源分配、负载均衡、自动扩展及应用健康监控等，同时，用户对应用所使用的 AWS 资源仍具有完全的控制权。

（4）AWS CloudFormation：云编排服务

AWS CloudFormation 使开发者和系统管理员能按顺序且以可预测的方式来创建、管理、部署并更新一组相关的 AWS 资源。用户可以使用 AWS CloudFormation 的模板或自定义模板来描述运行应用所需的 AWS 资源、相关的依赖或运行参数。CloudFormation 负责处理 AWS 服务的部署顺序及依赖关系，用户无需关心。部署完成后，用户对 AWS 资源的修改和更新具有可控性，对 AWS 基础架构的版本控制和普通软件的版本控制完全一样。

5．应用服务类

为了方便用户开发应用，AWS 提供了一些通用应用功能服务给用户使用。通过使用这些应用服务，应用开发者不但可以提高开发的效率，还可以省去部署、管理和维护这些应用服务的工作。

（1）Amazon CloudSearch：云搜索

Amazon CloudSearch 是一个基于云的快速且高扩展性的搜索服务，可被用户集成到自己的应用中。CloudSearch 具有高吞吐率和低延迟的特点，支持自由文本搜索、分面搜索、可定制的相关度分级、可配置的搜索字段、文本处理选项及近似实时的索引构建。开发者可使用 AWS 管理控制台创建搜索域并上传搜索源数据，CloudSearch 即可部署所需的资源并建立优化过的搜索索引。

（2）Amazon Simple Workflow Service（SWF）：简单工作流服务

Amazon 简单工作流服务是构建可扩展与弹性应用的工作流服务。在传统的开发方法中，如果应用处理的步骤运行在不同时间且运行时长不同，则保证它们可靠且无重复地执行是一件耗时费力的事情。如果应用处于分布式系统环境，各处理步骤之间的协调更是一种挑战。在 Amazon SWF 中，开发者将应用中的各种处理步骤组织为"任务"，SWF 负责协调这些任务以可靠且可扩展的方式运行。工作流是一组按特定顺序（有时候包含条件流或循环操作）执行的任务。工作流的每一次执行，都被视为一个独特的工作流执行。

（3）Amazon Simple Queue Service（SQS）：简单队列服务

Amazon 简单队列服务为计算机之间交互消息的存储提供了一个可靠且高扩展的队列。开发者的应用可由多个执行不同任务的分布式组件构成，基于 Amazon SQS，数据可在这些组件之间移动，既不会丢失消息，也不要求每个组件都一直可用。SQS 与 EC2 及其他 AWS 服务紧密结合，使自动化工作流的构建变得容易。

（4）Amazon Simple Notification Service（SNS）：简单通知服务

Amazon 简单通知服务作为一个 Web Service，使得从云端设置、操作、发送通知变得容易，SNS 为开发者提供了一种高可扩展、灵活且经济的方式，实现了从某个应用发布消息，并立即将消息送达给订阅者或其他应用。

（5）Amazon Simple Email Service（SES）：简单邮件服务

Amazon 简单邮件服务面向企业和开发人员提供了高扩展、低成本的事务级电子邮件发送服务，SES 省去了自己构建市场级电子邮件解决方案的复杂和开销，也避免了采用第三方邮件服务而要关注的许可、安装和运行工作。SES 和其他 AWS 服务实现了集成，使得从 AWS

服务上（如 EC2）的应用发送电子邮件变得简单。

6．AWS Marketplace

AWS Marketplace 是一个在线的应用商店，帮助客户查找、购买并立即开始使用运行于 AWS 云上的软件，其中一些软件来自可信的提供商，如 SAP、Zend、Microsoft、IBM、Canonical、10gen，以及很多广泛使用的开源软件，如 Wordpress、Drupal、Mediawiki 等。开发者也可将自己开发的软件发布到 Amazon Marketplace 上，供 Amazon 用户购买。

7．网络类服务

为了方便用户访问部署在云端的应用和资源，以及方便应用之间相互通信，AWS 提供了多个网络服务给用户和应用开发者使用。

（1）Amazon Route 53：域名系统服务

Amazon Route 53 是一个高可用与高可扩展的域名系统（Domain Name System，DNS）的 Web 服务。企业和开发人员可基于 Route 53 提供极其可靠且经济的 DNS 服务，既可有效地将用户请求连接到 AWS 上运行的应用上（如 EC2 实例、ELB、S3 Bucket），也可将用户请求路由到 AWS 外部。Route 53 的 DNS 服务器遍布全球网络，对某个域的查询会自动路由到最近的 DNS 服务器，从而实现低延迟的 DNS 查询应答。

（2）Amazon Virtual Private Cloud（VPC）：虚拟私有云

Amazon 虚拟私有云可部署一个私有的、隔离的 AWS 云，用户可在该 VPC 中的虚拟网络上启动 AWS 资源。用户可在 VPC 上定义一个非常类似传统网络的虚拟网络拓扑，且对该虚拟网络环境拥有完全的控制权，包括选择 IP 地址范围、创建子网、配置路由表及网关等。

（3）Amazon Direct Connect：网络直连服务

AWS 直连服务可在用户个人的 IT 设施（如数据中心、办公室、托管主机等）和 AWS 之间建立私人专属的网络连接，以降低网络开销、增加带宽出口量，并获得更佳稳定可靠的 Internet 连接。AWS 直连采用标准的 802.1q VLAN 协议，将专属的网络连接划分为多个虚拟接口，这样基于同样的连接，既可以公网 IP 地址访问公共资源（如 S3 上存储的对象），也可用私有 IP 地址访问私有资源（如运行在 VPC 中的 EC2 实例），而且公有和私有网络环境是相互隔离的，用户可在任何时候重新配置虚拟接口。

8．支付与计费类服务

云计算的特点之一就是按需付费，许多企业和个人都在基于 Amazon 提供的云服务的基础上开发自己的云应用给第三方使用。而要开发云应用，支付和计费是必不可少的功能。为了方便用户开发云计算服务，AWS 提供了必要的支付和计费类服务供他们使用。

（1）Amazon Flexible Payment Service（FPS）：弹性支付服务

Amazon 弹性支付服务是第一个完全为开发者设计的支付服务，它架构在 Amazon 可靠且可扩展的支付框架之上，为开发者提供了方便的方法向成千上万的 Amazon 客户收取费用，而这些 Amazon 客户可以使用已经在 Amazon 上使用的支付信息（如登录凭证、发货地址等）来支付。

（2）Amazon DevPay

Amazon DevPay 是一个在线的计费与账号管理服务，使企业和开发者能更方便地售卖基于 AWS 的应用。对于传统的在线订购服务或应用而言，创建并管理订单流水线或者计费系统是很大的一个挑战，但采用 DevPay 后，用户就不会再有这样的痛苦了。企业或开发者可以使用 DevPay 快速实现诸多功能，如客户注册、自动计量客户的 AWS 服务使用量并据此生成

Amazon 账单、以及收讫支付等。Amazon DevPay 提供了 Web Service 接口，可按多种付费方式以及服务使用情况，为开发者所开发的应用计价，并使用 Amazon Payments 来处理来自应用客户的支付，成千上万的 Amazon 客户在使用了开发者开发的应用后，可以使用已有的 Amazon 账号来支付。

9. 存储类服务

数据库服务为用户提供了存储结构化和半结构化数据的能力，存储服务为用户提供存储非结构化数据服务，以及块存储服务。

（1）Amazon Simple Storage Service（S3）：简单存储服务

Amazon S3 是一种简单存储服务，通过使用使一个简单的 Web Service 接口，用户可以将任何类型的数据临时或永久地存储到 S3 服务器上。S3 是一个典型的对象存储系统。

（2）Amazon Glacier

Amazon Glacier 为归档和备份数据提供了极低费用的安全持久的存储服务。为了降低费用，Glacier 针对不经常访问的数据做了专门的优化，这类数据通常不会实时获取，而要等待几个小时。Glacier 的数据存储价格为每月每 GB 只要 0.01 美元。

（3）Amazon Elastic Block Store（EBS）：弹性块存储服务

Amazon 弹性块存储为 EC2 实例提供块级别的存储卷服务。Amazon EBS 卷是网络连接的持久化独立存储设备，不受 EC2 实例的生命周期影响。EBS 尤其适合需要数据库、文件系统或访问原始块存储设备的应用。

（4）AWS Import/Export：导入/导出服务

AWS 导入导出服务加快了大批量数据在 AWS 和便携式存储设备之间的传输。AWS 使用 Amazon 的高速内部网络而非 Internet 来传输数据，一般来说，AWS 导入导出服务要快于 Internet 的传输速率，也更为经济。

（5）AWS Storage Gateway：存储网关

AWS 存储网关作为一个 Web Service，将企业内部软件应用和云端存储相连，以在用户组织内部的 IT 环境和 AWS 的存储架构之间提供无缝且安全的集成方式。AWS 存储网关使用户可以安全上传数据到 AWS 云端，以达到成本经济的备份与快速灾难恢复的目的。AWS 存储网关支持工业标准级别的存储协议，以支持用户现有的应用。用户数据保存在内部存储硬件上，并低延迟地异步上传到 AWS，加密存储在 S3 中。

10. 支持类服务

AWS Support 提供了专业技术支持工程师的一对一 24×7×365 的快速支持渠道，帮助各类客户和开发者成功地使用 AWS 的产品和特性。AWS Support 提供了四种级别的个性化技术支持服务：基本、开发者、商业和企业。其中，基本级别的支持是免费的，包括资源中心、产品 FAQ、论坛及健康检查。所有级别的 AWS Support 服务都包括数目不限的案例支持。对商业和企业级支持，随着 AWS 使用费用的上升，还有更多折扣。

11. Web 流量服务

AWS Support 为用户提供他们网站使用流量的各种信息，比如网站流行度、网站流量排名、访问人数等。

（1）Alexa Web 信息服务（Alexa Web Information Service，AWIS）

Alexa Web 信息服务为开发者提供 Alexa 的有关流量和 Web 结构的大量信息。Alexa 通过其 Web 爬虫和 Web 使用分析收集了大量有关网页和网站的信息。这些信息包括网站流行度、相关网站、详细使用/流量统计、支持的字符集/区域设置、网站联系信息等。开发者还能够通过编程方式访问过去一年的网站流量排名、每百万人中访问人数、页面访问量等信息。

（2）顶级网站服务（Alexa Top Sites）

Alexa 顶级网站服务提供了对 Alexa 流量排名网站列表的访问，开发者可使用该 Web Service 了解从流量最大到最小的网站排名。该服务每页展示 100 个网站，并可通过多次请求，获取 1000、5000 或 100000 个网站列表。除了 Alexa 量排名外，返回的每个网站信息还包括每百万个人中访问数、每个用户平均页面访问量，以及 Alexa 用户访问数。

12．人力类服务

即便在信息化技术高度发展的今天，人类智力仍然在相当多的方面表现得比计算机更为迅捷有效，如图像或视频识别、数据去冗余、录音誊抄等。对这些，计算机处理起来既耗时昂贵又难于扩展的任务，雇用一大批人力来做可能更为经济有效。Amazon Mechanical Turk 即是这样一个提供了人力智能劳务交易的市场，其目标是简单、可扩展、高性价比地使用人力智能资源。AMT 由 Amazon MTurk、Requester 和 Worker 三部分组成，其应用流程为，Requester 在 AMT 平台上发布劳务信息，Worker 选择任务，并可在完成后获取报酬。AMT 平台提供了 API，使得 Requester 可以编程访问平台、定义任务并将任务结果直接集成到自己的应用中。

8.1.2　常用 AWS 之间的关系

AWS 基础设施层服务包括了计算服务、消息通信服务、网络通信服务和存储服务。一个应用的生命周期主要涵盖创建、部署、运行监控和卸载等几个阶段。图 8.1 显示了在一个应用中经常使用的各个 AWS 服务之间的关系。

用户可以将应用部署在 EC2 上，通过控制器启动、停止和监控应用。计费服务负责对应用的计费。应用的数据存储在 EBS、S3 或 SimpleDB 中。应用系统之间借助 SQS 在不同的控制器之间进行异步可靠的消息通信，从而减少各个控制器之间的依赖，使系统更为稳定，任何一个控制器的失效或者阻塞都不会影响其他模块的运行。

Amazon 平台层服务不仅能够满足很多方面

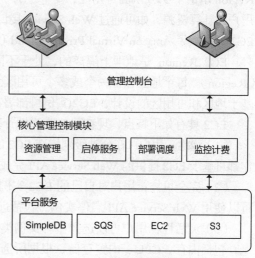

图 8.1　常用 AWS 服务间关系

的 IT 资源需求，还提供了很多上层业务服务，包括电子商务支付、网络流量服务以及人力类服务等。前面我们对 AWS 的 12 类 33 种服务做了简单介绍。下面几节将分别介绍 EC2、EBS、S3、SimpleDB 等几个底层关键产品。

8.1.3　Amazon EC2

2006 年 8 月，Amazon 发布了 Amazon EC2 Beta 版，与之前刚刚推出的 Amazon S3 一起揭开了云计算业务时代的大幕，并逐步帮助 Amazon 确立了作为云计算基础服务提供商的领导地位。

Amazon EC2 是一个 IaaS 平台，它允许用户请求具有各种资源（CPU、磁盘、内存等）的虚拟主机，并按照使用的时间付费，其他事情全部交给 Amazon 处理。EC2 虚拟主机的镜像（Amazon Machine Image，AMI）基于 Linux，可以运行任意应用程序和软件。用户在 Amazon 租借主机之后，可以像对待物理主机一样使用 EC2 虚拟主机。例如，可以用 SSH 工具登录并维护主机。

EC2 提供了一种基于 Xen 的可信及可伸缩的虚拟计算环境，用户可根据业务需要租用不同配置的虚拟机，并在其上运行标准或自定义的镜像文件。EC2 支持动态且自动地扩展/收缩计算资源，获取与启动实例均在分钟级别，同时，EC2 还提供了弹性负载均衡机制。

EC2 上部署并发布服务的基本单元为 Amazon Machine Image（AMI，以 S3 对象方式存储），Amazon 及 EC2 社区提供了上千种预定义的镜像文件 AMI，用户可以在租用的虚拟机上运行这些模板化的镜像文件，也可以创建并运行包含自己应用、数据和相应配置的 AMI。

用户对所租用的 EC2 计算资源具有完全的控制权，包括安全配置、网络访问等。同时，EC2 还提供了 Web Service API 或管理工具协助用户管理及监控虚拟机实例、网络及存储服务等。

EC2 可与其他 AWS 有机结合起来使用，从而为用户带来更大的价值。如 EC2 可以和 Amazon S3、Amazon Relational Database Service（RDS）、Amazon SimpleDB 及 Amazon Simple Queue Service（SQS）一起提供计算、查询处理和存储的完全解决方案；早期的 EC2 版本中，用户数据存储在实例中，一旦实例被破坏，用户数据随之丢失。为了解决这一问题，EC2 推出了 Amazon Elastic Block Store（EBS），为 EC2 提供可靠且弹性的块存储服务。

可靠性必然是用户使用 EC2 所需考虑的一个重要方面，Amazon EC2 SLA 为每个 EC2 Region 承诺了 99.95%的可用性；安全是另一个不可忽视的因素，EC2 提供了多种机制来保护用户的计算资源，如可通过 Web Service 接口配置防火墙来控制实例之间的网络访问；同时，EC2 还提供了 Amazon Virtual Private Cloud（VPC）来实现更为严格的安全配置。

EC2 Region 是地理上隔离的，处于不同的地区或国家，目前 EC2 有 8 个独立的地区（Region）。每个地区包含一个或多个可用区（Availability Zone），各个可用区之间相互独立。基于地区和可用区的设计，EC2 实例可部署在多个位置以避免单点故障的影响。

EC2 具有如下特点，现在已成为弹性计算服务的事实标准。

（1）弹性：用户可在分钟级别增减 EC2 的容量，并同时操作多达上千个实例。所有这些操作都可基于 EC2 提供的 Web Service API 完成，因此用户的应用可以按需自动向上或向下扩展。

（2）完全可控：用户对自己的 EC2 实例具有完全控制权。用户具有每个实例的根权限，可以使用 Web Service API 启停实例（包括远程重启），还可访问实例的输出。

（3）灵活性：用户可以选择多种实例类型、操作系统及软件包。用户可以自定义配置信息，包括内存、CPU、内置存储、根据所选操作系统及应用而优化的根分区大小等。例如，操作系统可选项包括多种 Linux 发布版本、Microsoft Windows Server 等。

（4）与其他 AWS 集成：EC2 与 Amazon S3、Amazon RDS、Amazon SimpleDB 及 Amazon SQS 结合使用可提供跨大范围应用的计算、查询处理及存储的完全解决方案。

（5）可靠性：EC2 提供了高可靠的计算环境，后备实例可迅速且预知性地替换故障实例。服务运行在 Amazon 可信网络基础架构及数据中心内，EC2 SLA（Service Level Agreement）为每个 Amazon EC2 Region 承诺了 99.95%的可用性。

（6）安全：EC2 提供了多种机制保证用户计算资源的安全性。

- EC2 提供了 Web Service 接口来配置防火墙设置，以控制对实例组及实例组之间的网络访问；
- 当在 Amazon VPC 内部启动 EC2 资源时，用户可以通过指定希望使用的 IP 范围来孤立自己的计算实例，并使用工业标准级别的加密 IPsec VPN 来连接到已有的 IT 基础架构。用户也可在 VPC 内部启动专有实例，专有实例是在 VPC 中运行的 EC2 实例，且提供了额外的独立性以专供一个用户使用；

（7）廉价：Amazon EC2 按用户实际使用计算资源的情况收取很低廉的费用。

- 按需实例（On-Demand Instance）：用户可按小时支付对计算资源的使用费用，从而大大降低了固定成本的投入，且省却了用户为应付网络周期性峰值而做的边界投入；
- 保留实例（Reserved Instance）：用户可通过一次性支付（将在每小时费用上有个很大的折扣）来保留一个实例，保留实例有三种类型（轻量级、中型、重量级供用户选择；
- Spot 实例：Spot 实例允许用户对未使用的 EC2 资源出价，只要出价超过 Spot 价格，就可以一直使用这些资源。Spot 价格基于供求关系而周期性变化，用户的出价匹配或超过 Spot 价格的可以获得对可用 Spot 实例的使用权。如果用户应用的运行时间可灵活变化，则使用 Spot 实例可以显著地降低 EC2 开支；
- 易于上手：用户可以访问 AWS Marketplace，选择预配置好的软件 AMI，以快速开始使用 EC2，并可利用一键运行功能或 EC2 终端来快速部署该软件。

8.1.4　Amazon EBS

Amazon 弹性块存储（Elastic Block Store，EBS）为 EC2 实例提供块级别的存储卷服务。Amazon EBS 卷是网络连接的持久化独立存储设备，不受 EC2 实例的生命周期影响。EBS 尤其适合需要数据库、文件系统或访问原始块存储设备的应用。

Amazon EBS 卷创建在某个可用区中，大小可为 1GB 到 1TB，可连接到同一可用中的任意 EC2 实例上，连接成功后的 EBS 卷可看作一个挂载上的设备，和任何其他硬盘或块设备没有什么区别。EC2 实例可以像操作本地磁盘一样使用该卷，格式化卷为某种文件系统或者直接安装应用。

EBS 卷某一时刻只能连接到一个实例，但一个实例可同时连接多个卷。这样，用户可以往一个实例上连接多个 EBS 卷，并将数据分散存储在这些卷上，以提供 I/O 和带宽性能，这尤其适合数据库类型的应用，因为在数据集上经常有大量随机的读写操作。如果某个实例出现故障或解除了到 EBS 卷的连接，该卷就可以连接到该中的任意其他实例上。

EBS 卷也可作为 EC2 实例的根分区，这样 EC2 实例的根分区大小最大可以到 1TB，并可在销毁实例时保存下根分区数据，以便和其他 AMI 绑定。此外，当为保存状态而停止并重启根分区为 EBS 卷的实例时，启动时间非常快。

Amazon EBS 具有如下特点。

（1）EBS 卷大小为 1GB 到 1TB，可挂载为 EC2 实例的设备，多个 EBS 卷可挂载到同一实例。

（2）通过选择 Provisioned IOPS 卷，EBS 可部署特定级别的 I/O 性能，能使每个 EC2 实例扩展到数千 IOPS。

（3）EBS 存储卷看似一个原始的、未格式化的块设备，由用户提供设备名及块设备接口。用户可像使用硬盘一样，在 EBS 卷上创建一个文件系统，或者任何块设备支持的操作。

（4）EBS 卷可连接到同一可用区域中 EC2 实例上。

（5）每个 EBS 存储卷都会自动在同一应用区域中备份，避免单点硬件故障。

（6）EBS 支持创建卷的快照，并存储在 S3 中。这些快照可作为起点，初始化任意多个新的 EBS 卷。

（7）AWS 支持用户基于 AWS 上的公众数据集来创建新的 EBS 卷。

（8）Amazon CloudWatch 提供了 EBS 卷的性能计量参数，包括带宽、吞吐率、延迟、队列长度等。可通过 AWS CloudWatch API 或 AWS 管理控制台来访问这些计量值。

下面我们描述 EBS 的一些产品细节。

（1）Amazon EBS 卷的性能

Amazon EBS 提供了两种类型的卷：标准卷和 Provisioned IOPS 卷，它们在性能特征和价格上有所区别。

标准卷适合为中等或突发 I/O 需求的应用提供存储服务。标准卷支持的平均 IOPS 大致为 100，突发时最好可到数百 IOPS。标准卷非常适合做根分区卷，对突发 I/O 的支持能力使实例的启动时间非常迅速。

Provisioned IOPS 卷适合可预测、高性能的 I/O 密集型应用，如数据库等。在创建 Provisioned IOPS 卷时，可以指定 IOPS 速率，EBS 会在该卷的存续期内提供相应的速率。目前 EBS 支持每个 Provisioned IOPS 卷最高 1000 IOPS，未来很快还会提高此限制数。通过连接多个 IOPS 卷到同一 EC2 实例上，应用可支持数千 IOPS。为了使 EC2 实例能够充分利用 IOPS 卷的 I/O 能力，可以启动"EBS 优化"类型的 EC2 实例，EBS 优化实例可在 EC2 和 EBS 之间提供 500Mbit/s 至 1000Mbit/s 的吞吐率。

（2）Amazon EBS 卷的可靠性

EBS 卷设计为高可用和高可靠的存储设备。EBS 卷的数据在内的多台服务器上备份储。EBS 卷的可靠性依赖于卷的大小以及上次快照后变更数据的百分比。例如，一个 20GB 的卷，或者最近一次 EBS 快照后没有什么数据改动的情况下，预期的每年故障率（AnnualFailure Rate，AFR）是 0.1%～0.5%，此处的"故障"表示完全丢失卷，这个值已经 10 倍强于普通硬盘 4% 左右的 AFR 了。

除了 EBS 在可用区内冗余备份存储外，EBS 还提供了创建卷的快照的功能，快照存储在 S3 上，并自动拷贝到多个可用区域中，因此经常为卷做快照是提高数据长期可靠性的一个方便经济的途径。万一 EBS 卷出现故障，用户可以从最近的快照重新创建卷。

（3）Amazon EBS 快照

EBS 快照是增量备份，即只保存那些有在上次快照后有所更改的块。虽然 EBS 快照是增量保存的，但当删除一个快照时，只会删除那些不会被任何其他快照使用的数据。因此，无论删除了之前的哪个快照，所有现有的活动快照都仍包含恢复卷所需的全部信息。此外，恢复卷所需的时间对所有快照而言都是一样的。

快照还可用来初始化 EBS 卷、扩展已有卷的大小或在可用区域之间移动卷。创建 EBS 卷时，有一个选项，允许基于现有的 S3 上的快照来生成卷，这样，新生成的卷是原始卷完全相同的一份拷贝。如果使用快照来改变卷大小，必须确认文件系统或应用支持改变设备的大小。

从 S3 上快照创建一个新的卷是一个懒加载过程，即并不需要等到所有数据都从 S3 迁移到新的 EBS 卷上，才告知卷创建完成，EBS 卷会在后台执行数据加载操作。如果 EC2 实例访问的数据片段还未被加载到 EBS 卷上，EBS 卷会立刻从 S3 下载所请求的数据，然后继续在后台加载其他的数据。

借助 EBS 的快照特性，用户可以公开自己的数据，允许哪些授权 AWS 用户共享访问，具有访问权限的用户即可基于这些快照来创建自己的 EBS 卷。

8.1.5　Amazon Simple Storage Service（S3）

Amazon S3 是云计算平台提供的可靠的网络存储服务。通过 S3，个人用户可以将自己的数据保存到存储云上，通过互联网访问和管理。同时，AWS 的其他服务业可以直接访问 S3。S3 由对象和存储桶（Bucket）两部分组成。对象是最基本的存储实体，包括对象数据本身、键值、描述对象的元数据及访问控制策略等信息。存储桶则是存放对象的容器，每个桶中可以存储无限数量的对象，但是存储桶本身不支持嵌套。

作为云平台上的存储服务，S3 具有与本地存储不同的特点。S3 采用的按需付费方式节省了用户使用数据服务的成本。云平台上的应用程序可以通过 REST 或者 SOAP 接口访问 S3 中的数据。S3 中的所有资源都有唯一的 URI 标示符，应用通过向指定的 URI 发出 HTTP 请求，就可以完成数据的上传、下载、更新或者删除等操作。

S3 设计为 Internet 的存储设备，使 Web 扩展变得更为容易。S3 提供了一个简单的 Web Service 接口，用户可用该接口来在任意时间从 Web 的任何地点存储并获取任意数量的数据。S3 所基于的底层架构和 Amazon 网站所使用的全球网络是一样的，任何开发者都可以访问这样一个高扩展、可靠、安全、快速和经济的基础架构。

作为 Web 数据存储服务，S3 适合存储较大的、一次写入、多次读取的数据对象，例如声音、视频、图像等媒体文件。

Amazon S3 具有如下特点。

（1）可以读、写、删除包含 1Byte 到 5TB 数据的对象，用户可存储的对象数量没有限制。

（2）每个对象都存储在一个存储桶中，并通过一个唯一的由开发者指定的键来读取。

（3）一个存储桶存储在某个地区，用户可以选择存储的地区，以优化延迟、减少开支、满足管理需求等。存储在某个地区中的对象不会离开该地区，除非用户主动将其迁移出去。

（4）S3 提供了认证机制保证未经认证的请求不能访问数据。数据可设为私有或公有类型，并可为每个数据使用者赋予不同的访问权限。此外，S3 还提供了数据安全上传/下载及静态数据加密选项。

（5）S3 采用标准的 REST 和 SOAP 接口访问。

（6）默认下载协议是 HTTP，亦提供了 BitTorrent 协议接口以满足高扩展分发的需求。

（7）提供定期删除和大容量删除的选项。对定期删除，可以定义规则，在预设置的时间到达后，删除一组对象，一条请求最多可以一次性删除 1000 个对象。

Amazon S3 可用于大量应用场景，举例如下。

（1）内容存储与分发

S3 可为 Web 应用、媒体文件等提供高持久性、高可用性的存储支持，随着应用数据的增加，可以随时动态扩展存储空间。用户可直接从 S3 上分发自己的内容，也可将 S3 作为数据源，并将内容发布到 Amazon CloudFront 的节点服务器上。如果要分享的数据内容易于重新生成或者在其他地方已有备份，S3 提供了低成本的冗余精简存储（Reduced Redundancy Storage，RRS）方案。例如，用户公司内部有一份媒体内容的存储，但为了让公司客户、渠道合作商或员工能更方便地访问这些内容，可以采用 RRS 来存储并分享这些数据。

（2）存储数据分析的结果

Amazon S3 非常适合存储某些应用场景的原始数据内容，例如制药分析数据、用于计算和定价的金融数据，或用于处理的相片等。这些数据可被直接发送到 EC2 用于计算或其它大规模的分析之用，EC2 和 S3 之间的数据传输完全是免费的。这些可重复生成的处理结果既可采用 S3 标准方式存储，也可使用 RRS 特性存储。

（3）备份、归档与灾难恢复

S3 为用户的关键数据提供了高持久性、高扩展性以及安全的备份和归档方案，甚至还可使用 S3 的版本控制功能为存储的数据提供更多的保护。如果数据量非常庞大，可以使用 AWS 导入/导出功能将大量数据从物理存储设备导入 S3 或从 S3 导出到物理存储设备。这非常适合周期性的备份以及灾难恢复时的数据快速获取。

S3 的主要设计目标是简单而可靠，可以廉价而安全地存储任意数量的数据，并且保证数据的高可用性。为此 S3 实现了以下设计需求。

（1）安全：用户可以完全控制谁可以访问他们的数据，数据在传输和存储时也必须安全。

（2）可靠：存储的数据具有 99.999999999% 的可靠性以及 99.99% 的可用性，不存在单点故障以及宕机时间。

（3）可扩展：通过添加新的节点到系统中，S3 可从存储空间、请求速率及用户数几方面支持任意多个 Web 扩展的应用。

（4）快速：S3 足够快速，能支持高性能需求的应用，S3 服务器端的延迟远远小于 Internet 的网络延迟，任何性能瓶颈都可以通过往系统中添加节点来解决。

（5）廉价：S3 构建在廉价的硬件设备上，任何硬件的故障都不会影响整个系统的性能。

（6）易于使用：S3 设计中有一个强制性要求，即单个的 S3 分布式系统必须既支持 Amazon 内部的应用，也要支持外部开发者的任何应用。这意味着 S3 必须足够快速可靠来运行 Amazon.com 网站，同时又要足够弹性以满足任意开发者用来存储任意数据。

8.1.6 Amazon SimpleDB

Amazon SimpleDB 是具有高可用性及灵活性的非关系型数据库服务，开发人员只需通过 Web Service 存储并查询数据项，其他的事情都由 SimpleDB 管理。SimpleDB 自动将用户数据备份到多个物理分布的地点，以实现高可用性。用户可以随时更改数据模型，数据可以自动重建索引。

SimpleDB 采用的数据模型，使得存储、管理和查询结构化数据变得容易。用户将数据存储在域（Domain）中，并可对某一域中所有数据执行查询操作。域是项（Item）的集合，项是若干属性——值对的集合。与传统关系型数据库相比，域类似表，项类似记录，属性类似列。与传统的关系数据库不同，SimpleDB 不需要预先设计和定义数据库模型，只需要定义属性和项，可用简单的服务接口对数据进行创建、查询、更新或删除操作。还有，SimpleDB 允许用户在插入数据后，再为某些记录另添加新的属性，而无需删除原有数据、重新建表、重导入数据、重建索引等操作。

SimpleDB 不仅仅与传统的关系数据库采用的数据模式不同，还是以云服务的方式提交给用户使用，所以，它具有如下特点。

（1）省心：用户只需关注业务应用本身，而 SimpleDB 会自动完成数据库管理工作，包括部署、软硬件维护、备份、创建索引及性能调优等。

（2）高可用：SimpleDB 自动为每个数据项创建多个地理上分布的备份，一旦某个副本出错，SimpleDB 会自动切换到另一份副本上。

（3）灵活：SimpleDB 的表可随时添加属性，并提供强一致性和最终一致性两种读模式。强一致性保证读取最新的数据；而最终一致性尽量优化读取的低延迟和高吞吐率性能，高并发读写时，读取的数据可能不是最新，可短期内多次读取以得到最新数据。系统的默认模式是最终一致性。

（4）易用：SimpleDB 提供流线型的数据访问和查询功能，类似传统关系型数据库中的集群，通过 API 调用用户可以快速添加、获取并编辑数据。

（5）与其他 AWS 集成：SimpleDB 可与 EC2 和 S3 结合使用，如开发人员可将应用运行在 EC2 上，把数据对象存储在 S3 上，并使用 SimpleDB 从 EC2 的应用中查询对象元数据，再从 S3 上获取实际数据对象。用户也可将 SimpleDB 和 RDS 结合使用，满足应用既需要关系型又需要非关系型数据库的需求。SimpleDB 和其他 AWS 在同一地区内部的数据传输是免费的。S3 采用的是密集型存储设备，一般可存放大文件或对象等原始数据，而 SimpleDB 的存储设备对访问速度要求更高，SimpleDB 中一般存放较小的数据元素或文件指针等，其会为数据创建索引以便快速查询数据。

（6）安全：SimpleDB 提供 HTTPS 通信方式，并可与 AWS IAM 结合提供用户或组级别的访问权限控制。

8.2　Google 云计算平台

Google 公司拥有目前全球最大规模的互联网搜索引擎，并在海量数据处理方面拥有先进的技术，如分布式文件系统 GFS、分布式存储服务 Datastore 及分布式计算框架 MapReduce 等。2008 年 Google 公司推出了 Google AppEngine（GAE）Web 运行平台，使用户的业务系统能够运行在 Google 分布式基础设施上。GAE 平台具有易用性、可伸缩性、低成本的特点。另外，Google 公司还提供了丰富的云端应用，如 Gmail、Google Docs 等。Gmail 是一个电子邮箱的 SaaS 平台，Google Docs 是一个界面类似于微软 Office 产品的 SaaS 平台。本节将介绍 GAE 平台的系统架构、分布式存储服务、应用程序运行时环境、应用开发套件、Gmail 和 Google Docs 服务。

8.2.1　GAE 平台简介

GAE 是 Google 公司在 2008 年推出的互联网应用服务引擎，它采用云计算技术，使用多个服务器和数据中心来虚拟化应用程序。因此 GAE 可以看作是托管网络应用程序的平台。GAE 给用户提供了主机、数据库、互联网接入带宽等资源，用户不必自己购买设备，只需使用 GAE 提供的资源就可以开发自己的应用程序或网站，并且可以方便地托管给 GAE。这样的好处是用户不必再担心主机、托管商、互联网接入带宽等一系列运营问题。

同时，GAE 提供了一个开发简单、部署方便、伸缩快捷的 Web 应用运行和管理平台。GAE 的服务涵盖了 Web 应用整个生命周期的管理，包括开发、测试、部署、运行、版本管理、监控及卸载。GAE 使应用开发者只需要专注核心业务逻辑的实现，而不需要关心物理资源的分配、应用请求的路由、负载均衡、资源及应用的监控和动态伸缩。

GAE 平台主要由五部分组成：GAE Web 服务基础设施、分布式存储服务（Datastore）、应用程序运行环境（Application Runtime Environment）、应用开发套件（SDK）和管理控制台（Admin Console）。图 8.2 展示了 GAE 的系统结构。

GAE Web 服务基础设施提供了可伸缩的服务接口，保证了 GAE 对存储和网络等资源的灵活使用和管理；分布式存储服务则提供了一种基于对象的结构化数据存储服务，保证应用能够安全、可靠并且高效地执行数据管理任务；应用程序运行时环境为应用程序提供可自动伸缩的运行环境，目前支持 Java、Python、PHP 和 Go 编程语言；开发者可以在本地使用应用开发套件开发和测试 Web 应用，并可以在测试完成之后将应用远程部署到 GAE 的生产环境；通过 GAE 的管理控制台，用户可以查看应用的资源使用情况，查看或者更新数据库，管理应用的版本，查看应用的状态和日志等。

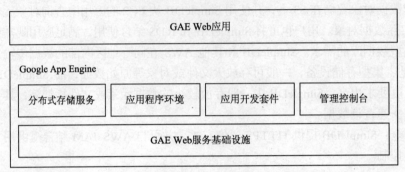

图 8.2　GAE 系统结构

要使用 GAE，必须使用 Google 的框架，不能直接访问底层的虚拟机系统。因此，GAE 并不会在待机时间向用户征收费用，只有在 CPU 实际处理时才会计费。

8.2.2　分布式存储服务

GAE Datastore 是 Google App Engine 提供的（半）结构化数据存储系统，基于 Google 的 Bigtable 技术构建。Datastore 提供了一整套强大的分布式数据存储和查询服务，并能通过水平扩展来支撑海量的数据。Datastore 支持结构化数据查询和更新操作，并提供事务处理功能，从而保证数据的一致性。与传统关系数据库相比，Datastore 的优势在于成本低、支持伸缩、并发性好和容易管理。

1．数据模型

GAE Datastore 的数据模型与关系模型有很大的相似性，但是无模式的。Datastore 的类（Kind）与关系数据库中的表类似。一个类中的数据为多个实体（Entity），每个实体有唯一的键标识。每个实体可有多个属性（Property），一个属性可用多个值。这与关系模型有类似的地方，但 Datastore 中属于同一个数据模式的不同实体可以拥有完全不同的属性，不同实体的同一个属性的值的类型也可以不一样。因此 Datastore 的数据模型更为灵活。

多个实体可组成一个实体组（Entity Group）。一个实体组实际上是以一个实体为根，通过父子关系构成的子树。实体组存储在 Datastore 的相同的数据库节点中，从而可以提供数据创建和更新的性能。实体组的另一个主要用途是用于事务。

2．事务

Datastore 目前支持两种事务操作：一种是将对实体的一组操作组成一个事务，保证单个实体的数据完整性；另一种是将一组实体对象的操作组成一个事务，从而保证一组实体的数据完整性。不使用事务时，对每个实体的写操作是原子的。

为了保证数据的一致性，Datastore 采用了乐观的并发控制策略。乐观并发控制策略假定大多数数据事务和其他事务不冲突，当多个应用同时访问同一数据实体时，首先将数据实体保存到本地，更新的数据只有在没有事务冲突的情况下才能写入数据库；如果有事务冲突，Datastore 会调用相应的冲突解决算法或者终止事务。由于 HTTP 是无状态的协议，加锁机制在分布式存储服务的并发控制中是不可行的。因此，乐观并发控制便是一种自然的选择，不仅实现起来简单，而且减少了不必要的等待时间。

在同一个实体组中的多个实体操作可组合成一个事务，事务的一致性有保障。GAE Datastore 应该是通过多版本的技术实现的，因此事务能够获得事务开始时的一致快照。

对不同实体组的操作是无法组合事务的，而实体组必须通过实体间的父子关系才能组织起来。这使得 GAE Datastore 的事务会受一些限制，比如经典的银行转账问题是搞不定的。只所以限制事务只能在一个实体组内，是因为系统在决定实体存储位置时，会将同一实体组存在在一台机器上。

3. 查询与索引

GAE Datastore 提供类似于 SQL 的 GQL 查询。从 SQL 的观点看，GQL 的限制是只有单表查询，有 WHERE、ORDER BY 和 LIMIT/OFFSET，但没有 GROUP BY、HAVING、聚集函数等功能，也不支持子查询。WHERE 条件可以是基本的属性值条件通过 and/or 任意组合，ORDER BY 可指定多个属性。但条件的复杂度有一定限制。

（1）如 IN（list）条件中 list 最多只能有 30 个元素；

（2）不等条件只能针对一个属性指定；

（3）不等条件属性必须出现在 ORDER BY 的属性的最前面。

这些限制是为了实现方便和保证性能，如不等条件属性在 ORDER BY 的属性最前面这一限制使得系统可以方便地通过索引扫描直接输出有序的结果，不需要再来排序。

更新的形式相比 SQL 有很大的限制。UPDATE 通过 put 接口实现，给的参数是一个完整的实体，不能像 SQL 一样只更新某些属性。为了更新一个属性，需要先取出整个实体。

默认情况下 Datastore 会为每个属性建立一个索引，并且索引中都包含键。应用也可以在配置文件中定义索引，指定索引包含的属性及排序方向。索引的排序方向必须与查询中 ORDER BY 的方向一致。如果一个查询没有合适的索引，则不允许执行。

8.2.3 应用程序运行环境

GAE 的应用程序运行环境是一个可伸缩的 Web 程序运行平台，目前支持 Python、Java、PHP 和 Go 四种编程语言。

用户可以选择自己熟悉的编程语言进行 Web 应用的开发。以 Java 为例，GAE 上的 Web 应用程序基本遵循了 Java 规范，开发人员可以使用 Google Web Toolkit 这样的 Web 开发框架，加速开发进度并提高应用程序质量。GAE 运行环境采用的是 Java 6，包括了 Java SE Runtime Environment 6 平台和库，应用可以在 GAE 沙盒的限制范围内使用任何 JVM 的字节代码或者库。为了保证 GAE 的性能和伸缩性，GAE 对 JVM 进行了限制，比如在字节码中尝试打开一个套接字或者写入文件时，GAE 将会抛出一个运行时异常。另外，GAE 支持不同版本的应用程序同时运行，每次上传的应用都会作为一个新的版本独立地运行。

运行在 GAE 上的应用可以使用 Google 公司提供的多种应用服务，包括分布式数据存储服务、网址抓取、邮件、图像和 Google 账户等，使用 Java 和 Python 语言开发的 GAE Web 应用程序都能够使用这些服务。

不论使用哪种语言平台，都需要使用 GAE 平台提供的一组类库。同时，GAE 平台还会赋予用户将数据存入一个独特数据库 Datastore 的能力。GAE 同时还直接与许多 Google 的服务相集成。例如，用户可以用 Google 身份验证来取代自己的身份验证机制，以此向用户提供一个简单的单点登录系统。用户还可以直接集成 Google Mail 来向他人发送电子邮件，甚至可以使用 Google 的即时消息（XMPP）系统实时地与他人直接沟通。Google 还提供了一个独特的任务队列（Task Queue）系统，能让用户创建类似 Cron 作业那样的以一定时间间隔执行的任务。

GAE 主要面向软件开发者，支持普通的 Web 类应用，主要提供以下功能。

（1）支持 Web 应用；

（2）提供对常用网络技术的支持，比如 SSL 等；

（3）提供持久存储空间，并支持简单的查询和本地事务；

（4）能对应用进行自动扩展和负载平衡；

（5）提供功能完整的本地开发环境，可以让用户在本机上对基于 GAE 的应用进行调试；

（6）支持 E-mail、用户认证和 Memcache 等多种服务；

（7）提供能在指定时间触发事件的计划任务和能实现后台处理的任务队列。

8.2.4　应用开发套件

GAE 为 Web 应用的本地开发提供了一个应用开发套件(Software Development Kit, SDK)。该 SDK 能够使开发人员在本地执行开发测试任务及管理和上传应用程序，其包含的 Eclipse GAE 插件能够极大地简化在 Eclipse 环境中的 Web 应用开发和管理任务。

GAE 主要支撑 Web 应用开发，采用通用网关接口（Common Gateway Interface，CGI）作为主要的编程模型。CGI 的编程模型非常简单，就是当收到一个请求时，启动一个进程或者线程来处理这个请求，处理结束后这个进程或者线程将自动关闭，之后会不断地重复这个流程。由于 CGI 这种编程模型在每次处理的时候都要重新启动一个新的进程或者线程，即便有线程池这样的优化技术，其资源消耗也相对较大。但由于架构上的简单性，CGI 还是成为 GAE 首选的编程模型，同时由于 CGI 支持无状态模式，因此在伸缩性方面具有优势。

AppEngine 使用了沙盒（Sandbox）的安全机制，保证应用程序不会对 Google 的基础架构造成安全性的影响，同时也保证了不同用户的应用程序之间是相互隔离的。在开发环境中，应用可以运行在 SDK 提供的应用程序运行环境的安全沙盒中，这个环境可以模拟大部分 API，检查到是否存在禁用模块的导入，以及系统资源的非法访问。在安全沙盒环境中，应用程序性仅对操作系统拥有有限的访问权限，例如应用程序只能通过 SDK 提供的网页访问和电子邮件功能访问互联网上的其他计算机，不能写本地文件系统。用户需要存储的数据必须放在 AppEngine 的数据存储区（Datastore）或 Memcache 中。此外，AppEngine 还支持 Cron 服务，即允许定期执行某些特定的任务。

GAE 比较易于使用，它的使用流程主要包括以下几个步骤。

（1）下载 SDK 和 IDE，并在本地搭建开发环境；

（2）在本地对应用进行开发和调试；

（3）使用 App Engine 自带上传工具来将应用部署到平台上；

（4）在管理界面启动这个应用；

（5）利用管理界面来监控整个应用的运行状态和资费。

当开发者进行应用开发和测试工作时，可以利用开发套件提供的部署工具将应用程序文件和相应的配置文件上传到远程的 GAE 生产环境中。GAE SDK 提供的 Eclipse 插件使得 GAE 应用的开发、调试和部署变得非常容易，比如在创建 Web 应用程序时会自动配置类路径，在开发完成后开发人员轻松地进行部署。

8.2.5 Google 应用

除了上述的云计算基础设施之外，Google 还在其云计算基础设施之上建立了一系列新型网络应用程序，能够根据用户请求的数量自动地扩展、平衡负载，并且能够通过多种有互联网接入的终端进行访问，吸引了大量的用户群。由于借鉴了异步网络数据传输的 Web 2.0 技术，这些应用程序给予用户全新的界面感受以及更加强大的多用户交互能力。

1. Google Docs

一个典型的 Google 云计算应用程序就是 Google 推出的与 Microsoft Office 软件进行竞争的 Docs 网络服务程序。Google Docs 是一个基于 Web 的工具，它有跟 Microsoft Office 相近的编辑界面，有一套简单易用的文档权限管理，而且它还记录下所有用户对文档所做的修改，使得用户对文档的修改记录一目了然，并且可以根据需要恢复到之前的任何版本。Google Docs 的这些功能令它非常适用于网上共享与协作编辑文档。Google Docs 甚至可以用于监控责任清晰、目标明确的项目进度。当前，Google Docs 已经推出了文档编辑、电子表格、幻灯片演示、日程管理等多个功能的编辑模块，能够替代 Microsoft Office 相应的一部分功能。值得注意的是，通过这种云计算方式形成的应用程序非常适合于多个用户进行共享以及协同编辑，为一个小组的人员进行共同创作带来很大的方便。同时，Google Docs 集成了 Google 的强大的搜索能力，可以快速地对文档进行检索。

2. Gmail

Gmail 是 Google 的电子邮件服务，不但提供了常见的个人用户的电子邮件服务，还提供了企业用户的电子邮件服务，使企业摆脱了开发、管理和维护邮件系统的工作，专注在能够为企业创造商业价值的业务上。Gmail 不仅是有效的电子邮件工具，还集成即时消息和视频功能。用户可以通过测览器随时了解自己的联系人的状态，同他们展开实时交流。即时消息会话内容被保存在 Gmail 内，用户可以像检索邮件一样对消息会话记录进行检索。除此之外，Gmail 拥有强大的防病毒、过滤垃圾邮件等功能，支持移动访问，这些特点让 Gmail 成为极其完善的面向组织的邮件解决方案。

8.3 Salesforce 云计算平台

Salesforce.com 是创建于 1999 年 3 月的一家客户关系管理（CRM）软件服务提供商，总部设于美国旧金山，可提供随需应用的客户关系管理平台。Salesforce.com 提供按需定制的软件服务，用户每个月需要支付类似租金的费用来使用网站上的各种服务，这些服务涉及客户关系管理的各个方面，从普通的联系人管理、产品目录到订单管理、机会管理、销售管理等。Salesforce.com 允许客户与独立软件供应商定制并整合其产品，同时建立他们各自所需的应用软件。对于用户而言，用户可以避免购买硬件、开发软件等前期投资以及复杂的后台管理问题。

在此基础上，Salesforce.com 公司推出了"平台即服务"产品 Force.com。Force.com 作为企业级应用的开发、发布和运营的通用平台，不再局限于某个单独的应用。该平台提供的工具和服务既可以帮助软件开发商快速开发和交付应用，又可以对应用进行有效的运营管理。

8.3.1　Salesforce 的整体架构

虽然 Salesforce 这些产品从表面而言有所不同，但是从全局而言，它们却是一个整体，如图 8.3 所示。

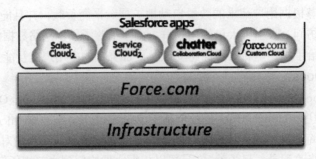

图 8.3　Salesforce 的整体架构

从 Salesforce 的整体架构图可以看出 Force.com 是 Salesforce 整体架构的核心，因为它首先整合和控制了底层的物理的基础设施，接着给上层的 Sales Cloud，Service Cloud，Chatter 和基于 Force.com 的定制应用提供 PaaS 服务。最后，那些 Force.com 上层的应用以 SaaS 形式供用户使用。这种分层架构的好处主要有两方面：其一是可以降低成本，因为通过这个统一的架构能极大地整合多种应用，从而降低了在基础设施方面的投入。其二是在软件架构方面，因为使用统一的架构，使得所有上层的 SaaS 服务都依赖 Force.com 的 API，这样可以有效地确保 API 的稳定性并避免了重复，从而方便了用户和 Salesforce 在这个平台上进行应用开发。

Force.com 堪称整个架构的核心，同时也是最值得的学习和借鉴的部分，本节我们对 Force.com 平台进行具体介绍。

8.3.2　Force.com

Force.com 是 Salesforce 在 2007 推出的 PaaS 平台，并且已经有超过 47000 个企业已经使用了这个平台。Force.com 基于多租户的架构，其主要通过提供完善的开发环境等功能来帮助企业和第三方供应商交付健壮的、可靠的和可伸缩的在线应用。

Force.com 是一组集成的工具和应用程序服务，ISV 和公司 IT 部门可以使用它构建任何业务应用程序并在提供 Salesforce.com 应用程序的相同基础结构上运行该业务应用程序。在 Force.com 平台上运行的业务应用已超过 80000 个。

Force.com 是平台云，它的目标是向企业用户提供云计算服务，包括按需、灵活的资源使用模式，高可靠性的服务保障，高效的开发平台及丰富的基础服务。这使得企业用户不需要再去建立数据中心，购买软硬件设备，运营和维护数据中心的基础设施等。

Force.com 向企业用户主要提供了三方面的支持。第一，直接提供在线的企业应用，比如 CRM，企业用户通过简单的定制化操作就可以使用。第二，Force.com 提供了一种新的编程语言 Apex 和集成开发环境 Visualforce，能够降低应用开发的复杂度并缩短开发周期。第三，Salesforce.com 公司创建了一个共享的应用资源库 AppExchange，该资源库集中了企业用户和 ISV 在 Force.com 上开发的应用，并且使得应用的共享、交换及安装过程只需要通过简单的操作便可以完成，从而使 Force.com 的用户可以方便地把 AppExchange 中共享的应用集成到自己的应用中去。

总体而言，Force.com 主要有五方面功能。

（1）强大的定制功能

在 Force.com 中，不仅 UI 能够定制，而且诸如 Workflow 和表格等也能被定制。

（2）提供完善的开发环境

首先，通过 Visualforce 能方便地使用"Drag& Drop（拖拽）"的方式来设计页面。其次，Salesforce 提供基于 Eclipse 的 IDE 来快速地开发应用。最后，Salesforce 还提供 Sandbox 来方便用户测试。

（3）支持复杂的事务和流程

通过 Force.com 专属的 APEX 语言，能方便地设计和开发复杂的事务和流程。

（4）优秀的整合功能

用户除了可以在 AppExchange 购买其所需的功能和应用，而且还可以通过 Force.com 的 Web Service 接口来和其他应用整合，比如 SAP 等。

（5）久经考验的基础设施

由于 Salesforce 除了通过在多个大洲建有数据中心来应对灾难的发生外，在可用性和安全性等方面也有一定积累，所以 Salesforce 能长时间地支持众多服务的正常运行。

Force.com 提供了核心的基础服务丰富的应用开发和关联维护服务。Force.com 的基础服务为开发随需应变的应用提供了支持，其核心是多租户技术、元数据和安全架构。在基础服务之上，Force.com 提供了数据库、应用开发和应用打包等服务。

8.3.3 基础服务

Force.com 基础服务为上层服务和应用提供了安全、可靠的支撑环境。基础服务主要包含三个关键技术：多租户、元数据和安全架构。

多租户技术是一种共享软硬件的技术，通过虚拟划分技术将软、硬件资源以服务的方式提供，从而可以同时支持多个客户，所有的用户都共享底层的软、硬件基础设施。在传统资源使用模式中，每个客户需要独占一套软、硬件资源，并且需要为这些资源的管理和维护花费额外的费用。采用多租户体系结构的每个客户不是独占所有的资源，而是拥有一套资源的虚拟划分。Force.com 采用了多租户的体系结构，使得平台在快速部署、低风险和快速创新等方面得到了广泛认可。

元数据是 Force.com 的第二个关键技术。该技术简化了应用开发的复杂度。开发者不仅可以利用代码，而且可以采用元数据构建复杂的应用程序。Force.com 通过元数据来描述应用的每个组件。在这个基础上，开发者可以方便地通过组合来创建更复杂的应用。采用元数据模型的另外一个好处就是，系统可以将应用和平台逻辑分开，使平台的维护和升级等操作可以和应用隔离，使底层的变化不会对上层应用造成影响。这个模型的优势已经在 Force.com 的平台上得了多次验证，每年 Force.com 平台都会进行若干次主要的升级，而不会影响该平台上运行的应用。

Force.com 提供了一个健壮且灵活的安全架构，能够管理用户、网络及数据。Force.com 的安全架构主要包括三个方面：用户认证及授权、编程安全和平台安全框架。用户认证及授权提供了对应用、数据逻辑访问的安全控制，保证数据和逻辑不会被未授权的用户非法访问，它主要是通过检验用户的身份及限定用户操作来实现的，如限定用户访问系统的时间，或者限定访问系统的用户 IP。由于 Force.com 给用户提供了丰富的 Web Service API，所以需要对这些 API 的调用进行安全认证，编程安全主要负责对用户调用 Force.com 平台的服务进行安全控制。平台安全框架包括三种粒度的安全控制：首先是系统权限，负责为用户分配 Force.com 平台的访问和操作权限；其次是组件权限，负责对公司内部的不同组件的授权和管理；最后是基于记录的共享，为对象中的每个记录分配访问权限。为了保障网络和基础设施层安全。

8.3.4 数据库服务

数据库服务是 Force.com 平台的重要组成部分，它不仅负责应用数据的持久化，还能够通过数据对象构建相应的用户界面，方便用户对数据进行添加、删除、查询和修改。本节主要介绍 Force.com 数据库服务三个主要方面：数据模型、数据操作和访问控制。

Force.com 数据库服务的数据模型有两大特点。第一，数据对象持久化。在传统的关系型数据库中，数据都存储在表格中，每个表格有若干列，每个列具有固定的数据类型，不同表格之间通过外键相互关联，应用程序在读取或者写入持久化数据的时候需要将对象的属性对应在相应的列上。而 Force.com 数据库持久化的是数据对象，每个数据对象具有若干属性，每个属性的数据类型必须属于 Force.com 所规定的数据类型。第二，采用关系属性定义数据对象间的关系。传统数据库利用主键和外键来定义表格之间关联关系，而 Force.com 数据库通过关系属性来定义对象间的关系，并且对象间的关系只能有两种。

（1）查找关系：这种关系使得用户能够从一个对象访问到另外一个对象。

（2）父子关系：处于该关系中的所有子对象都需要包含关系属性，父对象的属性值是由相应子对象的数据生成的，比如某个属性值是子对象中对应属性值的最大值。

为了方便用户进行数据操作，Force.com 数据库服务提供了两种交互方式：Web 页面和编程接口。通过友好的 Web 用户界面，用户可以对存储的数据对象进行添加、删除、查询、修改和其他管理操作，从而给用户提供较好的体验。另外，用户也可以使用应用编程语言来访问数据库所提供的各种数据管理服务，Apex 定义了专门的语法来帮助应用程序实现数据的查询、遍历、更新和持久化等操作。

Force.com 提供了一系列的安全机制来保护用户数据的安全。在访问控制方面，提供了两种安全级别：管理安全（Administrative Security）和记录安全（Record Security）。在管理安全中，为了方便对数据进行访问控制，Force.com 定义了一个类似于用户组的概念——概要（Profiles）。每个用户只能隶属于一个概要，然后对概要设定访问数据对象的添加、删除、查询、修改权限，这些设定只能由管理员完成。记录安全提供了更细粒度的访问控制，它能精确到对数据对象某个属性的操作权限的设置。

8.3.5 应用开发服务

开发平台是 Force.com 提供的在线开发平台。通过平台提供的应用开发服务和用户界面服务，开发者可以快速地创建企业级应用。

开发者一方面可以利用 Force.com 提供的多租户技术的优势，包括内置的安全性、可靠性、可升级性及易用性等，另一方面可以充分利用 Force.com 的开发和交流平台，将发布在 AppExchange 上的应用服务集成到自己的项目中。利用 Force.com 开发平台的显著优势是开发者可以将主要精力集中在能创造商业价值的核心业务逻辑的实现上，节省硬件和软件管理、升级维护及监控等方面的成本。

针对不同类型的需求，Force.com 提供了两种不同的应用开发方式。对于大多数定制功能，用户只需要通过 Force.com 提供的工具"单击"等按钮就可以完成，不需要编程。另外，Force.com

提供了新的编程语言 Apex 和完善的开发工具 Visualforce 来满足开发者更灵活的定制需求，并且支持分析、离线访问和移动开发。

Apex 是为 Force.com 平台而设计的编程语言，它为开发者提供了一个新的构建商业应用的工具，采用 Apex 能够简化复杂的流程和商业逻辑，摆脱传统软件的束缚。同时，Apex 无论对已有功能的定制还是对创建新的应用，都具有灵活性。另外，第三方的开发者可以采用和 Force.com 开发团队相同的工具开发新的应用及定制已有的应用和服务。由于这些应用最终都将在 Force.com 平台上运行，所以开发者可以摆脱客户端应用相关问题的困扰。在 Apex 开发环境中，开发者可以通过界面及事件方式同用户交互，可以在服务器端操纵数据、使用信道事务（Channel Transactions）以及实现流程控制。利用这些功能，开发者可以实现很多功能，比如创建个性化组件、定制或者修改已有的 Salesforce.com 代码、创建触发器和存储过程，以及创建和执行复杂商业应用。

Visualforce 提供了简单用户界面的 Apex 语言的编程环境。它采用传统的模型-视图-控制器设计模式，支持数据库紧密集成，能够自动创建数据库控制器。开发者可以利用 Apex 实现自定义的控制器或者对已有控制器进行扩展。Visualforce 包含基于标签的标记性语言和数十种内置组件，有足够的灵活性来支持开发者创建自定义的组件和界面。

8.3.6 应用打包服务

Force.com 提供的应用打包（Packaging）服务能够将开发者创建的应用发布出去。Force.com 所定义的包（Package）是代码、功能组件或者应用的集合，它向外界提供的可能是一个单一的功能组件，也可能是一系列应用组成的整体解决方案。

Force.com 有两种格式的包：非受控包（Unmanaged Package）和受控包（Managed Package）。非受控包适合于只需要发布一次的组件和应用，它类似于模板，一旦创建完成，就可以生成实例给用户使用，因此非受控包适合用于共享应用模板和代码示例。相对于非受控包，受控包提供了知识产权方面的保护，因为包中许多功能组件的源代码对外界都是不可见的。不仅如此，受控包的开发者还能够对包进行升级。受控包适合用于发布收费的应用，并对发布的应用提供许可证支持。

在 Force.com 平台上，通过应用打包服务打包并发布应用的步骤大致分为三步：创建、上传和注册。

在创建阶段，开发者需要将自己的代码、功能组件或者应用进行打包。不过，非受控包和受控包的创建过程有所不同。创建非受控包的流程比较简单，而且所有身份的开发者都可以创建。首先，开发者在 Force.com 提供的个人页面上创建一个空包，并给该包命名，然后逐一向该包里添加内容项，最后保存。Force.com 定义了很多内容项的类型，比如 Apex 类、Apex 触发器、文档或控件，在添加内容项时要先选择相应的类型。

对于受控包的创建，Force.com 提出了严格的要求：第一，开发者必须具有 Developer Edition 的身份；第二，为了防止和其他受控包冲突，开发者必须在 Force.com 注册命名空间前缀。在给受控包添加完内容项之后，开发者需要注册命名空间前缀，并且指定刚才创建的受控包，保存以后，Force.com 会提示受控包创建成功。

上传过程包含简单的三步操作：第一，开发者进入 Force.com 提供的个人页面上选择所要上传的包；第二，定义这次上传包的版本和添加相应的描述；第三，上传完成以后，Force.com 会返回一个该应用的 URL 链接，开发者可以将该链接发布给其他用户。对于受控包，在第二步的提示中还会要求开发者选择受控包是测试版还是正式版。

通过注册，开发者可以将自己的应用发布到 AppExchange 中和其他用户分享。根据共享的范围不同，分为私有包和公有包。私有包的应用在特定的群体和社区内共享，而公有包的应用对 AppExchange 上所有的用户都是可见的。上传以后，开发者在 AppExchange 页面上通过创建或修改包的某些属性对包进行注册，不过只有走完 AppExchange 的审核流程以后，才能成为公有包。

8.4 Microsoft Azure

Microsoft 长期以来都是操作系统、软件开发平台、数据库和办公软件的主要提供商。面对云计算这个颠覆 IT 行业的新技术，Microsoft 在 2008 年 10 月推出了云计算产品 Windows Azure 平台。

Windows Azure 是 Microsoft 云平台上的操作系统。Microsoft 在云计算的目标不仅仅是提供一个云计算操作系统，而是为开发者提供一个 PaaS 平台。所以，以 Windows Azure 云计算操作系统为核心，Microsoft 开发了 Azure Services Platform（Azure 服务平台）。Azure Services Platform 能够将处于云端的开发者个人能力，同微软全球数据中心网络托管的服务，比如存储、计算和网络基础设施服务，紧密结合起来。这样，开发者就可以在"云端"和"客户端"同时部署应用，使得企业与用户都能共享资源。

尽管 Microsoft 云平台的名称是"Azure Services Platform"，而 Windows Azure 只是这个平台的一部分，但是，大多数人所说的 Windows Azure 指的是 Azure Services Platform。为了消除因为名称带来的混乱，Microsoft 把 Azure Services Platform 重新命名为 Microsoft Azure。

在本书 Microsoft Azure 是指 Mircrosof 的 Azure 服务平台，Windows Azure 是指 Microsoft 的 Azure 云计算操作系统。

8.4.1 Microsoft Azure 简介

Microsoft Azure 是 Microsoft 面向云计算推出的平台即服务产品，包括四大部分：Windows Azure、SQL Azure、Windows Azure AppFabric、和 Windows Azure Marketplace。Windows Azure 可看成是云计算服务的操作系统，它提供了一个可扩展的开发、托管服务和服务管理环境。SQL Azure 可看成云端的关系型数据库，是一种云存储的实现，并提供网络型的应用程序数据存储服务，简单地说就是 SQL Server 的云端版本。AppFabric 则是一个基于 Web 的开放服务，作为中间件层，起到连接非云端程序与云端程序的桥梁功能，可以把现有应用和服务与云平台的连接和互操作变得更为简单。AppFabric 让开发人员可以把精力放在他们的应用逻辑上而不是在部署和管理云服务的基础架构上。Windows Azure Marketplace 让开发人员和开发商可以在网上销售其产品。图 8.4 显示了 Microsoft Azure 平台的概况。

图 8.4 不仅仅描述了 Microsoft Azure 平台的组成部分，还描述了它们是如何得到使用的。云端应用运行在 Windows Azure 提供的运行环境上，使用 SQL Azure 提供的关系数据库系统存储应用数据，同时使用 AppFabric 提供的服务与本地应用进行交互。云端应用可以通过 Marketplace 对外进行销售。

另外，本地应用也可以使用 Microsoft Azure 平台提供的服务，包括 Windows Azure 提供的计算服务、SQL Azure 提供的存储服务以及通过 AppFabric 提供的服务与云端应用交互。

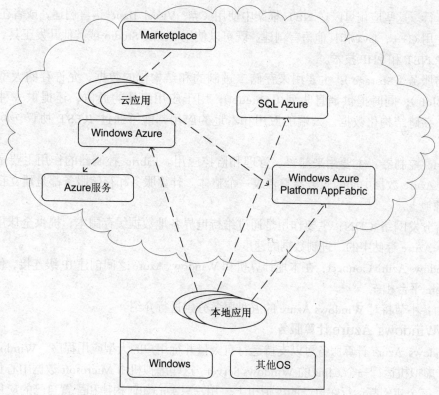

图 8.4　Microsoft Azure 平台概况

下面具体介绍 Microsoft Azure 服务平台的每一个部分。

8.4.2　Windows Azure

Windows Azure 是 Microsoft Azure 上运行云服务的底层操作系统。它提供了一个可扩展的开发、托管服务和服务管理环境，包括运行环境，如 Web 服务器、计算服务、基础存储、队列、管理服务和负载均衡。Windows Azure 还为开发人员提供了本地开发网络，在部署到云之前，可以在本地构建和测试应用。

Windows Azure 主要包括五个部分：计算服务、数据存储服务、管理控制器（Fabric Controller）、Windows Azure CDN 和 Windows Azure Connect。图 8.5 显示了 Windows Azure 的五个核心服务。

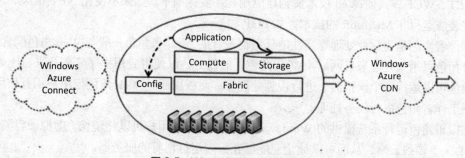

图 8.5　Windows Azure 整体结构

计算服务（Compute）：为在 Azure 平台中运行的应用提供支持。尽管 Windows Azure 编程模型与本地 Windows Server 模型不一样，但是这些应用通常被认为是在一个 Windows Server

环境下运行。这些应用可以在.NET 框架中使用 C#、Visual Basic 语言创建，或者在非.NET 平台下使用 C++、Java 和其他语言创建。既可以使用 Visual Studio 或其他开发工具，也可以使用 ASP.NET 和 PHP 技术。

存储服务（Storage）：主要用来存储二进制的和结构化的数据，允许存储大型二进制对象（Blob）；同时提供消息队列（Queue），用于应用组件的通信，还提供一种表形式（Table）存储结构化数据。云端的应用和本地的应用都能够通过 REST 协议访问这些存储服务。

Fabric 控制器：主要用来部署、管理和监控应用。Fabric 控制器的作用主要是将单个 Window Azure 数据中心的服务器整合成一个整体。计算服务和存储服务都是建立在这个整合的资源池上。

内容分发网络 CDN：主要作用是通过维持世界各地数据缓存副本，提供全球用户访问 Windows Azure 存储中的二进制数据的速度。

Windows Azure Connect：在本地计算机和 Windows Azure 之间创建 IP 级连接，使本地应用和 Azure 平台相连。

下面各小节将对 Windows Azure 的五种服务分别进行介绍。

1．Windows Azure 计算服务

Windows Azure 计算服务可以支持运行有大量并行用户的大型应用程序。Window Azure 中，每个虚拟机运行一个 64bit 的 Windows Server，这些虚拟机由 Microsoft 数据中心负责维护和管理，每个实例都运行在自己的虚拟机上。用户只关心如何构建和配置自己的应用程序，比如决定运行实例的数量、实例运行代码区域等。

用户运行自己的应用程序时，只需通过 Web 浏览器访问 Windows Azure 入口，使用 Windows Live ID 登录 Windows Azure，然后创建自己的运行应用程序账户或者自己的存储账户。一旦用户创建了宿主账户，就可以加载自己的应用程序到 Windows Azure 上，并指定应用程序要运行的实例数目。这时，Windows Azure 将自动地创建虚拟机并运行用户的应用程序。

Windows Azure 应用程序包括三种不同角色的实例：Web Role（Web 角色）实例、Worker Role（工作者角色）实例和 VM Role（虚拟机角色）实例。

Web 角色是为了在 Windows Azure 上构建 Web 应用程序而设计的。基于 Web 角色可以使基于 Web 的应用创建过程变得简单。每个 Web 角色实例都提前在内部安装了 IIS，通过 ASP.NET、WCF 或其他 Web 技术使创建应用程序变得简单。如果不使用.NET 框架，开发者可以安装或运行非 Microsoft 的技术，如 PHP 和 Java。

工作者角色是为后台处理等高性能任务而设计的。工作者角色一般与 Web 角色配合工作。工作者角色可用来处理来自网站（Web 角色）的任务，以便将应用程序分离开来。比如，工作者角色可以运行一个模拟器、进行视频处理等，而应用通过 Web 角色与用户相互作用，然后利用工作者角色进行任务处理。

虚拟机角色运行系统提供的 Windows Server 的镜像。用户可以将镜像（虚拟硬盘驱动器，即 VHD）上传到云端，从而可以让企业能够在云端运行现有的服务器。

创建 Windows Azure 应用时，可以任意结合使用 Web 角色、工作者角色和虚拟机角色。

2．Windows Azure 存储服务

Windows Azure 存储服务允许用户在云端存储应用程序数据。应用程序可以存储任何数量

的数据，并且可以存储任意长的时间。用户可以在任何时间、任何地方访问自己的数据。存储服务目前支持三种类型的存储，分别是 Table、Blob 和 Queue。它们支持通过 REST API 直接访问。

Windows Azure Table（表存储器）是一种 NoSQL 存储器，让企业可以将大量数据存储在表存储器中，又没有关系数据库的副作用。Table 存储器通常用来存储 TB 级高可用数据，如电子商务网站的用户配置数据。

Window Azure Blob（Blob 存储器）存储二进制数据，可以存储大型的无结构数据，容量巨大，能够满足海量数据存储需求。每个 Blob 存储器最大可以支持存储 50GB 数据，经常用来存储诸如视频、图片和音乐等。所以，Blob 存储器就是一个对象存储系统。

Queue 是连接服务和应用程序的异步通信信道，Queue 可以在一个 Windows Azure 实例内使用，也可以跨多个 Windows Azure 实例使用。Queue 基础设施支持无限数量的消息，但每条消息的大小不能超过 8KB。

3. Windows Azure Fabric 控制器

Windows Azure 的所有应用和存储的数据都是基于 Microsoft 数据中心的。在数据中心内，Windows Azure 的机器集合和运行在这些机器上的软件都是由 Fabric 控制器控制。

Fabric 控制器是一个分布式应用，拥有计算机、交换机、负责均衡器等各种资源。在每个实例中需要安装 Fabric 代理，每台机器的 Fabric 控制器均可以与 Fabric 代理进行通信。Fabric 控制器同样也知道运行在其上的每个 Windows Azure 应用。

Fabric 控制器作用很广，它可以控制所有的应用。Fabric 控制器通常依赖应用上传的配置信息决定新应用运行的位置，选择物理服务器来优化硬件的使用。当 Fabric 控制器部署一个新应用时，使用配置信息来决定要创建虚拟机的数量。

Fabric 控制器在创建虚拟机之后，还会监控这些虚拟机。如果发现有哪个虚拟机在运行中出了故障，Fabric 控制器将会自动地创建一个新的实例。

另外，对于 Web 角色实例和工作者实例，Fabric 控制器能够管理他们每个实例的操作系统，包括操作系统的补丁和其他操作系统软件。这使得开发者只关心开发应用的过程，而不需要管理平台本身。

4. Windows Azure Connect

尽管云计算发展迅速，但是用户在本地的应用和数据还会继续使用，如何使本地环境和 Windows Azure 环境连接起来就显得尤为重要。

Window Azure Connect 被设计来实现上述需求的功能。Connect 在 Widows Azure 应用和本地运行的机器之间建立一个基于 IPsec 协议的连接，使两者更容易结合起来使用。

当本地计算机需要连接到 Windows Azure 应用时，需要在本地计算机上安装一个终端代理。Windows Azure 应用实例也需要进行相应配置以便和 Connect 工作。一旦这些工作完成，终端代理使用 IPsec 连接应用中的一个具体的角色，并且可以做如下两件事情。

第一，Windows Azure 应用能够直接访问本地的数据库。如某个公司需要把原来 ASP.NET 应用移动到云端，但是这个应用所使用的数据库需要留在本地机器上，那么 Connect 的连接就可以使云端的应用使用运行在本地的数据库。这是一种典型的混合云模式。

第二，Windows Azure 应用能够区域连接到本地环境。本地用户能够以单一登录的方式登录到云应用中，应用可以使用现有的 ActiveDirectory 账户和组织进行访问控制。

5．Windows Azure CDN

Window Azure 内容分发网络结合 Windows Azure Storage，是为不同地区的高性能内容分发而构建的。内容分发网络可用来流式传送视频，并将文件或其他内容分发到某个地区的最终用户。

Blob 存储器可以存储来自不同地区的访问信息。如果用户需要将一个视频应用提供给全球的用户，那么就可以使用 Blob 进行存储。

为了提高访问性能，Windows Azure 提供了一个内容分发网络 CDN。这个 CDN 存储了距离用户较近的站点的 Blobs 的副本。存储 Blobs 的容器分为 Private 和 Public READ 两种。对于"Private"容器中的 Blobs，所有存储账户的读写请求都必须标记。而对于 Public READ 类型的 Blob，允许任何应用读数据。Windows Azure CDN 只对存储在"Public READ"Blob 的容器上起作用。

用户第一次访问 Blob 时，CDN 存储了 Blob 的副本，存放的地点与用户在地理位置上比较靠近。当这个 Blob 被第二次访问时，它的内容将来自于缓存，而不是离它位置较远的原始数据。

例如，Windows Azure 提供新闻的视频，第一个用户访问视频时，用户不会从 CDN 中获益，因为 Blob 还没有缓存一个离用户较近点的位置，而同一地理位置的其他的用户将会从 CDN 中获得更好的性能，同时缓存副本可以使视频装载的更快。

8.4.3 SQL Azure

SQL Azure 是微软的云端关系数据库，是基于 SQL Server 构建的，主要为用户提供数据应用。SQL Azure 数据库简化了多数据库的供应和部署，开发人员无需安装设置数据库软件，也不需要进行数据库补丁升级或数据库管理。同时，SQL Azure 还为用户提供了内置的高可用性和容错能力。

SQL Azure 提供了关系型数据库，包含三部分，如图 8.6 所示。

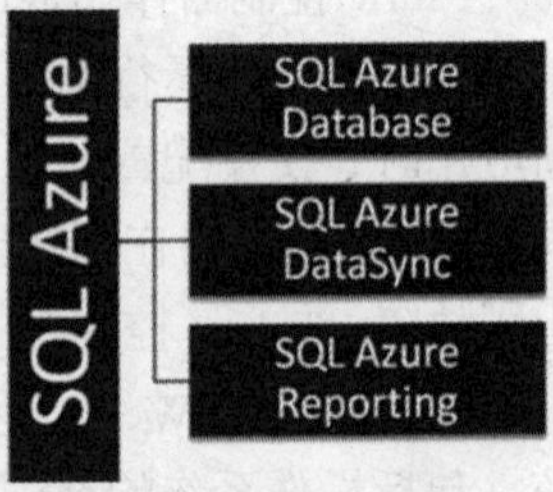

图 8.6　SQL Azure 服务

1．SQL Azure 数据库

SQL Azure 数据库提供了一个云端的关系型数据库，这使得本地应用和云应用都可以在 Microsoft 数据中心的服务器上存储数据。和其他的云计算技术一样，用户按需付费，最主要的费用是操作费用，而不是磁盘和数据库系统的软件投入的费用。

SQL Azure 与 SQL Server 有一些差别。首先，SQL Azure 省略了 SQL Server 中的一些技术点，比如全文搜索技术、SQL 公共语言运行环境等。另外，用户没有底层管理功能，所有管理功能都由 Microsoft 实现。这样用户不能直接关闭自身运行的系统，也不能管理运行应用的硬件设施。但是，相比于 SQL Server 所提供的单个实例而言，SQL Azure 运行环境比较稳定，应用获取的服务也比较健壮。出于可靠性的考虑，SQL Azure 数据库与 Windows Azure 存储服务一样，存储的所有数据均备份了 3 份。

2．SQL Azure 报表服务

SQL Azure 报表服务（SQL Azure Reporting）是 SQL Server Reporting Service（SSRS）的云化版本，主要是用 SQL Azure 数据库提供报表服务，允许在云数据库中创建标准的 SSRS 报表。

用户使用 SQL Azure 数据库存储数据时，通常需要 SQL Azure 数据库支持报表功能。SQL

Azure 报表服务实现这一功能，它是基于 SQL Server 报表服务实现的。

SQL Azure 报表服务与存储在 SQL Azure 数据库中的数据相互作用。SQL Azure 使用的报表可以通过 BI 开发工具创建。SQL Azure Reporting 与 SSRS 的报表格式是相同的。

3. SQL Azure 数据同步

SQL Azure 报表服务与存储在 SQL Azure 数据库中的数据相互作用。SQL Azure 使用的报表可以通过 BI 开发工具创建。SQL Azure Reporting 与 SSRS 的报表格式是相同的。

SQL Azure 数据同步（SQL Azure Data Sync）允许同步 SQL Azure 数据库和本地 SQL Server 数据库中的数据，也能够在不同 Microsoft 数据中心之间同步不同的 SQL Azure 数据库。所以，SQL Azure 技术主要包括两个方面。

第一，SQL Azure 数据库与 SQL Server 数据库之间的数据同步。用户选择这类同步的原因有很多。比如，为了提高存储数据的访问性能，以及为了确保网络发生故障时，应用仍然可以访问数据库；还有，数据调度也需要数据副本在某一区域范围内进行，同时需要防止某些操作失误所带来的数据丢失。这时，用户可以通过 SQL Azure 数据库与 SQL Server 数据库的信息同步在本地数据库保存副本。

第二，SQL Azure 数据库之间的同步。某些 ISV 或全球化的企业需要创建一个应用，为了满足高性能的需求，应用的创建者也许会选择三个不同的 Windows Azure 数据中心运行这个应用。如果这个应用将数据存放在 SQL Azure 数据中，需要使用 SQL Azure 数据同步服务保持三个数据中心之间的信息同步。

8.4.4 Windows Azure AppFabric

SQL Windows Azure AppFabric 为本地应用和云中应用提供了分布式的基础架构服务，使用户本地应用与云应用之间进行安全连接和信息传递，让在云应用和现有应用或服务之间的连接及跨语言、跨平台、跨不同标准协议的互操作变得更加容易，并且与云提供商或系统平台无关。

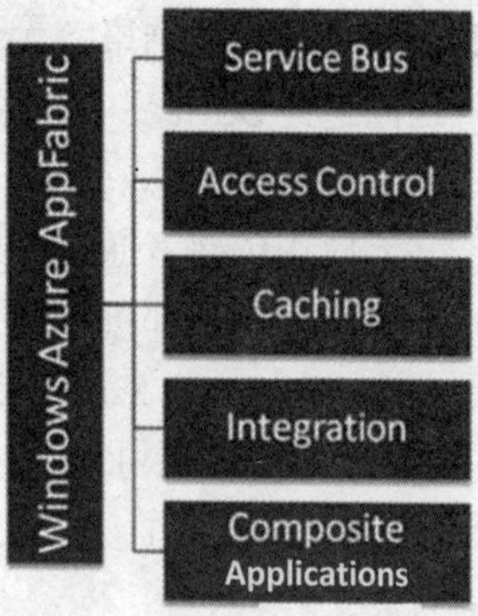

图 8.7　Azure AppFabric 服务

Windows Azure AppFabric 目前有五个不同的产品：服务总线（Service Bus）、访问控制（Access Control）服务、高速缓存服务（Caching）、集成（Integration）和组合式应用程序（Composite Applications），如图 8.7 所示。

（1）服务总线

AppFabric 服务总线为云端的服务发现充当了一种可靠的消息传递方法。服务总线的目标是通过云端应用公共的终端使公开应用服务变得简单，这个终端是可以被其他应用（无论是本地应用还是云应用）访问的。每个公共的终端都被分配了一个 URI，用户可以通过这个 URI 来定位和访问服务。服务总线同样能够处理网络地址转换所带来的挑战，并且可以在没有打开新的公开应用端口的情况下通过防火墙。

（2）访问控制

用户可以通过很多种方法获得一个数字身份认证，包括 Active Directory、Windows Live ID、Google Account、Facebook 等。如果一个应用希望注册带有其中一种数字身份认证，那么这个应用的创建者为了支撑这个身份认证将面临很多严峻的挑战。Azure AppFabric 访问控制简化了这一工作，同时也定义了一定的规则来控制用户的访问。

（3）高速缓存

在很多情况下，应用需要重复访问存取同一个数据。为了提升这类应用的访问速率，可以缓存这些经常被访问的信息，从而减少应用查询数据库的次数。高速缓存服务实现了这个功能，提高了应用的访问效率。

（4）集成

集成让用户可以把现有的 BizTalk Server 任务集成到 Windows Azure 中。

（5）组合式应用

组合式应用可用来部署基于 Windows Communication Foundation 和 Workflow Foundation 的分布式系统。

8.4.5　Windows Azure Marketplace

在本地计算机上，不是所以的应用都是定制的，用户通常也会购买很多应用。许多组织除了购买应用，有时候也会购买数据集。随着云计算越来越受关注，Microsoft 提供了 Windows Azure Marketplace 方便顾客寻找、购买应用和数据集。Windows Azure Marketplace 是一个在线市场，在这里用户可以购买和销售已完成的软件即服务（SaaS）应用程序和优质数据。使用 Windows Azure Marketplace，用户可以用应用程序开展商务，在多个地理位置以多种货币开展交易，从而实现全球影响力。

目前 Windows Azure Marketplace 由以下两个部分组成。

（1）DataMarket

内容提供者通过 DataMarket 可以提供交易的数据集。顾客可以浏览这些数据集，并购买他们感兴趣的数据集。无论是定制的应用还是现有的应用都可以通过 REST 请求或 OData 门户访问这些数据。

（2）AppMarket

云应用创建者通过 AppMarket 可以将应用展现给潜在的用户。

应用和用户都可以通过 DataMarket 访问信息。DataMarket 中存在一个服务资源管理器，是一个 Windows Azure 应用，用户通过这个资源管理器可以查看所有可用的数据集然后购买需要的数据。应用可以通过 REST 或者 OData 请求访问数据，数据集通常使用 Windows Azure 存储服务或者 SQL Azure 数据库进行存储的。当然，数据集也可以存放在外部内容提供者的地方。

用户会在 Windows Azure Marketplace 上找到各种各样的数据，包括人口统计数据、环境、财务、零售和体育数据。用户可以在 Microsoft Office 软件、商业智能（BI）工具和自定义应用程序中使用这些数据。而且对于应用程序，用户可以使用 Windows Azure Marketplace 发现、试用和购买构建 Windows Azure 平台之上的应用程序，并通过单一的可靠来源购买它。

8.4.6　Microsoft Azure 服务

随着时间的发展，Microsoft 在不断增强 Windows Azure 的服务内容。Microsoft 的目标是把 Microsoft Azure 成为一个开放且灵活的云平台，通过这个开放且灵活的云平台，用户可以在 Microsoft 全球范围的数据中心快速构建、部署并管理应用程序。用户可以使用所有语言、工具或框架构建应用程序。用户还能够将其公有云应用程序集成到现有的 IT 环境中。也就是说，用户可以利用 Microsoft Azure 云平台在云中运行商业应用程序、服务和工作负载。

Microsoft Azure 平台 2013 版本在 2011 版本上又增加了不少新的服务，为企业提供了如下四个基本类别的云服务：计算服务、网络服务、数据服务、和应用程序服务。我们在本节对这些服务做一个简单的介绍。

1．计算服务

Microsoft Azure 计算服务可提供云应用程序运行所需的处理能力。Windows Azure 当前可提供四种不同的计算服务。

（1）虚拟机：为用户提供通用计算环境，可以在其中创建、部署并管理运行在 Windows Azure 上的虚拟机。

（2）网站：为用户提供托管的 Web 环境，可以在其中创建新的网站或将现有的企业网站迁移到云中。

（3）云服务：允许用户构建并部署可高度利用并且几乎可无限扩展的应用程序，而且管理成本极低，用户可以使用几乎所有的编程语言。

（4）移动服务：这项服务为构建和部署应用程序并为移动设备存储数据提供了全方位的解决方案。

2．网络服务

Microsoft Azure 网络服务可为用户提供不同的方案，选择 Windows Azure 应用程序如何交付给用户和数据中心。Microsoft Azure 当前可提供两种不同的网络服务。

（1）虚拟网络：这项服务允许用户将 Windows Azure 的公有云作为本地数据中心的扩展。

（2）流量管理器：这项服务允许用户通过三种方式为使用应用程序的用户将应用程序流量路由到 Microsoft Azure 数据中心：获取最佳性能、轮询方式或使用主动/被动故障转移配置。

3．数据服务

Microsoft Azure 数据服务可以提供存储、管理、保障、分析和报告企业数据的不同方式。Microsoft Azure 当前可提供五种不同的数据服务。

（1）数据管理：通过这项服务，用户可以在 SQL 数据库中存储企业数据，可以存储在专用的 Microsoft SQL Server 虚拟机中，使用 Windows Azure SQL 数据库，通过 REST 使用 NoSQL 表，或者使用 Blob 存储。

（2）业务分析：这项服务通过使用 Microsoft SQL Server 报告和分析服务，或运行在虚拟机上的 Microsoft SharePoint Server、Windows Azure SQL 报告、Windows Azure Marketplace 或者 HDInsight，即面向大数据的 Hadoop 实现。

（3）HDInsight：这是微软基于 Hadoop 的服务，可为云带来 100%的 Apache Hadoop 解决方案。

（4）缓存：这项服务可提供分布式缓存解决方案，有助于加速基于云的应用程序并降低数据库负载。

（5）备份：这项服务可以帮助用户通过使用自动化和手动的 Windows Azure 备份，来离线保护服务器数据。

Windows Azure Hyper-V 恢复管理器可帮助您通过协调在辅助位置的 System Center 2012 私有云的副本和恢复来保护企业的重要服务。

4．应用程序服务

Microsoft Azure 的应用程序服务可以提供各种方式，来增强云应用程序的性能、安全、发现能力和集成性。Microsoft Azure 当前可提供 6 种不同的应用程序服务。

（1）媒体服务：这项服务允许用户使用 Windows Azure 的公有云为媒体的创建、管理和发布建立工作流程。

（2）消息传递：这包括两项服务（Windows Azure Service Bus 和 Windows Azure Queue），用户的应用程序可以在私有云环境和 Windows Azure 公有云下保持连接。

（3）通知中心：这项服务为运行在移动设备的应用程序提供了一个高度可扩展的跨平台推送通知基础结构。

（4）BizTalk 服务：这项服务可以提供企业对企业（B2B）和企业级应用程序集成（EAI）的能力，以交付云和混合集成解决方案。

（5）Active Directory：这项服务为用户的云应用程序提供了身份管理和访问控制能力。

（6）多因素验证：除了用户账号凭据之外，这项服务还可提供额外的验证层，以便实现本地和云应用程序更安全的访问。

5．Microsoft Azure 服务总结

上面我们把 Microsoft Azure 服务分为四个类型（计算、网络、数据和应用程序）进行了介绍，但这并不是 Microsoft Azure 服务的唯一分类方式。图 8.8 显示了另一种将此 Microsoft Azure 服务进行划分的方式。

在顶层是各种执行模型，即用于执行运行在 Microsoft Azure 云上的应用程序的不同技术。执行模型对应于虚拟机、网站、云服务和移动服务这四种 Microsoft Azure 计算服务。

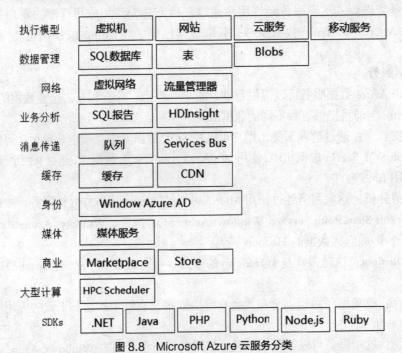

图 8.8　Microsoft Azure 云服务分类

底层是面向具体语言的软件开发工具包（SDK），用户可以用它们构建、部署并管理运行在 Microsoft Azure 上的应用程序。目前支持的 SDK 包括面向.NET、Java、PHP、Node.js、Ruby 和 Python 的 SDK。还有一个通用的 Windows Azure SDK，可以为任何编程语言（如 C++）提供基本支持。Windows Azure SDK 面向.NET 的最新版本包括 SDK、基本工具，以及用于 Microsoft Visual Studio 2010 SP1、Visual Studio 2012 和 Visual Studio 2013 的扩展工具。

8.5 开源 IaaS 平台

近年来云计算产业界的一个大的发展趋势就是开源云计算产品逐步变得成熟，并已经开始进入了实质性使用阶段。Eucalyptus、OpenStack、CloudStack、CloudFoundray、Hadoop 这些开源项目起到了关键作用，这些技术的不断完善推动了整个云计算业界的发展。我们将分别从 IaaS 和 PaaS 平台角度对这些项目做一个介绍和比较。本节我们首先对几个开源 IaaS 项目进行介绍和比较。

8.5.1 OpenStack

OpenStack 是一个旨在为公共及私有云的建设与管理提供软件的开源项目。它的社区拥有上百家企业及上千名开发者，这些机构与个人都将 OpenStack 作为基础设施即服务（IaaS）资源的通用前端。OpenStack 项目的首要任务是简化云的部署过程并为其带来良好的可扩展性。

1. 简介

OpenStack 是一个开源的基础设施即服务（IaaS）云计算平台，可以为公有云和私有云服务提供云计算基础架构平台。OpenStack 使用的开发语言是 Python，采用 Apache 许可证发布该项目源代码。OpenStack 支持多种不同的 Hypervisor（如 QEMU/KVM、Xen、VMware、Hyper-V、LXC 等），通过调用各个的底层 Hypervisor 的 API 来实现对虚拟机的创建和关闭等操作。

OpenStack 开源项目是在 2010 年由 Rackspace 公司和美国国家航空航天局（NASA）发起的云计算项目。OpenStack 除了有 Rackspace 和 NASA 的大力支持外，还有包括 Dell、Citrix、Cisco、Canonical 、IBM、HP、RedHat、Intel、Cisco、WMware、Yahoo!、新浪、华为等一批在 IT 业界非常知名的公司的支持。经过几年的发展，OpenStack 已经成为最受欢迎的 IaaS 开源云平台。OpenStack 社区已经聚集了超过 2.3 万名开发者，支持企业达到 491 家。

OpenStack 的使命是为大规模的公有云和小规模的私有云提供一个易于扩展的、弹性云计算服务，从而让云计算的实现更加简单，云计算架构具有更好的扩展性。也可以说，OpenStack 是一个云计算操作系统，管理员通过一个使用 Web 交互接口的控制面板（Dashboard）就可以管理一个或多个数据中心的所有计算资源池、存储资源池、网络资源池等硬件资源。OpenStack 的作用是整合各种底层硬件资源，为系统管理员提供 Web 界面的控制面板以方便资源管理，为开发者的应用程序提供统一管理接口，为终端用户提供无缝的透明的云计算服务。OpenStack 整体结构如图 8.9 所示。

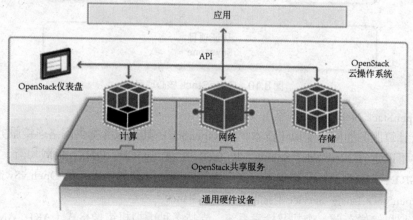

图 8.9 OpenStack 整体结构

2. 核心项目

OpenStack 是一个开源的云计算管理平台项目，由几个主要的组件组合起来完成具体工作。OpenStack 支持几乎所有类型的云环境，项目目标是提供实施简单、可大规模扩展、功能丰富、标准统一的云计算管理平台。OpenStack 通过各种互补的服务提供了基础设施即服务（IaaS）的解决方案，每个服务提供 API 以进行集成。

OpenStack 已经开发了 12 个版本，但是仍然是一个正在开发中的云计算平台项目。根据成熟及重要程度的不同，OpenStack 把其项目被分解成核心项目、孵化项目，以及支持项目和相关项目。每个项目都有自己的委员会和项目技术主管，而且每个项目都不是一成不变的，孵化项目可以根据发展的成熟度和重要性，转变为核心项目。图 8.10 描述了各个项目的名称以及所提供的功能。

（1）OpenStack Compute（计算）：Nova

一套控制器，用于为单个用户或使用群组管理虚拟机实例的整个生命周期，根据用户需求来提供虚拟服务。负责虚拟机创建、开机、关机、挂起、暂停、调整、迁移、重启、销毁等操作，配置 CPU、内存等信息规格。

（2）OpenStack Block Storage（块存储）：Cinder

为运行实例提供稳定的数据块存储服务，它的插件驱动架构有利于块设备的创建和管理，如创建卷、删除卷，在实例上挂载和卸载卷。

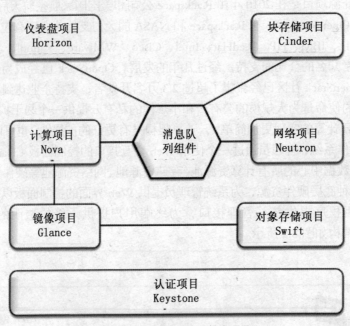

图 8.10 OpenStack 核心项目

（3）OpenStack Network（网络）：Neutron

提供云计算服务的网络虚拟化技术，为 OpenStack 其他服务提供网络连接服务。为用户提供接口，可以定义 Network、Subnet、Router，配置 DHCP、DNS、负载均衡、L3 服务，网络支持 GRE、VLAN。插件架构支持许多主流的网络厂家和技术，如 Open vSwitch。

（4）OpenStack Image Service（镜像服务）：Glance

一套虚拟机镜像存储、查找及检索系统，支持多种虚拟机镜像格式（AKI、AMI、ARI、

ISO、QCOW2、RAW、VDI、VHD、VMDK），有创建镜像、上传镜像、删除镜像、编辑镜像基本信息的功能。

（5）OpenStack Object Storage（对象存储）：Swift

一套用于在大规模可扩展系统中通过内置冗余及高容错机制实现对象存储的系统，允许进行存储或者检索文件。可为 Glance 提供镜像存储，为 Cinder 提供卷备份服务。

（6）OpenStack Identity Service（身份服务）：Keystone

为 OpenStack 其他服务提供身份验证、服务规则和服务令牌的功能，管理 Domains、Projects、Users、Groups、Roles。

（7）OpenStack Dashboard（UI 界面）：Horizon

OpenStack 中各种服务的 Web 管理门户，用于简化用户对服务的操作，例如：启动实例、分配 IP 地址、配置访问控制等。

需要说明的是 Horizon 并不是 OpenStack 的核心项目，但是它却是一个非常有用的项目，可以帮助管理员管理或用户使用 OpenStack 平台。但是因为 Horizon 并不是 OpenStack 必须要提供的功能，而只是使用 OpenStack API 开发的一个 UI 应用，任何企业可以开发一个更好的 UI 管理应用来取代它，所以，Horizon 并没有划归为 OpenStack 的核心项目。

3. 孵化项目

当前 OpenStack 总共拥有 13 个孵化项目。Dashboard 项目已经在核心项目做了介绍。下面我们对其余的 12 个孵化项目提供的服务做简单的描述。

（1）OpenStack Metering（计量/监控）：Ceilometer

像一个漏斗一样，能把 OpenStack 内部发生的几乎所有的事件都收集起来，然后为计费和监控以及其他服务提供数据支撑。

（2）OpenStack Orchestration（部署编排）：Heat

提供了一种通过模板定义的协同部署方式，实现云基础设施软件运行环境（计算、存储和网络资源）的自动化部署。

（3）OpenStack Database（数据库服务）：Trove

为用户在 OpenStack 的环境下提供可扩展的、可靠的关系和非关系型数据库引擎服务。

（4）OpenStack Elastic Map Reduce（弹性 MapReduce）：Sahara

目标是为用户提供一个简单的基于 Openstack 来搭建 Hadoop 集群的方法。用户只需要提供几个平台参数，比如 Hadoop 版本号、集群拓扑结构和节点硬件参数，Sahara 就会在几分钟时间内完成搭建。

（5）OpenStack Bare-Metal Provisioning（裸机部署）：Ironic

如果说 OpenStack Nova 管理的是虚拟机的生命周期，那么 Ironic 就是为了管理物理机的生命周期。它提供了一系列管理物理机的 API 接口，可以对"裸"操作系统的物理机进行管理，管理范围包括从物理机上架安装操作系统到物理机下架维修等。

（6）OpenStack Messaging Service（队列服务）：Zaqar

为 Web 应用和移动应用开发者提供的多租户队列服务，类似于 Amazon 的 SQS，但是添加了广播事件的功能。

（7）OpenStack Shared Filesystems（共享文件系统）：Manila

主要目的是为 OpenStack 的各个虚拟机提供一个共享的分布式文件系统。

（8）OpenStack DNS Service（DNS 服务）：Designate

为 OpenStack 提供多租户的 DNS 即服务（DNSaaS）的能力，通过 REST API 可以对域名和记录进行管理，可以与 Keystone 整合进行用户认证。

（9）OpenStack Key Management（密钥管理）：Barbican

提供了 OpenStack API 用来对密码、加密钥匙和 X.509 证书等秘密信息进行安全存放和管理。

（10）OpenStack Containers（容器）：Magnum

为 OpenStack 提供管理容器的能力，可以为用户提供 Kubernetes-as-a-Service、Swarm-as-a-Service 和 Mesos-as-a-Service，用户可以很方便地通过 Magnum 来管理 Kubernetes、Swarm 和 Mesos 集群，通过 Magnum 和后台的 COE（Container Orchestration Engine，容器编排引擎），包括 Kubernetes、 Swarm 和 Mesos，来交互获取容器服务。

如果容器类似于虚拟机，那么 Magnum 就相当于 Nova，而 COE 就相当于虚拟服务器的 Hypervisor。

（11）OpenStack Application Catalog（应用目录）：Murano

使应用开发者和管理员可以在 OpenStack 发布各种云应用，而这些应用可以按分类目录的形式展现给用户，以便用户方便地进行浏览和查找。

（12）OpenStack Governance（策略管理）：Congress

可以对多个云服务提供策略管理的能力，从而可以保证动态基础设施符合相关的管理规定。

4．项目选择方法

从上面介绍大家知道，OpenStack 有 6 个核心项目，13 个孵化项目，另外还有一些外围项目。这些项目的成熟程度参差不齐，加入 OpenStack 项目的时间也不同，得到的实际应用也不同。同时，这么多项目会给用户选择安装哪些项目，不安装哪些项目带来困难。

为了帮助用户能够正确选择所需要的项目，我们首先介绍选用项目的步骤，如图 8.11 所示。

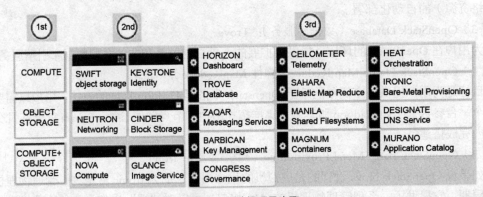

图 8.11　选择项目步骤

第一步，首先要确定要搭建的云平台的目的是提供云计算服务、云存储服务，还是同时提供云计算和云存储服务。OpenStack 的云计算服务和云存储服务是相互独立的，完全可以通过独立安装来提供。但是，如果两个服务同时安装，可以共享其他项目，从而可以节省硬件成本和维护成本。另外，云存储服务还可以为云计算服务提供镜像存储、数据备份服务。

第二步，确定需要使用哪些核心项目。如果要提供云存储服务，那么就必须安装 Swift，同时还需要安装 Keystone 来提供用户身份认证服务。如果要提供云计算服务，那么就必须安装 Nova、Glance 以及 Keystone。尽管不安装 Cinder，Nova 也可以提供虚拟机，但是没有 Cinder，Nova 不能给虚拟机提供持久存储服务。

Neutron 为 Nova 提供高级的网络连接服务。但是，因为 Nova 自身具备基本网络连接的能力，所以 Neutron 并不是必须的。简单来讲，当使用云计算的租户个数会不超过 4096 个，并且租户不需要他们具有在所租用的虚拟机之间进行网络管控能力的时候，就可以不使用 Neutron。

第三步，确定需要使用哪些孵化项目。选择孵化项目需要从两个角度来考虑。首先，就是从功能的角度来确定该项目是不是提供了你所需要的服务，或者说，该项目提供的服务是不是你需要的。然后，再考虑该项目的实现质量。

为了帮助大家对每个项目的状态有个比较清晰的了解，OpenStack 对每个项目给出了三个指数供用户参考。这三个指数分别是采用程度、成熟程度和开发年限。采用程度用来标识在已有的 OpenStack 部署中，该项目被安装的百分比。成熟程度用来指出该项目代码的质量以及功能完善的程度，通过 5 分制来表示。开发年限用来表明该项目进入 OpenStack 开发的时间。

表 8.2 描述了 OpenStack 的 6 个核心项目的综合指标。从中可以看出，Nova、Keystone 和 Glance 的采用程度最高。这也说明单独提供云存储服务的部署很低，只有 4%。还有就是，尽管 Cinder 和 Neutron 对于提供云计算服务并不是必须的，但是安装了 Nova 的 90%以上的部署都安装了 Cinder 和 Neutron。

表 8.2　OpenStack 核心项目的综合指标

核心项目	SWIFT	KEYSTONE	NOVA	NEUTRON	CINDER	GLANCE
Adoption	62%	96%	96%	89%	86%	94%
Maturity	4/5	5/5	5/5	5/5	5/5	4/5
Age(YRS)	6	4	6	4	4	5

表 8.3 描述了 OpenStack 的 13 个孵化项目的综合指标。从中可以看出，尽管 Horizon 不属于 OpenStack 的核心项目，但是它的采用率高达 95%。而其他的孵化项目，除了 Ceilometer 和 Heat 以外，不管是其采用率还是成熟度都很低。

表 8.3　OpenStack 孵化项目的综合指标

非核心项目	HORIZON	CEILOMETER	HEAT	TROVE	SAHARA	IRONIC
Adoption	95%	61%	68%	27%	20%	17%
Maturity	4/5	2/5	4/5	1/5	1/5	2/5
Age（YRS）	4	3	3	2	2	2

非核心项目	ZAQAR	MANILA	DESIGNATE	BARBICAN	MAGNUM	MURANO	CONGRESS
Adoption	1%	8%	25%	4%	7%	7%	1%
Maturity	1/5	2/5	1/5	2/5	1/5	1/5	1/5
Age（YRS）	2	2	2	2	1	1	1

5．实际部署状况

每一年，OpenStack 基金会都会针对全球范围内 OpenStack 的应用状况进行大范围的摸底调查。2015 年的调查结果已经以白皮书的形式公布，通过对这些结果和数据进行分析，OpenStack 基金会希望业界对 OpenStack 的认识更加全面，同时在技术开发时更具前瞻性。

2015 年的调查结果凸显了以下几点。

（1）成熟度明显提高

2013 年的用户调查指出只有 32% 的部署是用于实际生产，而 2015 年已经达到了 60%。

（2）增长空间巨大

在对核心项目的采用率很高的同时，用户对孵化项目的兴趣也很高涨。因此，随着孵化项目的成熟，OpenStack 的部署量还会大大提高。

（3）促进创新和提供竞争力

企业选择部署 OpenStack 的主要动力来源于其可以促进企业的创新能力以及因为可以快速部署应用而带来的竞争力。

（4）部署的灵活性

从用户部署所使用的多种类型的块存储的后端设备就可以看出 OpenStack 为用户提供的多种灵活选择能力是正确的。

（5）用户对容器、NFV 和 PaaS 等新技术很感兴趣

这为 OpenStack 指出了下一步的发展方向。

同时，通过这次用户调查也发现了用户对 OpenStack 不满意的地方。首先，用户感到 Neutron 过于复杂，难以理解、配置和安装。其次，Ceilimeter 的可扩展性太差。还有，OpenStack 的文档不全面，有些部分没有及时更新。

下面我们根据 2015 年的用户调查从多个方面来描述 OpenStack 的实际使用情况。

（1）使用行业和用途

从图 8.12 可以看出，IT 行业是 OpenStack 的主要用户，高达 64%，其次是电信企业以及高校和研究机构。这说明 OpenStack 想进入 IT 行业外的其他行业还有相当长的路要走。

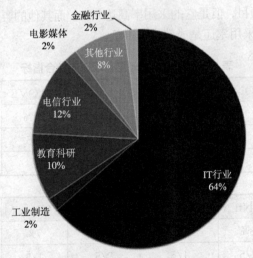

图 8.12　使用 OpenStack 的行业占有率

（2）使用阶段

图 8.13 描述了部署的 OpenStack 用于研制的哪个阶段，是生产阶段、开发阶段，还是原型开发阶段。从图 8.13 中可以看出，60% 的部署已经用于生产阶段。这说明 OpenStack 的成熟

度已经得到了企业的认可。与 2013 年的 32%相比，用于生产阶段的 OpenStack 部署几乎翻了一番。

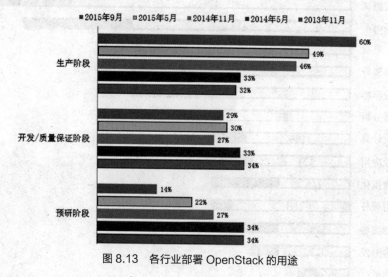

图 8.13　各行业部署 OpenStack 的用途

（3）各项目的部署比例

图 8.14 描述了 OpenStack 各个项目在部署中安装的比例，以及用于哪个阶段。从图中可以看出，除了 Swift 以外的核心项目的部署比例都相当高，说明安装 OpenStack 提供云计算服务的比例远高于提供云存储服务的比例。

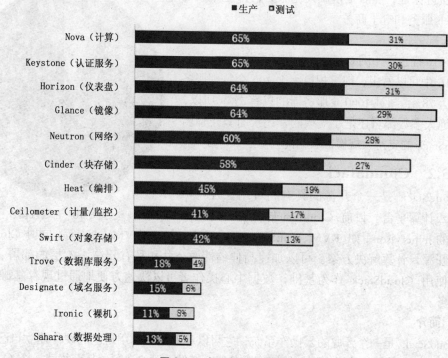

图 8.14　各项目的部署比例

（4）用途

图 8.15 描述了企业使用 OpenStack 的用途。

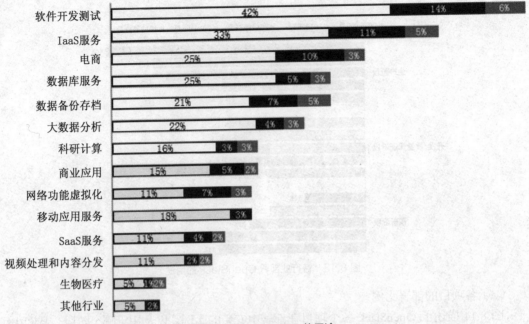

图 8.15　OpenStack 的用途

从图 8.15 中可以看出，排在首位的是软件开发、测试和质量保证，然后是基础设施服务，排在第三位的是 Web 服务和电子商务。

（5）部署规模

图 8.16 描述了不同 OpenStack 的部署规模的比例。从图 8.16 中可以看出，部署规模小于 100 个物理服务器的高达 78%，超过 1000 个服务器的只有 7%。所以，当前的绝大多数部署还是小规模的，还没有真正体验到 OpenStack 的支持大规模部署的能力。

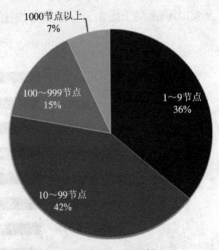

图 8.16　部署规模

8.5.2　CloudStack

CloudStack 是一个开源的具有高可用性及可扩展性的云计算平台。目前 CloudStack 支持管理大部分主流的 hypervisors，如 KVM、XenServer、VMware、Oracle VM、Xen 等。同时 CloudStack 是一个开源云计算解决方案。可以加速高伸缩性的公共和私有云在 IaaS 层的部署、管理、配置。使用 CloudStack 作为基础，数据中心操作者可以快速方便地通过现存基础架构创建云服务。

1. 简介

CloudStack 是一个开源的云操作系统，它可以帮助用户利用自己的硬件建立自己的云服务。CloudStack 可以帮助用户更好地协调服务器、存储、网络资源，从而构建一个 IaaS 平台。CloudStack 具有许多强大的功能，可以让用户构建一个安全的多租户云计算环境。CloudStack 兼容 Amazon API 接口。

CloudStack 的前身是 Cloud .com 后被 Citrix 收购，并将 CloudStack 100%开源。2012 年 4 月 5 日，Citrix 又宣布将其拥有的 CloudStack 开源软件交给 Apache 软件基金会管理。CloudStack 已经有了许多商用客户，包括 GoDaddy、英国电信、日本电报电话公司、塔塔集团、韩国电信等。

2．系统架构

CloudStack 采用了典型的分层结构：客户端、CloudAtack API、业务逻辑、核心引擎以及计算/存储/网络控制器。面向各类型的客户，CloudStack 提供了不同的访问方式：Web Console、Command Shell 和 Web Service API。通过它们，用户可以管理使用在其底层的计算资源（包括主机、网络和存储），完成诸如在主机上分配虚拟机，配给虚拟磁盘等功能。CloudStack 的系统架构如图 8.17 所示。

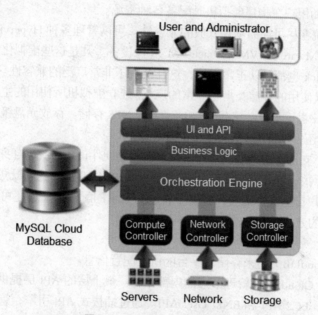

图 8.17　CloudStack 系统架构

CloudStack 的核心是 CloudStack 管理节点（Management Server），它包括了界面（UI 和 API）、业务逻辑（Business Logic）、编排引擎（Orchestration Engine）和控制器（计算控制器、网络控制器和存储控制器）。

CloudStack 管理节点负责管理 CloudStack 的 IT 基础设施，是对云平台进行配置的唯一节点。管理节点的主要功能如下。

（1）为管理员和用户提供 Web 用户界面；

（2）提供使用 CloudStack 的各种 API；

（3）分配虚拟机到具体物理机；

（4）给账户提供公共 IP 和内部 IP 地址；

（5）给虚拟机分配虚拟存储；

（6）管理快照和 ISO 镜像，以及跨数据中心的复制。

管理节点主要包括如下几个层次。

（1）界面（Interface）

管理节点为 CloudStack 提供了两种界面，一种是供管理员和用户用来配置平台、发送操作请求以及配置平台的控制台界面；另一种是应用程序用来使用平台功能的程序 API。

（2）业务逻辑

这个模块用来负责实现平台的业务逻辑。用户或管理员的所有请求操作都是首先由业务逻辑模块进行处理，然后再转发给编排引擎去完成实际操作。

（3）编排引擎

编排引擎是平台的核心，负责设置、配备和调度所有的操作。用户或管理员的请求操作在经过业务逻辑模块处理之后，编排引擎负责完成具体的操作，比如配备一台虚拟机，并对其进行设置，分配存储等。

（4）控制器

控制器是管理节点用来与下层的计算、网络和存储资源的 Hypervisor 或硬件进行通信的组件。控制器还帮助用户在构建虚拟机时配备各种资源。

CloudStack 系统在尽可能的增加开放的兼容性。可以管理多种 Hypervisor 的虚拟化程序，包括 XenServer、VMware、KVM、OracleVM 和裸设备。凡是这些虚拟化程序可以支持的计算服务器，Cloudstack 也都可以正常支持，这样就有了非常广泛的兼容性。

Cloudstack 可以使用的存储类型也非常的广泛。建立虚拟机所使用的主存储可以使用计算服务器自己的本地磁盘，也可以挂载 iSCSI、光纤、NFS 存储。存放光盘镜像模版的二级存储可以使用 NFS 外，还可以使用 Openstack 的 Swift 组件。

Cloudstack 除了支持各种网络的连接方式，不需要硬件设备，系统自身就会提供多种的网络服务，可以实现网络隔离、防火墙、负载均衡和 VPN 等功能。这样既可以达到灵活控制，并且可以提供给用户自己进行配置，省去了管理员大量的配置工作，还可以节省硬件成本，其实是个一举多得的方式。

（5）云数据库

云数据库（CloudDB）用来存储云平台的所有配置信息。

图 8.17 给出了 CloudStack 管理节点的内部结构。最上层的 API 层提供了多种 API 界面，包括 OAM&P API、EC2 API 和 END User API。通过插拔式 API 引擎，管理节点可以支持任何 API。

访问控制（Access Control）层负责对用户的请求进行身份认证和访问控制。所有的用户请求必须拥有授权该用户访问资源的认证令牌。

管理节点的核心组件负责分发、整合、处理各种任务和请求。核心模块负责把任务分发到各模块，维护对虚拟机的操作，完成资源和数据库之间的信息同步，以及响应各种模块产生的事件。

虚拟机管理器负责管理 CloudStack 环境中的虚拟机，处理虚拟机的所有请求、需求和状态维护，负责虚拟机的迁移、启动、停止、删除、IP 地址分配等工作，以及给虚拟机分配所需要的各种资源。

存储管理器负责管理存储空间资源，负责完成用户提交的对卷进行创建、分配和删除的请求，以及负责验证用户提交的所有与存储有关的请求并完成相应的操作或者生成错误代码返回给用户。

网络管理器处理虚拟机与网络有关的请求，完成虚拟机或其他资源的网络设置，以及进行 IP 地址管理、负载均衡、防火墙设置和用户请求的其他操作。

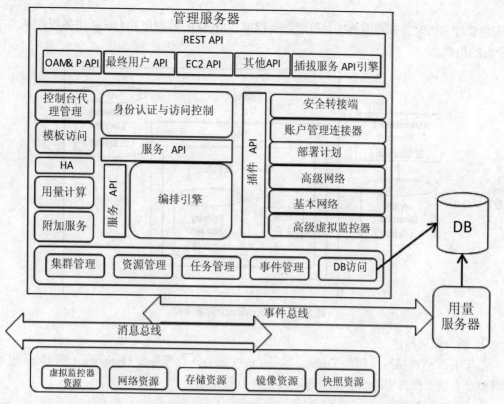

图 8.18　CloudStack 管理节点的内部结构

　　快照管理器负责管理虚拟机或者其他资源的快照，负责处理用户的快照请求或者基于快照的操作，比如基于快照创建虚拟机。快照主要用来进行备份和恢复。快照首先是在一级存储设备生成，然后再转移到二级存储设备。

　　CloudStack 环境中的任务有同步和异步两大类，异步任务管理器负责保证异步任务的请求得到处理，并且按照优先级别进行任务调度。

　　模板管理器负责对模板的各种操作，包括模板创建、基于模板创建虚拟机、删除模板等。

3．部署架构

　　云平台要管理的大量的资源，包括服务器、存储设备和网络，所以，对这些资源的管理不能简单的一把抓，这样的架构太过单一，除了一些应用场景外，并不能适应大部分灵活复杂多变的云环境。在云环境里，网络的设计方式千变万化，一个云管理平台必须要有很好的适用性和通用性，异构的兼容性，灵活的可扩展能力。如图 8.19 所示，CloudStack 采用了一种层次结构实现对资源的管理。

　　从图 8.19 可以看出 CloudStack 按资源域（Zone）、提供点（Pod）和集群（Cluster）三个层次管理资源。下面我们对 CloudStack 层次结构中的这些概念做详细介绍。

　　（1）管理节点（Management Server）

　　管理节点是 CloudStack 云平台的核心，整个 IaaS 平台的工作统一汇总在这个核心来处理。管理节点接受用户和管理员的操作请求，包括对硬件、虚拟机和网络的各种管理操作，然后对发过来的操作请求进行处理，并发送给对应的计算节点或系统虚拟机去执行；管理节点还会在 MySQL 数据库中记录整个 CloudStack 系统的所有信息，并监控计算节点，存储及虚拟机的状态，网络资源的使用情况，帮助用户和管理员了解目前整个系统各个部分的运行情况。

在安装管理节点时，分别需要安装管理服务程序，MySQL 数据库和 Usage 服务程序（可选）3 个大的组件。

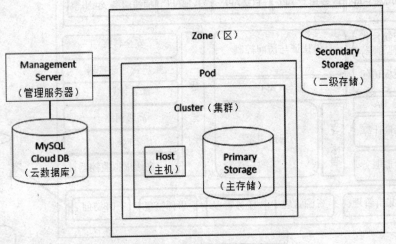

图 8.19　CloudStack 部署架构

① 管理服务程序

基于 Java 语言编写，包含 Tomcat 服务、API 服务、管理各类 Hypervisor 的 Core 服务、管理整个系统工作流程的 Server 服务等几个核心组件。

② MySQL 数据库

用来记录 CloudStack 系统中的所有信息。

③ Usage 服务程序

主要用于记录用户 VM 使用各种资源的统计和事件，为计费提供数据，所以当不需要计费功能时，可以不必安装此程序。

在简单环境下可以将以上所有管理节点的组件都集中安装在一台物理服务器或虚拟机上。但在一个计划上线的生产环境下，根据设计需求，可以部署多台管理服务器分担不同的功能，如图 8.20 所示。

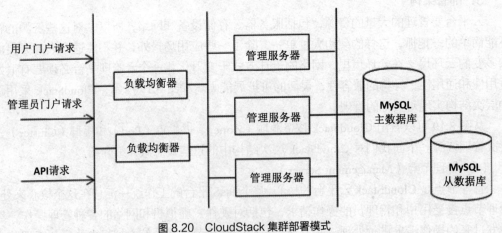

图 8.20　CloudStack 集群部署模式

① 安装多个管理服务程序作为一个集群，再使用负载均衡设备放在此集群前，可以负载大量的 WEB 访问或 API 请求。

② 将 MySQL 数据库安装在独立的服务器中，并搭建主从方式的 MySQL 数据库作为一种备份方案。

③ 将 Usage 服务程序安装在独立服务器，用于分担管理服务器上的压力。

管理节点本身并不记录 CloudStack 的系统信息，而是全部都存储在数据库中。所以当管理服务程序被删除或所在节点宕机，并不会影响 CloudStack 系统正常运行，只是可能无法接受新的请求，用户所使用的虚拟机仍可以在计算服务器上保持正常通信和运行。在做好 MySQL 数据库中数据备份的情况下，恢复整个系统的正常运行是比较容易做到的。

（2）资源域（Zone）

资源域可以理解为一个数据中心或机房，是 CloudStack 系统中逻辑上最大范围的组织单元。资源域由一组提供点（Pod），二级存储（Secondary Storage）以及网络架构配置构成。在完成管理服务器的安装后，登录 CloudStack 的管理界面，第一步就是创建资源域，完成整套 IaaS 平台的初步整合。在创建资源域的步骤中，会包括网络架构的选择，网络的各种规划和配置，添加计算服务器和存储。对于管理员来讲，创建资源域的时候会决定该资源域的所有重要参数，必须要对整个资源域有一个很好的规划，使得资源域的架构可以满足需求，并适应未来的扩展。 在完成创建资源域的步骤后，随着需求的变化，还可以继续添加提供点、集群、计算服务器和存储，一个资源域内的提供点的数量是没有限制的。

一套 CloudStack 系统中可以添加多个资源域，资源域之间可以实现完全物理隔离的，硬件资源、网络配置、虚拟机也都是独立的。一个资源域在建立的时候只能选择一种网络架构：基本网络（Basic Zone）或高级网络（Advanced Zone），但如果整套系统有多个资源域，每个资源域可以选择不同的网络架构。根据这一特点，也就可以实现 CloudStack 对于多个物理机房的统一管理。从业务的需求上来说，也可以在一个机房内划分出两个独立的资源域，提供给需要完全隔离开的两套系统使用。由于资源域之间是相互独立的，如果需要有通信，只可以是在网络设备上配置打通资源域的公共网络。资源域之间只可以复制 ISO 和模板文件，虚拟机不可以进行资源域之间的迁移操作，所以如果有需要，解决的办法就是将虚拟机转为模板然后复制到另一个资源域中使用。

另外，资源域对用户是可见的，在管理员创建资源域的时候可以选择该资源域是对所有用户可见的公共属性，还是只对某组用户可见的私有属性。当一个用户可以看到多个资源域时，创建虚拟机的步骤里可以选择在哪个资源域中创建虚拟机。

（3）提供点（Pod）

提供点（Pod）是 CloudStack 的资源域内第二级的逻辑组织单元，可以理解为一个物理的机架，包含交换机、服务器、存储的整合。所以参照物理机架的概念，在 CloudStack 的提供点中，也有网络的概念，即所有提供点内的计算服务器、系统虚拟机、客户虚拟机都在同一个子网中。一般来说，提供点上的服务器连接至同一个或一组二层交换机上，所以很多实际部署中基本也都是以一个物理机架来进行规划。一个资源域内可以有多个独立的提供点，数量没有上限。一个提供点可以由一个或多个集群构成，一个提供点中的集群数量没有上限。出于对网络灵活扩展的目的，提供点是不可或缺的一个层级。另外，机架对最终用户不可见。

（4）集群（Cluster）

集群是 CloudStack 的系统中最小的逻辑组织单元，由一组计算服务器和一个或多个主存储所组成。同一个集群的计算服务器必须使用相同的 Hypervisor 类型，硬件型号也必须相同（带有高级功能的 XenServer 和 vSphere 可以兼容异构的 CPU）。虚拟机可以在集群内的不同主机之间实现动态迁移。一个提供点可以包含多个集群，可以包含使用不同 Hypervisor 程序的集群。虽然 CloudStack 并不限制集群的数量，但由于提供点所划分的子网范围，提供点内的集群和主机数量不会是完全无限制的。而集群内主机的数量，虽然也没有限制，但根据最佳实践，一个集群内的计算服务器的数量建议不超过 16 台。

集群内可以添加多个作为共享存储所使用的主存储（Primary Storage），主存储的类型没有限制，只要可以和计算服务器正常通信即可。CloudStack 可以实现虚拟机的所使用的镜像文件在多个主存储之前进行迁移，但肯定需要关闭虚拟机电源进行迁移。

（5）主机（Host）

主机是 CloudStack 中最基本的硬件模块之一，用于提供虚拟化能力和计算资源，并运行客户创建的虚拟机，根据系统压力可以进行弹性增减。主机上需要安装 Hypervisor 程序，目前 CloudStack 支持 Citrix XenServer、VMware ESXi、KVM、Oracle VM 的 Hypervisor。

（6）主存储（Primary Storage）

主存储一般作为每个集群中多台计算服务器共同使用的共享存储存在，一个集群中可以有一个或者多个不同类型的存储。也可以通过参数配置，使用计算节点的本地磁盘作为本地存储使用。主存储用于存储所有虚拟机的镜像文件和数据卷文件。集群中的所有计算节点都可以访问共享存储，用以实现虚拟机的在线迁移和高可用的功能。如果设为本地磁盘为主存储，虚拟机的磁盘读写有很好的性能，但无法解决主机故障导致虚拟机无法启动而出现的单点故障。

（7）二级存储（Secondary Storage）

二级存储是 CloudStack 根据 IaaS 平台的特点，专门设计出来的存储。每个资源域只需一个二级存储，用于存放创建虚拟机用的 ISO 镜像文件、模版文件以及对虚拟机做的快照文件。二级存储可以支持 NFS 存储和 OpenStack 的组件 Swift 存储。设计二级存储的原因是因为这些种类的文件会占用很大的空间，并且基本在一次性写入后只有读取操作，使用也不会非常频繁，属于冷数据。

8.5.3　Eucalyptus

Elastic Utility Computing Architecture for Linking Your Programs To Useful Systems（Eucalyptus）是一种开源的软件基础结构，用来通过计算集群或工作站群实现弹性的、实用的云计算。它最初是美国加利福尼亚大学圣巴巴拉分校计算机科学学院的一个研究项目，现在已经商业化，发展成为了 Eucalyptus Systems Inc.。不过，Eucalyptus 仍然按开源项目那样维护和开发。Eucalyptus Systems 还在基于开源的 Eucalyptus 构建额外的产品，并提供支持服务。

Eucalyptus 提供了如下高级特性。

● 与 AWS 的 EC2 和 S3 接口的兼容性（SOAP API 和 REST API）。几乎所有使用这些接口的现有工具都将可以用于基于 Eucalyptus 的云平台。

● 支持运行在 Xen Hypervisor 或 KVM 之上的虚拟机的运行。

● 用提供进行系统管理和用户结算的云管理工具。

● 能够将多个分别具有各自私有的内部网络地址的集群配置到一个云内。

1．架构

Eucalyptus 主要由五个核心组件构成：节点控制器（Node Controller，NC）、集群控制器（Cluster Controller，CC）、云控制器（Cloud Controller，CLC）、存储控制器（EBS）和存储

服务（Walrus，W）。它们能相互协作共同提供所需的云服务。这些组件使用具有 WS-Security 的 SOAP 消息安全地相互通信。Eucaluptus 的架构如图 8.21 所示。

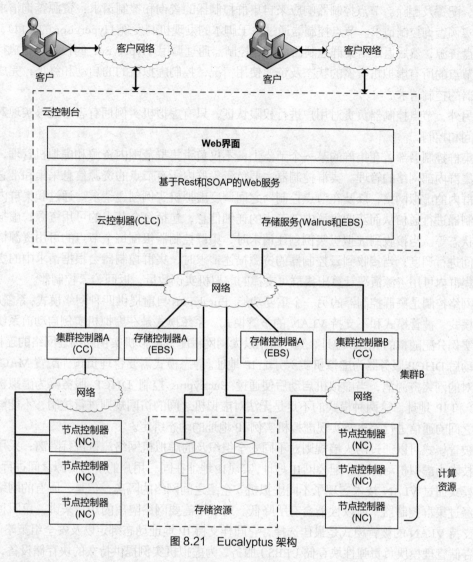

图 8.21　Eucalyptus 架构

　　节点控制器安装在每个被管理的物理节点上，负责监控节点的资源使用情况和管理虚拟机的生命周期，如虚拟机实例的创建、配置和删除。

　　一个集群由一组节点组成，每个集群拥有一个集群控制器和一个存储控制器。集群控制器负责采集集群中节点的信息，在集群范围内调度虚拟机的执行及进行网络管理。而存储控制器负责管理虚拟机实例的 EBS（弹性块存储）类型的存储，也就是卷，为虚拟机提供持久化的块数据存储服务。

　　在集群控制之上便是云控制器，云控制器是系统管理员和终端用户访问系统的入口，接收用户的资源请求，然后通过集群控制器收集节点的资源信息，进而在集群之间进行调度。

　　存储服务 Walrus 实现了 Amazon S3 的服务接口，支持用户数据和虚拟机镜像的上传、下载和查询。存储控制器为虚拟机实例提供持久化的块数据存储。存储控制器可以与集群控制器一起为虚拟机实例提供弹性块存储服务。

节点控制器部署在每个物理节点上控制主机操作系统及相应的 Hypervisor（Xen、KVM 和 VMware），负责监控节点的资源使用情况和管理虚拟机的生命周期，如虚拟机的实例创建、监控、配置及删除。节点控制器响应来自集群控制器的查询和控制请求：资源查询请求和虚拟机实例查询控制请求。节点控制器通过基于脚本的发现机制发现 Hypervisor 的 CPU、内存及磁盘资源，然后返回给集群控制器。节点控制器通过调用 Hypervisor 的接口或者执行命令获得节点的所有虚拟机实例的状态及资源使用情况，控制虚拟机的启动和终止，完成集群控制器的控制请求。

另外，节点控制器负责对用户进行权限认证，只有虚拟机实例拥有者才能够实现对其进行访问和控制。

集群控制器部署在集群的某一个节点上，不仅负责集群范围内资源和虚拟机管理，而且负责集群内部网络的管理。集群控制器主要负责集群内所有节点的资源信息采集和汇总，控制集群内的虚拟网络，以及在节点控制器之间调度虚拟机实例创建请求。通过和集群内的节点控制器进行通信从而获取集群内部节点的详细信息，包括每个节点的可用资源，虚拟机实例的状态等。当接收到虚拟机实例创建请求时，集群控制器根据每个节点的可用资源情况在节点间进行调度；当接收到云控制器的资源描述请求时，集群控制器会根据请求中的资源要求和集群内可用资源情况计算出集群可支撑的虚拟机实例数量，返回给云控制器。

网络控制是集群控制器的另一个重要功能。Eucalyptus 目前提供四种网络模式：系统模式、动态模式、被管模式和不支持 VLAN 的被管模式。系统模式是在虚拟机实例启动前系统为虚拟机实例分配随机的 MAC 地址，然后利用以太网网桥配置虚拟机实例和物理网络的连接，实例启动后 DHCP 服务器为虚拟机实例分配 IP 地址。静态模式需要管理员预先配置 MAC 和 IP 地址对的网络资源池，当虚拟机启动后便通过 Eucalyptus 控制 DHCP 服务器为虚拟机获取 MAC 和 IP 地址。这两种模式的不足是无法对虚拟机之间的访问规则进行控制，不能够对虚拟机之间的通信进行隔离及实现虚拟机实例 IP 地址的动态绑定。

被管模式可以通过防火墙规则对不同安全组织及的虚拟机网络流量进行隔离；采用动态绑定技术为虚拟机动态的分配公网 IP 地址，实现 IP 地址在同一用户的所有资源之间进行共享。被管模式通过 VLAN 技术实现了不同虚拟机安全组之间网络的隔离，但是，所有的网络请求都会经过集群控制器，所以性能会有所降低。对于不需要网络隔离的用户来讲，第四种模式即不支持 VLAN 的被管模式是最佳选择，它同样支持 IP 地址动态绑定以及安全组策略。

存储管理模块负责弹性块存储（EBS）服务，为虚拟机实例提供持久的块存储设备，可以将实例数据和状态进行持久保存。目前 EBS 提供对存储卷的创建、快照、删除，以及虚拟机实例绑定等功能。Walrus 是兼容 Amazon S3 的 REST 或者 SOAP 访问接口的数据存储服务，用户不仅可以从互联网或者虚拟机实例上传下载用户数据，还可以保存虚拟机镜像或者快照。

云控制器包括资源服务、数据服务和接口服务三类服务。资源服务维护整个系统层的资源状态，利用系统的集群控制器响应用户的虚拟机实例控制请求。无论是资源请求还是为虚拟机实例预约资源，系统资源状态都是必要的参考信息，而且为运行的资源预约变更和实现基于 SLA 机制的服务提供权威的数据。数据服务用来处理系统状态和用户数据的创建、更改、查询和存储，包括安全组、密钥、网络和镜像等。通过数据服务，用户可以获取系统的可用镜像，资源等信息，并且能对虚拟机实例的密钥安全组和网络进行定制。除了提供编程接口，还为用户提供了云控制台，可以注册用户、下载密钥等。管理员通过控制台可以管理系统账户，监控系统组件的状态。

另外，Eucalyptus 还实现了用户管理、虚拟机镜像管理等功能，从而构成一个完整的系统图。Eucalyptus 的设计使得它能够运行在研究机构或者 IT 部门已有的环境中，帮助研究人员和管理人员管理服务器、工作池以及服务器集群等环境。其模块设计原则为用户定制或者替换模块提供了便捷。

2. 部署

一个 Eucalyptus 云安装可以聚合和管理来自一个或多个集群的资源。一个集群是连接到相同 LAN 的一组机器。在一个集群中，可以有一个或多个 NC 实例，每个实例管理虚拟实例的实例化和终止。

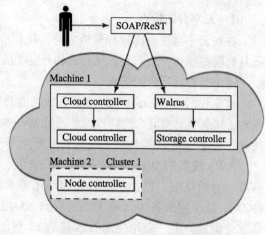

在一个单一集群的安装中，如图 8.22 所示，将至少包含两个机器：一个机器运行 CC、SC 和 CLC；另一个机器运行 NC。这种配置主要适合于试验的目的以及快速配置的目的。通过将所有东西都组合到一个机器内，还可以进一步简化，但这个机器需要非常健壮才能这样做。

图 8.22 Eucalyptus 单集群安装

多集群安装中，可以将各个组件（CC、SC、NC 和 CLC）放置在单独的机器上，如图 8.23 所示。如果想要用它来执行重大的任务，那么这种配置就是 Eucalyptus 云的理想方式。多集群安装还能通过选择与其上运行的控制器类型相适应的机器来显著提高性能。比如，可以选择一个具有超快 CPU 的机器来运行 CLC。多集群的结果是可用性的提高、负载和资源的跨集群分布。集群的概念类似于 Amazon EC2 内的可用性区域的概念。资源可以跨多个可用性区域分配，这样一来，一个区域内的故障不会影响到整个应用程序。

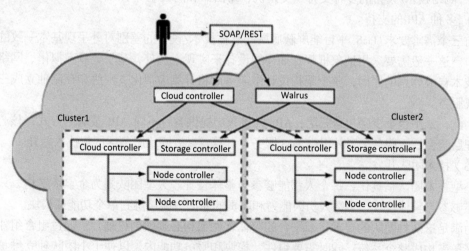

图 8.23 Eucalyptus 多集群安装

在将 Eucalyptus 安装并应用到基础设施上之前，需要考虑硬件要求。虽然出于试验目的，可以在一个笔记本电脑上运行全部内容，但是对于一个实际的部署场景，多集群无疑是一个更好的选择。

8.5.4 三大开源 IaaS 平台的比较

作为云计算的一种重要形式，IaaS 服务有各种开源和商业云平台方案。我们在前面几节对现在最知名的三大开源 IaaS 云平台做了基本的介绍。本节从使用开源 IaaS 云平台来开发公有云和私有云管理平台的角度，对 Eucalyptus、CloudStack 和 OpenStack 三大开源 IaaS 云平台进行比较和分析。

1. 云平台的特点

在对云平台进行比较和分析之前，我们首先从以下三个角度来分析一个成功的云平台应该具有哪些特点：公有云、私有云和开发团队。

（1）公有云平台的特点

首先我们从 Amazon 的 AWS 看成功的公有云平台的特点。AWS 是当前最成功的云计算平台，其系统架构最大的特点就是通过 Web Service 接口开放数据和功能，一切以服务为第一位，并通过 SOA 的架构使系统达到松耦合。

AWS 提供的 Web Service 栈，由访问层（API、管理控制台和各种命令行等），通用服务层（身份认证、监控、部署和自动化等），PaaS 层服务（并行处理、内容传输和消息服务等），IaaS 层服务（计算 EC2、存储 S3/EBS、网络服务 VPC/ELB 等以及数据库服务）几部分组成。用户应用使用 IaaS 基础 IT 资源，将 PaaS 和通用服务作为应用架构中的组件来构建自己的服务。综合来看，AWS 生态环境中系统架构的核心思想为 SOA、分层和服务组合。

（2）私有云的需求

私有云和混合云也是 IaaS 的重要形式。企业对于私有云平台通常会有以下几个需求。

- 计算虚拟技术的多样选择（KVM、XEN、ESX、ESXi、Hyper-V 和 XenServer 等）；
- 存储技术/设备的多样支持（NAS、IP-SAN 和 FC-SAN 等）；
- 网络技术/设备的多种支持（交换机、路由器和防火墙等）；
- 多种 API 的支持。

前三个需求要求 IaaS 平台能屏蔽底层的具体技术/设备的差别对外呈现基本一致的能力与接口。这一般需要采用抽象框架加插件的设计来实现。另外，基于计算虚拟化、网络和存储等技术自成体系的原因，整个架构设计中需考虑将计算虚拟化、网络和存储独立成三个子系统或服务。

因此，云平台至少应包含三层：API 或接入层提供各种不同 API 或访问方式，核心虚拟化管理层整合底层服务来对外提供 IaaS 服务，计算/存储/网络服务层屏蔽技术差异。

（3）技术团队开发需求

小型技术团队精英化，每个人都能够参与整体设计。大型团队则为金字塔结构，只有少数人能够参与整体设计，多数人员因能力和职责的原因只能接触到单个功能或模块。

为满足这两种团队的要求，云平台的整体软件架构必须做到松耦合，通过组合组件、模块和服务来构成整个系统；同时需要组件、模块和服务功能内聚以便于小团队独立维护，方便独立地设计、开发和研究。

另外，云平台需要考虑提供基础共享组件在各个服务中重用。典型的可重用组件为数据库、消息通信、服务端基础框架、配置管理系统、日志系统和错误定位系统等。很多大型团队会整合这些基础共享服务，通过领域描述语言自动化生成基础框架代码，使开发人员可以专注于具体的服务实现和关键技术研究。

2. 分析

下面从系统架构需要分层和组件化，以及采用 SOA 以达到系统松耦合；组件服务需要使用框架、插件化设计；以及开发平台化三个方面来分析 3 个开源 IaaS 云平台。

（1）Eucalyptus

Eucalyptus 是最早试图克隆 AWS 的开源 IaaS 云平台，整体架构如图 8.24 的左半部分所示。Eucalyptus 由云控制器（CLC）、Walrus 存储服务、集群控制器（CC）、存储控制器（SC）和节点控制器（NC）组成，它们相互协作共同提供所需的云服务。组件间使用支持 WS–Security 的 SOAP 消息实现安全的通信。Eucalyptus 对外提供兼容 AWS 的 SOAP 和 Query 接口，不提供其他 API。

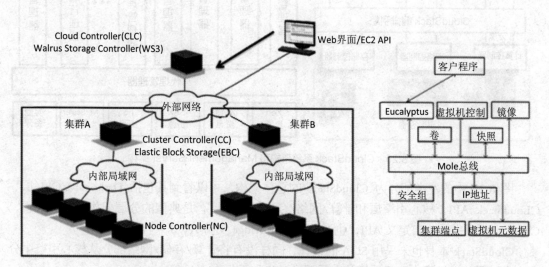

图 8.24　Eucalyptus 系统架构和 CLC 逻辑架构

从分层的角度来看，Eucalyptus 缺乏 API 层设计，CLC 是全局资源管理层，集群服务（CC 和 SC）为底层资源管理层。CLC、CC 和 NC 三层结构不是软件架构层面的分层，只能看作一种为了管理较大规模集群的工程化方法。

从组件服务角度看，每个集群中将计算和存储服务设计为独立服务，但是网络仍为计算服务的一部分。尽管 Eucalyptus 在代码实现上是将网络部分独立出来的，但整体上并未按照独立的服务来设计，整体设计解耦不够。

CLC 是 Eucalyptus 的核心，包括虚拟机控制、存储卷管理、网络资源管理、镜像管理、快照管理、密钥管理和元数据管理等服务模块。开源 ESB Mule 将所有的服务编排起来，通过 Eucalyptus 服务对外统一提供 EC2 和 EBS 服务，如图 8.25 的右半部分所示。由此可以看到，Eucalyptus 在 SOA 层面上做得较好。但 ESB（Enterprise Service Bus）技术门槛高，对设计开发人员要求较高。同时因为 Eucalyptus 只在很少的地方支持插件，所以整体上对抽象框架和插件的设计做得不够。

从开发平台的角度来看，Eucalyptus 的主要开发语言为 Java 和 C；CLC 采用开源 ESB Mule 为核心编排服务，架构较新颖；但 CC 和 NC 采用 Apache+CGI 的软件架构，基于 Axis/C 来实现 Web Service。整体来看，Eucalyptus 还没有开发平台化的趋势。

（2）CloudStack

CloudStack 是 Cloud.com 开发的开源 IaaS 软件，被 Citrix 收购后贡献给 Apache 基金会。

它已为全球多个公有云提供 IaaS 平台技术，如英国电信（BT）、日本电报电话公司（NTT）和韩国电信（KT）等。

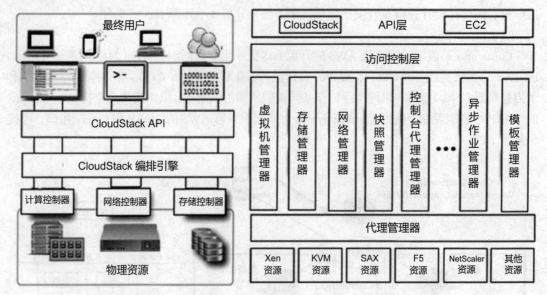

图 8.25　CloudStack 系统架构和 Management Server 架构

图 8.25 中的左半部分为 CloudStack 的总体架构，可以看到其包括 Dashboard/CLI 层、CLoudStack API、核心引擎层和计算/网络/存储控制器层，是典型的分层架构。具体来看，CloudStack 提供原生自定义 API，也通过 Cloud Bridge 支持 AWS 兼容 API。

CloudStack 本身也未采用 SOA 的设计，同样没有将计算/存储/网络部分从核心引擎中分离出来，因此在松耦合和组件设计上需要进一步加强。

从开发平台来看，ClousStack 使用 Java 开发 API、Management Server 和 Agent 等部分，运行时部署为 Tomcat 的 Serverlet。另外，还大量使用 Python 开发与网络和系统管理相关的部分。值得注意的是，CloudStack 代码中包括一套独立的 Java 代码库，涵盖通信、数据管理、事件管理、任务管理和插件管理等部分，基本形成了开发平台。

（3）OpenStack

OpenStack 是开源 IaaS 云平台的后来者，但却拥有最好的社区和生态环境，吸引了大量的公司和开发者围绕其进行云计算开发。图 8.26 为最新版 Liberty 的逻辑架构图。

OpenStack 整体架构分 3 层，最上层为应用程序和管理 Portal（Horizon）、API 等接入层；核心层包括计算服务（Nova）、存储服务（包括对象存储服务 Swift 和块存储服务 Cinder）和网络服务（Neutron）；第 3 层为共享服务，现在为账户权限管理服务（Keystone）和镜像服务（Glance）。

在 Essex 及以前版本，存储 EBS（Elastic Block Service, 弹性块存储服务）和 Nova-Volume 耦合在一起，网络服务也与 Nova-Network 绑定。在后期版本中，EBS 和 Network 从 Nova 中独立为新的服务（Cinder 和 Neutron）。Nova 通过 API 来调用新的 Cinder 和 Neutron 服务。我们可以看到，OpenStack 在 SOA 和服务化组件解耦上是做得最好的。

Nov 包含 API Server（含 CloudController）、Nova-Scheduler、Nova-Compute、Nova-Volume 和 Nova- Network 等几部分，所有组件通过 RabbitMQ 来通信，使用数据库来保存数据。同时 Nova 中大量采用了框架与插件的设计，如 Scheduler 支持插件开发新的调度算法，Compute

部分支持通过插件使用不同的 Hypervisor、Network 和 Volume 部分也通过插件支持不同厂商的技术和设备。Cinder 和 Neutron 等服务也采取了与 Nova 类似的整体架构和插件设计。

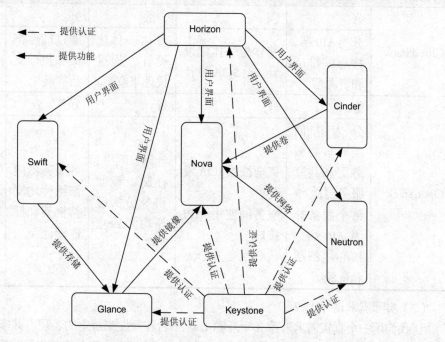

图 8.26 OpenStack 整体架构

从开发平台的角度来看，OpenStack 做得也很好。首先，OpenStack 所有服务均采用 Python 开发；其次，所有服务采用类似的软件架构和内部实施技术，如服务端程序使用 WSGI，数据库 ORM 使用 SQLAlchemy，配置文件解析和日志等也采用相同的组件。

基于 OpenStack 有很好的开发平台，我们看到开发人员可以很容易参与多个组件的开发。

3．比较

（1）综合比较

前面分别介绍了各 IaaS 开源云平台在分层、SOA、组件化、解耦及开发平台等方面的情况。下面我们对这些平台进行一个综合比较。

从表 8.4 的对比中可以看出，所有的开源 IaaS 云平台在分层上做得都比较好；在 SOA/组件化/解耦这点上来看，OpenStack 和 Eucalyptus 有优势；在框架和插件设计上，除 Eucalyptus 较差外，其他平台均有很好的设计，OpenStack 的开发平台做得最好，CloudStack 次之。综合来看，目前 OpenStack 的设计是最好的，Eucalyptus 和 CloudStack 次之。

表 8.4 IaaS 开源平台对比

开源平台	分层架构	SOA	组件化解耦	扩展性	开放平台
Eucalyptus	较好	较好	较好	弱	弱
	云、集群和节点分层；缺乏 API 层	CLC 采用 Mule 编排服务；服务间使用 Web Services 接口交互	计算和存储服务解耦；网络没有与计算解耦	只在虚拟化技术和调度算法上支持	采用 Mule 作为服务总线

开源平台	分层架构	SOA	组件化解耦	扩展性	开放平台
CloudStack	好	弱	一般	好	较好
	分为API层、核心编排层和资源层	整体为一体化设计，无SOA设计	整体一体化设计，通过代理来解耦	通过插件框架和代理支持扩展	初步形成开发平台，覆盖基本功能
OpenStack	好	好	好	好	好
	分为访问层、核心服务层和共享服务层；每个服务分为API层、核心控制层和资源层	完全按照SOA设计；服务间使用API接口	计算、网络、存储、镜像和身份认证等均为独立服务	各服务器内部组件均支持框架和插件设计	采用统一开发语言、类似的软件架构和实现技术

（2）实际需求设计比较

让我们用一个真实需求来看 3 个开源 IaaS 平台在开发支持上的表现。此需求来自私有云场景，云平台需要对不同用户的资源请求（如 VM 和公网 IP 等）按优先级排序后进行处理，并提供任务的管理功能，如统计各状态的任务数量等。

需求的设计有两个关键点：一个是如何对任务进行统一调度管理，另一个是任务状态转变信息的收集。

任务的统一调度管理方案分别为 OpenStack 提供独立的 Scheduler 组件并支持扩展 Scheduler 的插件机制；CloudStack 有 Job Manager 但不提供扩展，需修改 Job Manager 核心代码；Eucalyptus 内部流程主要由 Mule 总线来驱动，需修改核心流程代码增加新的模块。比较来看，OpenStack 的实现方式对现有系统影响最小。

对于任务状态转变信息，由于信息遍布在系统多个地方，最佳的设计是通过消息发送状态变化给负责任务管理/统计的模块统一处理。在这一点上采用消息队列的 OpenStack 和采用 Mule 的 Eucalyptus 有明显优势。综合来看，OpenStack 为二次开发提供了很好的支持。

（3）安装部署和安全模式

CloudStack 拥有一个整体性架构，安装程序需要中等规模的时间和专业技术，一个强大的 GUI 和类似亚马逊 EC2 的命令行界面能够提供一些基本的安全防护和负载均衡功能。

Eucalyptus 的架构由五个部分组成，安装难度为中等水平，其 GUI 管理功能有限，需要大量来自相应命令行的帮助。此外，Eucalyptus 还有一个密钥管理安全模式。在该模式中，五个架构组件需要彼此注册。

OpenStack 是一种碎片化的分布式结构，难以进行安装，但是 OpenStack 得到了多个 CLI 的支持，拥有强大、基于令牌的安全系统。

（4）技术之外

上述比较主要是在设计方面，OpenStack 优势显著，但是还需要从别的方面进行比较。OpenStack 拥有极高的人气，CloudStack 拥有充裕的资金，Eucalyptus 则与亚马逊建立了紧密的关系。

由 Rackspace 与美国宇航局在 2010 年联合创建的 OpenStack 无疑拥有极高的人气。目前其已经与 AT&T、IBM、HP 等巨头建立了合作伙伴关系，这些巨头都承诺将 OpenStack 作为自己的私有云解决方案的基础。

另一开源云平台 CloudStack 则宣称，自从 Citrix 在 2012 年 4 月将代码交给开源的 Apache 软件基金会后，每年有价值 10 亿美元的商业交易通过他们的云平台。

Eucalyptus 是这三个开源项目中历史最悠久的。目前 Eucalyptus 已经与 Amazon AWS 建立了紧密的技术合作关系，以确保企业能够使用混合路由，让其私有云在 Eucalyptus 堆栈上运行，并在需要时无缝切换至 Amazon 公有云之上。所以，在面向 AWS 生态环境的私有云市场处于领先地位。

CloudStack 在经过大量商业客户公有云的部署后，其功能已趋于稳定成熟，成为 Apache 开源项目后，其松耦合设计也已排上日程，设计上大有迎头赶上的趋势。

OpenStack 现状是功能不够完整且商业支持不够。在三个平台中，OpenStack 的整合难度是最大的，进行整合需要一个由开发者组成的优秀团队，他们需要拥有系统管理的丰富经验，知道如何编写服务自动化软件，知道如何编写代码才能让服务面向 IT 人员和业务终端用户。不过，目前已经有数十家企业或是正在创建，或是已经宣布了基于 OpenStack 的 IaaS 产品计划。这些公司都必须要向客户充分展示其产品的战略优势。

8.6 开源 PaaS 平台

8.6.1 Cloud Foundry

Cloud Foundry 是一个开源的 PaaS 平台。在第 4 章 PaaS 服务里，我们已经对它的功能做了基本的介绍。在本节，我们对 Cloud Foundry 的特色、现状和发展趋势进行讨论。

1. 简介

Cloud Foundry 是 VMware 推出的业界第一个开源 PaaS 云平台，它支持多种框架、语言、运行时环境、云平台及应用服务，使开发人员能够在几秒钟内进行应用程序的部署和扩展，无需担心任何基础架构的问题。同时，它本身是一个基于 Ruby on Rails 的由多个相对独立的子系统通过消息机制组成的分布式系统，使平台在各层级都可水平扩展，既能在大型数据中心里运行，也能运行在一台台式计算机中，二者使用相同的代码库。

作为新一代云应用平台，Cloud Foundry 专为私有云计算环境、企业级数据中心和公有云服务提供商所打造。Cloud Foundry 云平台可以简化现代应用程序的开发、交付和运行过程，在面对多种公有云和私有云选择、符合业界标准的高效开发框架以及应用基础设施服务时，可以显著提高开发者在云环境中部署和运行应用程序的能力。

2. 社区

当今云计算时代，开源技术是必不可少的。Cloud Foundry 的开源架构和社区进程将会为开发人员带来高效简洁的 PaaS 服务，加速应用交付的速度。Cloud Foundry 源代码可从 Github 中获得，这提供了很好的扩展能力，允许社区扩展和集成其他的框架、应用服务或架构到 Cloud Foundry 云平台。基于 Apache 2 的许可证模式可以激励广泛的社区贡献者。尽管它不属于 Spring 项目，Cloud Foundry 也将像 Spring 项目一样，被长期监管的同时确保开源。利用 PaaS 云平台，开发者可以避免更新机器、配置中间件的很多麻烦，从而专注于应用程序的交付。

Cloud Foundry 拓展了 VMware 对于开放 PaaS 的承诺，能够广泛支持各种开发框架和编程语言以及多样的应用服务和云部署环境。Cloud Foundry 鼓励其合作伙伴对平台的框架、编程语言及应用服务进行扩展，以支持更加完善的应用类型。

3. 平台特点

Cloud Foundry 为开发者构建了具有足够选择性的 PaaS 云平台，它同时支持多种开发框架、编程语言、应用服务以及多种云部署环境的灵活选择，其主要特点如图 8.27 所示。

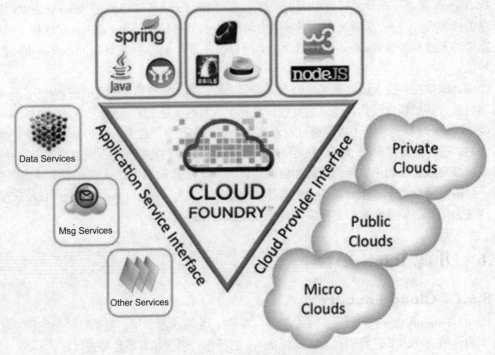

图 8.27　Cloud Foundry 云平台灵活选择性

（1）开发框架的选择性

当前大多数 PaaS 云平台只支持特定的开发框架，开发者只能部署平台支持的框架类型的应用程序。Cloud Foundry 云平台支持各种框架的灵活选择，这些框架包括 Spring for Java、.NET、Ruby on Rails、Node.js、Grails、Scala on Lift 以及更多合作伙伴提供的框架（如 Python，PHP 等），大大提高了平台的灵活性。

（2）应用服务的选择性

Cloud Foundry 云平台将应用和应用依赖的服务相分开，通过在部署时将应用和应用依赖的服务相绑定的机制使应用和应用服务相对独立，增加了在 PaaS 平台上部署应用的灵活性。这些应用服务包括 PostgreSQL、MySQL、SQL Server、MongoDB、Redis 以及更多来自第三方和开源社区的应用服务。

（3）部署云环境的选择性

灵活性是云计算的重要特点，而部署云环境的灵活性是 PaaS 云平台被广泛接受的重要前提。用户需要在不同的云服务器之间切换，而不是被某家厂商锁定。Cloud Foundry 可以灵活的部署在公有云、私有云或者混合云之上，如 vSphere/vCloud、AWS、OpenStack、和 Rackspace 等多种云环境中。

通过以上三个维度的开放架构,Cloud Foundry 克服了多数 PaaS 平台限制在非标准框架下且缺乏多种应用服务支持能力的缺点,尤其是不能将应用跨越私有云和公有云进行部署等不足,使得 Cloud Foundry 相比其他 PaaS 平台具有巨大的优势和特色。

4．平台组成及架构

Cloud Foundry 是由相对独立的多个模块构成的分布式系统,每个模块单独存在和运行,各模块之间通过消息机制进行通信。Cloud Foundry 各模块本身是基于 Ruby 语言开发的,每个部分可以认为拿来即可运行,不存在编译等过程。Cloud Foundry 云平台整体逻辑组成如图 8.28 所示。

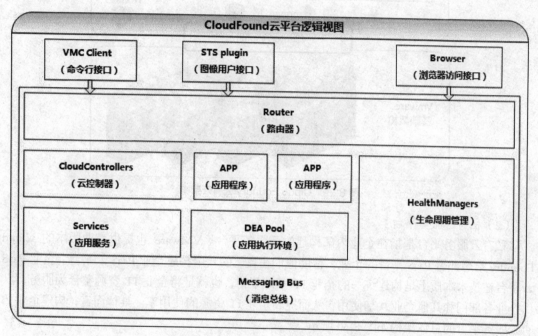

图 8.28　Cloud Foundry 云平台逻辑视图

从图 8.28 中可以看到,Cloud Foundry 云平台是完全模块化的分布式系统,各个模块之间是相互独立的,通过消息总线进行相互连接和通信,这种结构不仅使系统各模块之间的耦合度降低,而且使系统功能容易扩充。此外,开发人员可以通过 VMC 命令行工具或 STS 插件方便地部署应用程序到 Cloud Foundry 云平台上,最终用户可以通过浏览器访问运行在 Cloud Foundry 云平台上的应用。所有的访问请求都通过 Router 进行转发,分别由云控制器 Cloud Controller 和应用运行代理 DEA 模块进行请求响应,应用生命周期管理 Health Manager 模块负责监控和管理整个应用在云平台上的正常运行,云平台的各种应用服务由 Services 模块提供,可以灵活扩展。

5．云平台运行类型

Cloud Foundry 能够部署在私有云或公有云环境中,既可以运行在 vSphere/vCloud 架构之上,也可以运行在其他云基础设施之上。例如,Cloud Foundry 可以部署在 AWS 之上,还可以部署在 Eucalyptus 和 OpenStack 等开源平台上。也就是说,Cloud Foundry 可以运行在多种 IaaS 之上,与 IaaS 的耦合性很低。目前,Cloud Foundry 的运营方式主要有以下三类。

（1）公有云服务平台

公有云服务平台是指目前 VMware 公司自己运营的一个免费公有云平台及其合作伙伴的

PaaS 云平台。当前 VMware 公司自己运维着一个公有 PaaS 云服务平台，该平台为开发者提供了一个简单的途径来试用 Cloud Foundry 云平台，并为新的服务和软件的运维优化提供一个测试平台。开发者可以注册并部署自己的应用到该云平台上。该公有云平台的总体架构如图 8.29 所示。

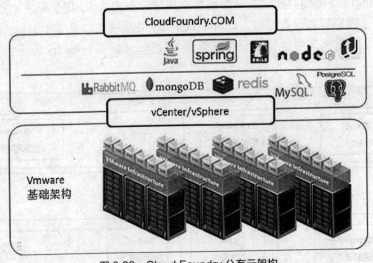

图 8.29　Cloud Foundry 公有云架构

（2）私有云服务平台

私有云服务平台是指在企业内部构建的云服务平台。VMware 也提供商业版本的 Cloud Foundry 给想部署 PaaS 平台的企业，帮助他们在自己的云中构建企业 PaaS 云平台。企业 PaaS 云平台在技术本质上是构建统一的企业 IT 基础架构，也就是将企业 IT 资源整合为服务，以供企业各部门和其他企业共享使用，从而提高企业 IT 资源的使用率。具体而言，构建企业私有云服务平台的总体架构如图 8.30 所示。

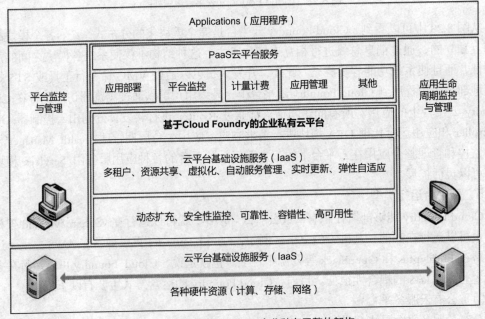

图 8.30　Cloud Foundry 企业私有云整体架构

（3）本地微云平台

本地微云 Micro Cloud Foundry 是指可以压缩云到开发者的笔记本上单个虚拟机里运行的测试 Cloud Foundry 云平台环境。通过微云，VMware 提供了运行在单个虚拟机里的 Cloud Foundry 版本，这可以帮助开发者在自己的机器上建立和测试他们的应用，确保开发环境和生产环境的一致性，如图 8.31 所示。

图 8.31　Micro Cloud Foundry 本地微云

8.6.2　OpenShift 3

Openshift 是一个私有的平台即服务解决方案，主要用来在容器中搭建、布署以及运行应用程序。它是基于 Apache 2.0 的许可的开源的软件，并且发行了两个版本，一个是社区版，一个是企业版。

OpenShift 广泛支持多种编程语言和框架，如 Java、Ruby 和 PHP 等。另外它还提供了多种集成开发工具如 Eclipse Integration、JBoss Developer Studio 和 Jenkins 等。OpenShift 基于一个开源生态系统为移动应用、数据库服务等提供支持。

1．概述

OpenShift 3 基于 Docker 容器技术，同时，融合了由 Google 开发的强大的 Web 级开源容器编排和管理引擎 Kubernetes，使得开发和运营团队更敏捷、更具响应能力和更高效，从而帮助企业加快应用开发和交付。

随着 Docker 技术的成熟，OpenShift 从 2014 年 7 月开始着力于研究将其技术架构与 Docker 和 Kubernetes 的集成，经过一年的努力和 16 次的迭代，基于新架构的 OpenShift 3 在 2015 年 7 月已经发布。

尽管 OpenShift 3 的方案主要是由 Red Hat 在推动，但是严重依赖于来源于 Google 的 Kubernetes。Google 的支持部门已经确认，由两家公司来共同主导 OpenShift 只会带来更多益处，它将成为比 Docker 企业版更具竞争力的产品。

OpenShift 3 的架构与前面的版本完全不同，本书介绍的是 OpenShift 的最新版本。

2．OpenShift 3 架构

如图 8.32 所示，OpenShift 3 基于 Red Hat 的 Linux 基础之上，其运行单元是 "POD"，每个 POD 由一套或者多套 Docker 容器所构成，它们又共同运行在一个 "Node" 之上。语言环境是 Docker 镜像，并利用一款 "源代码到镜像" 工具进行代码结合。一个 Node 也就是 RHEL 当中应用程序的运行实例。

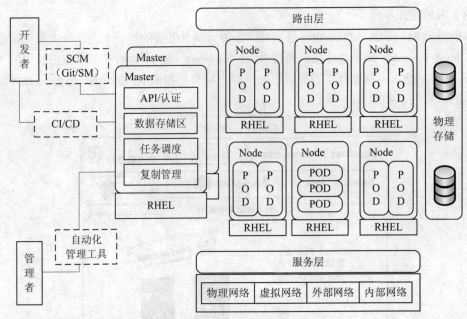

图 8.32　OpenShift 3 系统架构

调度、管理以及复制功能等都是主体（Node）的组成部分，而主体则通过立足于 RHEL 的 Kubernetes 实现。其中一个服务层（Service Layer）负责与底层虚拟或者物理硬件乃至公有云或者私有云进行通信。另有一个路由层（Route Layer）负责将各应用程序与互联网进行对接，如此一来它们就能够为运行在计算机或者移动设备上的客户端所使用。

开发人员可以利用 oc 命令行界面或者 Web 控制台在 OpenShift 3 上完成自助配置。

3．OpenShift 产品系列

OpenShift 目前拥有四套彼此独立但又密切相关的产品：OpenShift Origin、OpenShift Online、OpenShift Dedicated 以及 OpenShift Enterprise。

OpenShift Origin 3 的主要卖点是开源与灵活性。大家可以将其作为容器加以运行、利用 Ansible 将其作为集群、或者利用 Amazon Web Services 或者 Google Cloud Engine 为其提供公有云运行环境。为了快速使用，大家可以使用 OpenShift Origin 3 Vagrant VirtualBox VM，只需要数分钟就可以将其安装完成。

Online 版本则需要托管于公有云之上，而且相当于直接从 Origin 代码当中剥离出的一部分。不过 Online 版本继续使用老版本的 Gear 机制，这一点可以说已经与 OpenShift 3 完全脱离了。因此，我们可以认为 Online 仍然运行在 OpenShift 2 模式之下。

OpenShift Dedicated 负责提供一套立足于公有云的专用、定制化且受管理的应用平台，其被托管于 Amazon Web Services 内的任意可用区当中。这套版本由 OpenShift 3 Enterprise 提供支持并由 Red Hat 方面加以管理。

OpenShift Enterprise 则是目前稳定性最出色且最为典型的安装选项。大家需要创建一套主节点、基础设施（包括注册表、路由器以及存储机制）以及至少两个节点，而且需要首先以 RHEL 启动，之后陆续添加 Docker、Kubernetes 以及 OpenShift。在理想状态下，每个主机与节点将至少配备 8GB 内存以供生产型使用。

4．构建应用的方法

OpenShift 3 提供了 3 种方法来自动构建应用。

（1）Docker 文件模式

通过向 OpenShift 提供指向 Docker-File 和它们的依附关系的源码管理器的 URI 来自动构建一个 Docker 容器，如图 8.33 所示。

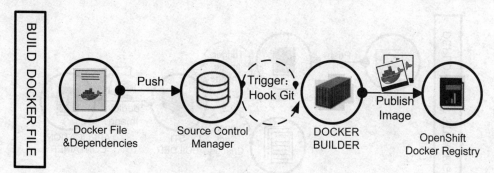

图 8.33　Docker 文件模式构建应用

（2）源码到镜像模式（STI）

允许通过提交应用的源码到 OpenShift 来自动构建一个应用，如图 8.34 所示。

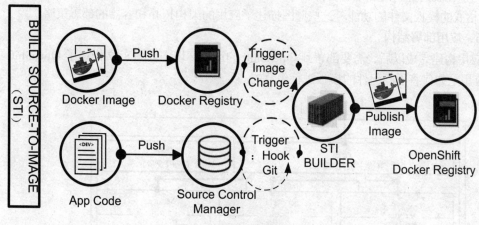

图 8.34　STI 模式构建应用

（3）自定义构建模式

允许通过提供自己的应用，其构建逻辑则通过上传 Docker 的镜像来完成，如图 8.35 所示。

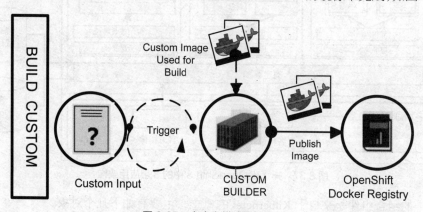

图 8.35　自定义模式构建应用

另外，OpenShift 3 还允许用户定义一个自动的部署策略，比如有新的应用镜像版本发布到注册表或者是应用的配置有了更新的时候，可以自动部署镜像到应用容器中，如图 8.36 所示。

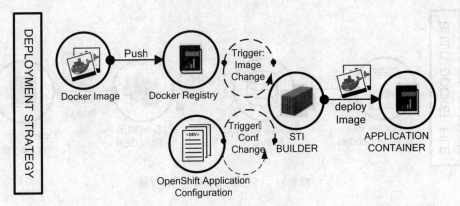

图 8.36　OpenShift 3 部署策略

为了完成这些构建和部署特性，OpenShift 3 提供了把它自己的应用蓝图定义成用 JSon 或 Yaml 格式的模板文件的功能。这些蓝图描述了应用的架构拓扑和容器的部署策略。

5．应用部署结构

应用构建完成以后，需要部署到 OpenShift 的运行环境中。图 8.37 描述了 OpenShift 中的 3 层应用是如何将不同组件的模板进行组合的。

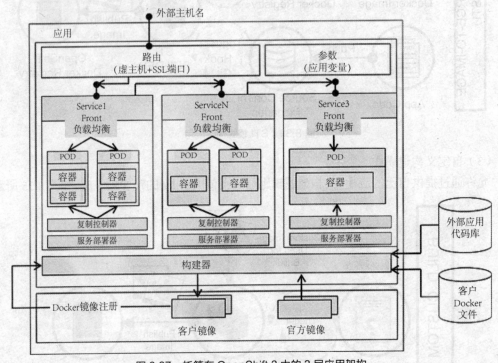

图 8.37　托管在 OpenShift 3 中的 3 层应用架构

模板中的组合组件是来自于 Kubernetes 的概念，主要有如下几个对象。

● POD：一个 POD 是一个 Docker 容器的运行环境。

- 服务（Service）：一个服务是一个入口，抽象出一个均衡访问负载到一组相同的容器。理论上来讲，最少是一个服务对应一个架构层。
- 服务部署者（Service Deployer）：一个服务部署者是一个对象，用来描述基于触发器的容器的部署策略。比如，当 Docker 注册表中有新版本的映象时，进行重新部署。
- 复制控制器（Replication Controller）：一个复制控制器是一个技术组件，主要负责 POD 的弹性。
- 路由（Route）：一个路由是用来暴露一个应用的入口（域名解析，主机名或 VIP）。

在图 8.37 中，Service 1 对应的是 3 层应用的前段展示层（Front），Service 3 对应的是数据层（Database），而 Service N 对应的是中间的应用逻辑层（Middle）。应用逻辑层可能会由多个 Service 组成。

通过其多重部署机制和设置其自身蓝图的能力，OpenShift 3 适用于大多数的复杂应用架构。

6. 部署架构

OpenShift 3 的架构可以作为单机模式部署，也可以作为分布式模式部署。在下面的描述中，我们使用了两种服务器角色，主服务器和节点。

节点主要用来作为 PODS 的宿主和运行容器（应用和注册表）。主服务器依赖于基于 etcd 的分布式目录，主要用来提供配置共享和服务发现。主服务器节点的功能如下。

- 处理来自于命令行或 WEB 界面的 API 请求。
- 构建映象和部署容器。
- 确保 POD 复制的弹性。

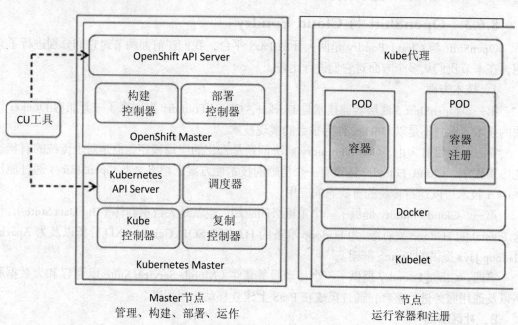

图 8.38　OpenShift 3 部署架构

OpenShift 3 的部署架构是分布式的，可扩展的和具有弹性的。但是平台自身暂时还不支持自动扩展能力，预备和服务器的容量计划目前只能通过手动进行调整。

7. 小结

经过全面重写 OpenShift 3 已经完成了与 Docker 容器技术的对接。尽管目前尚有一部分必要功能存在缺失，但将在下个版本当中得到妥善解决，而这套 PaaS 方案具备着毋庸置疑的强大性、易用性以及出色的可扩展能力。

OpenShift 3 给"平台即服务"的世界和"容器即服务"的世界架起了一座桥梁，Red Hat 提出了健壮的解决方案和状态灵巧的架构。通过使用"蓝图"，用户可以定义架构的需求格式和部署的编排。

具体来讲，OpenShift 3 具有如下的优势。

● 拥有广泛的容器、语言、Web 框架、数据库和应用程序堆栈可用性与支持能力。
● 易于使用且可快速自助部署。
● 在源代码层面实现 Git 集成。
● 可运行在任意支持 RedHat 的 Linux 系统的硬件、云或者虚拟机当中。
● 能够运行任意满足安全要求的 Linux Docker 容器系统。

同时，OpenShift 3 也存在一些问题。

● 不少常见 Docker 容器无法满足其严苛的安全要求。
● 目前尚不提供等同于"gear 闲置"的新版本功能。
● 目前尚不支持 Windows Docker 容器。
● 目前只允许通过手动方式在命令行界面当中进行 POD 规模伸缩调节。

总而言之，基于容器架构的 OpenShift 3 是一个非常有前途的私用 PaaS 解决方案，它可以减少从项目开始时到自动构建应用和部署的时间，它支持绝大多数的 Web 架构，即使数据的管理和外部服务的集成还没有完全应用。

8.6.3　OpenShift 与 Cloud Foudry

OpenShift 与 Cloud Foudry 是两大开源 PaaS 平台，我们在前面两节对它们分别进行了介绍，在本节我们从多个方面对它们进行比较。

1．技术方面

第一，OpenShift 3 底层容器技术是 Docker，Cloud Foundry 提出来了一套兼容 Docker 格式的技术，但并不是以 Docker 作为平台的实现技术。

第二，到目前为止，Cloud Foundry 解决问题是云化的应用程序，但是对于传统的有状态的应用程序，Cloud Foundry 还没有一个清晰的技术性方案。相比之下 OpenShift 3 通过使用 Docker 技术可以运行传统的有状态的应用。

第三，Cloud Foundry 提供了一个重量级的应用，也就是大数据套件（Big Data Suite），包含 Pivotal 的 Hadoop 发行版、为 Hadoop 准备的 HA WQ SQL、GemFire XD 分析以及为 Apache Hadoop Java 提供的 Spring 框架。

第四，Cloud Foundry 提供了一个移动服务套件（Mobile Services Suite），可以和大数据服务以及通用服务进行整合，通过集成在 PaaS 上建立移动应用程序。

2．社区基础

在 Docker 社区里面，除了 Docker 公司之外，Red Hat 在企业里的贡献程度是位居第二的。Cloud Foundry 背后的支持公司 Pivotal 还在做另一套容器技术。但是目前来讲，Docker 技术已经被大家认可。另外，Cloud Foundry 自己有一些编排技术，但是 Red Hat 用的是 Google 的编排技术，这个编排技术在整个社区里面被公认为是最好的。

3．产品就绪

目前 OpenShift 3 已经是正式发布版（GA）了，已经可以发行给企业客户来使用，但是 Cloud Foundry 还没有正式发布版。

总之，OpenShift 3 采用了 Docker 技术之后，从技术方面来讲给平台带来了巨大的优势，而 Cloud Foudry 提供了对大数据和移动应用的支持。所以，从目前来看，OpenShift 3 适合于应用程序密集的部署，而 Cloud Foundry 更适合于大数据和移动应用的部署。

8.7 其他云计算公司

IBM 在 2013 年推出基于 OpenStack 和其他现有云标准的私有云服务，并开发出一款能够让客户在多个云之间迁移数据的云存储软件——InterCloud，并正在为 InterCloud 申请专利，这项技术旨在向云计算中增加弹性，并提供更好的信息保护。IBM 在 2013 年 12 月收购位于加州埃默里维尔市的 Aspera 公司。在提供安全性、带宽控制和可预见性的同时，Aspera 使基于云计算的大数据传输更快速、更可预测和更具性价比，比如企业存储备份、虚拟图像共享或者快速进入云来增加处理事务的能力。FASP 技术将与 IBM 最近收购的 SoftLayer 云计算基础架构进行整合。

Oracle 公司宣布成为 OpenStack 基金会赞助商，计划将 OpenStack 云管理组件集成到 Oracle Solaris、Oracle Linux、Oracle VM、Oracle 虚拟计算设备、Oracle 基础设施即服务(IaaS)、Oracle ZS3 系列、Axiom 存储系统和 StorageTek 磁带系统中。并将努力促成 OpenStack 与 Exalogic、Oracle 云计算服务、Oracle 存储云服务的相互兼容。

惠普在 2013 年推出基于惠普 HAVEn 大数据分析平台的新的基于云的分析服务。惠普企业服务包括大数据和分析的端对端的解决方案，覆盖客户智能、供应链和运营、传感器数据分析等领域。

苹果 iCloud 是美国消费者使用量最大的云计算服务。苹果公司在 2011 年就推出了在线存储云服务 iCloud。

在 2013 年 8 月，戴尔公司云客户端计算产品组合全新推出 Dell Wyse ThinOS 8 固件和 Dell Wyse D10D 云计算客户端。依托 Dell Wyse，戴尔可为使用 Citrix、Microsoft、VMware 和戴尔软件的企业提供各类安全、可管理、高性能的端到端桌面虚拟化解决方案。

美国 AT&T 公司为企业提供了可按需灵活配置的云计算服务，可根据用户需求对安全、控制和性能进行组合配置。包括以服务的形式提供平台或计算能力、虚拟化等。

8.8 总结

本章对云计算业界四家主要公司的基本情况和主要产品，以及五大开源云计算系统都进行了介绍，并对三种开源 IaaS 平台和两家开源 PaaS 平台做了分析和对比。

Amazon 公司是 IaaS 服务的鼻祖也是当前世界上最成功的 IaaS 服务提供者，拥有非常成功的基础设施云和平台云服务集合 AWS。我们对 AWS 所提供的一些典型的基础服务做了详细介绍：针对存储资源的 Amazon S3 服务、针对数据库的 Amazon SimpleDB 服务、针对块存储资源的 Amazon EBS 服务、提供计算资源的 Amazon EC2 服务。我们还对 AWS 上的 12 大类 33 个服务做了简单的介绍。

Google 公司在云计算领域的主要贡献是 GAE（Google AppEngine）。GAE 作为云计算的平台层，为在 GAE 上进行应用开发提供了非常便利的环境和工具。我们介绍了 GAE 的核心服务：分布式存储服务、应用程序运行环境和应用开发套件。另外，Google 公司还推出了一系列云应用服务，比如著名的在线电子文档编辑器 Google Docs 和在线邮件服务 Gmail。

Salesforce.com 公司在初期为企业用户提供在线 Salesforce CRM 解决方案，在业界引起了极大的反响，之后它推出了基于云计算的应用平台 Force.com。我们详细介绍了 Force.com 平台的基本情况，以及它提供的核心服务，比如数据库服务、打包服务等。

Microsoft 公司凭借 Microsoft Azure 云计算平台在云计算业界占有了一个重要位置。Microsoft Azure 由云操作系统 Windows Azure、云数据库系统 SQL Azure 以及云管理系统 AppFabric 等一组平台层服务构成。我们对这些服务做了详细介绍。随后还对 Microsoft 在四个类型的十几种服务做了简单介绍。

开源社区在云计算技术的发展中做出了积极的贡献，特别是在最近几年里涌现出了一系列开源云计算平台，这里面既包括 OpenStack 和 CloudStack 开源 IaaS 平台，也包括 Cloud Foundry 和 OpenShift 开源 PaaS 平台。我们首先对开源 IaaS 平台 Eucalyptus、OpenCloud 和 OpenStack 做了详细介绍，然后对各自的架构和技术做了分析和比较。最后，对开源 PaaS 平台 Cloud Foundry 和 OpenShift 做了详细介绍，并对它们采用的技术做了对比分析。

希望通过这一章使大家对当前云计算业界的最新动态有一个比较清晰的了解，也为大家深入了解某一个具体产品打下一个良好的基础。在编写过程中，我们及时更新了有关产品截止 2015 年底的最新信息，以保证所介绍的技术和信息的准确性。

习题

1. Amazon AWS 的底层核心产品有哪些？分别提供什么服务？
2. 在了解了 Amazon AWS 的一系列服务之后，有哪些云服务开阔了你的思路？
3. Google GAE 系统架构包括哪些部分？各自的功能是什么？
4. Force.com 平台为用户提供了哪些服务？
5. GAE 与 Force.com 都属于 PaaS 平台，它们之间的主要差别是什么？
6. Microsoft Azure 平台有哪些组成部分？各自的功能是什么？
7. Windows Azure 的五个核心服务是哪些？它们之间的关系是什么？
8. OpenStack 的核心项目有哪些？它们各自提供哪些服务？
9. CloudStack 的管理节点包括哪些层次？各自的功能是什么？
10. 请描述 CloudStack 资源的三个层次的功能和关系。
11. Eucalyptus 的五个核心组件是哪些？各自提供什么服务？
12. OpenStack、CloudStack、Eucalyptus 存在哪些主要差别？
13. 请描述 Cloud Foundry 云平台的逻辑视图，并介绍核心模块的功能。
14. OpenShift 3 是基于哪些核心技术？
15. 请描述 OpenShift 3 的系统架构。
16. 你认为 OpenShift 和 Cloud Foundry 哪个更具有发展前途？为什么？

结束语

自 2005 年亚马逊推出的 AWS 服务以来，云计算服务已经经历了十多年的发展历程。Google、IBM、Microsoft 等互联网和 IT 企业已经分别从不同的角度开始提供不同层面的云计算服务，云服务正在逐步突破互联网市场的范畴，政府、公共管理部门、各行业企业也开始接受云服务的理念，并开始将传统的自建 IT 方式转为使用公共云服务方式。

2014 年全球公有云市场规模为 720 亿美元，预计到 2020 年将达到 1910 亿美元，年复合增长率为 18%，这一增速是一般技术市场的 4 至 5 倍。2014 年中国云计算市场规模达到 1100 亿元，已经成为千亿级市场。我国云计算将结束发展培育期，步入快速成长的新阶段，技术创新步伐不断加快，产业结构不断优化，市场需求空间不断扩大，产业规模快速增长，新的产业格局正在形成。

中国产业调研网发布的关于中国云计算行业现状调研分析及市场前景预测的报告（2015年版）认为，在产业规模快速增长的同时，我国云计算产业结构也在不断优化，产业链将呈现软化趋势。我国进军公共云服务领域的企业进将一步增多，服务种类会更加丰富，包括面向中小企业的 IaaS 服务和 SaaS 服务，以及地理、交通、金融等领域的个人应用，将使得服务环节在云计算产业链中的比重持续增大。

总体来看，我国云计算已经从发展培育期步入快速成长期，地方政府云计算建设进入了攻坚阶段，产业规模持续增长，产业结构呈现软化趋势，新的产业格局正在形成。工信部启动的"十三五"纲要，将云计算列为重点发展的战略性产业，重点培育龙头企业，打造完整的产业链；鼓励有实力的大型企业兼并重组、集中资源；发挥龙头企业对产业发展的带动辐射作用，打造云计算产业链。国务院也把"互联网+"行动作为国家的战略决策，而"互联网+"技术主要包括云计算、大数据和物联网技术。所以，相信随着云计算"十三五"规划的进一步落地，国家"互联网+"行动的大力推进，中国云计算行业即将迎来黄金发展机遇。

云计算就业机会增长迅速，在 2015 年，全球最知名职业人士社交网站 LinkedIn 公布的最受雇主喜欢同时最炙手可热的技能中，"云计算"排名第一，"数据分析"位列第二。中国云计算已经进入了高速成长阶段，但是却面临着云计算人才短缺问题。据 IDC 报告，中国和印度在 2015 年产生了 670 万个云计算就业机会，其中中国占 460 万个。同时，在公有云和私有云 IT 服务领域将创造 1380 万个就业机会，并预测，超过一半的人才需求来自 500 人以下的中小企业。

工信部 2013 年数据统计显示，未来 3 年将是我国云计算产业人才需求迅猛增长的时期，人才缺口将达百万。其主要原因有以下几点。

（1）云计算产业市场规模快速增长，人才需求数量激增。

（2）相关云计算企业加大对核心技术的投入，提高对客户的服务，无论从技术层面，运营商层面还是集成与服务提供层面，人才需求巨大。

（3）随着云计算新市场、新业务、新应用的不断出现，国内外各大知名IT企业加速占据国内云计算产业高地，在全国加速建立分公司和研发中心，人力需求迅猛。

（4）云计算产业已覆盖政府、金融、交通、企业、教育、医疗、信息消费等各应用领域，并且与通信、物联网、互联网产业相融合，复合人才需求加剧。

根据研究机构赛迪顾问编写的《2012中国云计算产业人才发展战略研究》分析，云计算产业发展所需的人才结构应呈现"金字塔"型分布，位于产业链中间层的软件开发、设计、分析类的中高级人员，约占总体需求的两到三成，而产业链中服务与应用层所需的技能型信息技术人才，约占总体需求的六至七成。

云计算整体人才需求状况中，产业链应用级人才最为紧缺，尤以云计算运营服务层和应用层人才急缺程度最为明显，如图1所示。

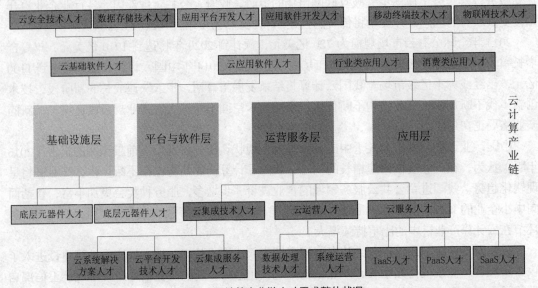

图1 云计算产业链人才需求整体状况

在平台与应用层，云安全技术人才和数据存储技术人才较为急缺；在运营服务层，云集成技术人才、云运营与服务人才成为主体急缺人才；在产业链末端，主要急缺以移动终端与物联网为代表的新一代信息技术在各行业领域的应用人才。

云计算专业早在2006年就已经在美国的部分大学设立。云计算技术创始企业之一的Google于2006年在美国启动了"Google101计划"，该计划旨在通过高校培养大批云计算人才。该课程一出现便在大学里流行开来。美国华盛顿大学、加利福尼亚大学、斯坦福大学、麻省理工学院、卡内基-梅隆大学、马里兰大学先后加入"Google101计划"，设立云计算相关专业。

国内高校对于云计算人才培养仅仅处于探索和起步阶段，云计算对口专业人才供给尚不能满足当前云计算产业发展的需要。专业人才供给缺乏系统性和完整性，供给结构不均衡，人才供给多定位于高学历、研发性的岗位需求，技能型、应用型人才供给偏弱，造成产业链的人才供给存在严重短板。所以，在我国加快培养技能型和应用型云计算人才十分必要。从另一个角度讲，在高校从事学习本科和专科云计算专业的学生将会有很好的就业前景。

上海外服人力资源咨询有限公司发布的行业调研报告中指出，2012 年上海云计算开发工程师平均年薪预期达 15 万 6 千元，且云计算相关企业的各岗位的薪资水平均明显高于传统 IT 企业的同级别岗位；同年度深圳人才高交会上，云计算架构师年薪平均 60 万元，为一般行业高级工程师的 3 倍，与部分企业的副总待遇相当。

另外，云计算行业岗位就业领域广、薪酬发展空间大。对云计算服务的需求并不仅限于 IT 行业，云计算已成为商业领域人才选拔要求的一部分。很多时候一些业务部门需要云服务知识，而不是 IT 知识或者 IT 部门的支持。熟悉或者精通与他们专业相关的云服务知识的应聘者可能在求职面试中比较有优势，云服务知识要求正在进入一些非 IT 类工作岗位，包括工程师、项目经理、采购专员、呼叫中心经理和会计等。知名的就业市场分析公司 Wanted Analytics 在 2013 年对 5000 多个年薪在 10 万美元以上的云计算行业岗位进行调查分析。发现在招聘的各行业领域中，技术服务、信息技术、设备制造占据 73% 的比重。而在就业岗位方面，有约 25% 的非技术工作的岗位，其中包括市场营销经理、销售经理、管理分析师等，从事销售云服务务或基于云的工作。

与云计算相关的岗位类别有云计算应用开发工程师、云计算架构工程师、云计算运维工程师和云计算销售工程师等。表 1 描述了与云计算相关的岗位类别、职称与其相应的职责。

表 1 中的数据均来源于国内知名招聘网站中云计算知名企业对相关岗位的定位与要求。

表 1 云计算工作岗位和岗位职责

岗位类别	职位名称	岗位职责
云计算应用技术	云计算技术经理	1. 云计算产品线整体规划 2. 云计算重点产品引入测试，产品规划选型 3. 云计算数据中心项目规划和售前支持 4. 云计算重点解决方案设计编写 5. 云计算技术和产品销售支持，重点项目支持
	云计算架构师	1. 主导云计算产品的架构设计 2. 负责云计算管理平台核心模块设计和开发 3. 拟定云计算架构层、平台层核心技术趋势和开发计划 4. 设计云计算基础/平台软件系统 5. 与产品团队互动，负责产业链上下游合作
	云计算运维工程师	1. 云计算系统的安装调试及运行管理 2. 云应用的安装、移植、测试及维护 3. 解决云计算系统故障，性能瓶颈等问题 4. 编写系统管理工具 5. 负责云计算系统用户的日常培训

岗位类别	职位名称	岗位职责
云计算应用技术	云计算测试工程师	1. 云计算、云存储相关产品的测试 2. 虚拟化、分布式文件系统相关产品的测试 3. Web Server 和 Proxy Server 相关产品的测试 4. 云计算自动化测试框架开发与部署 5. 云技术数据中心项目的方案验证和集成验收 6. 研究推进云计算测试解决方案的发展
	云计算安全工程师	1. 云计算安全领域解决方案的规划与设计 2. 云计算安全领域的竞争分析与技术实现 3. 云计算安全领域的关键技术研究
云计算市场营销	云计算高级售前	1. 深入理解公司云计算相关产品的技术特点，根据客户需求形成针对性解决方案 2. 协助市场完成售前支持和项目应标支持 3. 参与产品规划，新产品及解决方案的市场推广与销售指导
	云计算售前支持	1. 面向客户的售前技术交流 2. 撰写技术方案，售前交流文档 3. 进行项目的应标支持
	云计算销售总监	1. 政府、企业云计算平台及移动 IT 的市场拓展 2. 技术与产品交流，挖掘用户需求 3. 研究市场环境及竞争对手分析，构建市场策略，推动有效执行
通信工程师	工程督导、监理	1. 传输线路布线、测试 2. 云计算设备、数据通信设备装配调试 3. 中、小型企业信息化系统勘察设计 4. 监察工程安装质量和工艺，工程施工现场安全

　　总之，国际云计算技术已经从快速成长期开始迈入稳定发展期，而我国云计算还处于快速增长期。相信随着云计算"十三五"规划的进一步落地，国家"互联网+"行动的大力推进，中国云计算行业即将迎来黄金发展机遇。伴随着云计算产业的迅猛发展，满足产业发展的人才需求将呈现空前增长态势。因此，认真学好云计算技术不但具有良好的就业和职业发展前景，而且会对国家"十三五"计划的完成做出积极的贡献。